世界汉译学术名著

〔英国〕亚当·斯密 著

王秀莉 译

# 道德情操论

译林出版社

# 目　　录

## 第一卷
## 论行为的合宜性

## 第二卷
## 论优缺点或报答与惩罚的对象

## 第三卷
## 论评判我们自己的情感和行为的基础及其责任感

## 第四卷
## 论效用对赞同情感的影响



## 第五卷
## 习惯和风气对有关道德赞同和不赞同情感的影响



## 第六卷
## 论有关美德的品质

## 第七卷
## 论道德哲学的体系

# 第一卷　论行为的合宜性

## 第一篇　论合宜感

### 第一章　论同情

无论一个人在别人看来有多么自私，但他的天性中显然总还是存在着一些本能，因为这些本能，他会关心别人的命运，会对别人的幸福感同身受，尽管他从他人的幸福中除了感到高兴以外，一无所得。这种本能就是慈悲或怜悯。这种感情产生于我们看到或设身处地地想到他人的不幸遭遇时。我们常常因为他人的悲痛而感伤，这是显而易见无须用任何事例来证明的事实。同人性中所有其他与生俱来的感情相同，同情绝不仅仅存在于善良仁慈之人身上，尽管这些人在这方面的感受可能最为敏锐。即便是最恶劣的暴徒，即便是全然无视社会法律的违法者，也不会完全丧失同情心。

因为我们无法直接体验别人的感受，所以我们只能通过想象相同的情况发生在我们身上，来体会他们的感受。即便忍受酷刑折磨的人是我们的兄弟，只要我们自己身处局外，我们的感官就不会告诉我们他感受到的痛苦。感官绝不会也绝不可能超越我们自身所能感受的范畴，只有通过想象，我们才能形成有关我们兄弟感觉的概念。而这种想象除了告诉我们如果我们自己身临其境的话将会有什么感觉外，没有其他方式来建立我们兄弟感觉的概念。但我们想象出来的感觉，只是我们想象的自己的感觉，而不是我们兄弟的感觉。通过想象，我们将自己放置在他所处的境地中，以为自己正承受着完全相同的折磨，就仿佛我们进入了他的躯体，在某种程度上与他合而为一，因而对他的感觉有所感觉，甚至我们会体会到一些虽然程度较轻、但本质差不多的感受。因此，他的痛苦降落到我们身上，当我们承受并将之转化为自己的感觉时，我们最终会被其影响，于是当想到他的感受时，我们就会战栗。由于无论身处何种痛苦或忧伤之中，都会感到极度的悲伤，所以当我们认为或想象自己处在相同情况中时，也会产生类似的情绪，其程度取决于我们的想象力敏感与否。

我们之所以能够对别人的痛苦产生类似的感受，是因为我们能够将自己与当事人进行换位思考，来设想当事人的感受，或者受到相应感受的影响。如果认为以上内容还不足以证明这一点的话，那么还有大量显而易见的事实可以证实。当我们看到瞄准了另一个人的腿或手臂的一击将要落下来时，我们会下意识地缩回自己的腿或手臂；而当这一击真的落下来时，我们也会多少感觉到疼痛，就如同受难者所受到的伤害。当凝视在松弛的绳索上的舞蹈者翻腾、扭动身体，竭力保持平衡时，观众会不自觉地随着舞蹈者做出相应的动作，因为他们感到自己就处在对方的境况下，仿佛正在绳子上，不得不如此。神经敏感和体质孱弱的人会抱怨说，当他们看到街上的乞丐暴露在外面的脓疮、溃疡、伤口时，他们往往会在自己身上的相应部位感到一种瘙痒或不适。因为这种恐惧的感觉是来自于他们对自己可能受到相同痛苦的想象，他们想象有可能他们真的会成为自己所看到的可怜人，在自己身体的特定部位受到相同痛苦的影响，因此，他们对那些可怜人的病痛抱有的恐惧之感，会在自身特定的部位产生比其他所有部位更为强烈的影响。这种意念的力量足以使他们脆弱的身体产生他们抱怨的那种瘙痒和不适的感觉。由于同样的原因，即便再强健的人看到受伤的眼睛时，他们自己的眼睛也会产生一种非常明显的疼痛感；即便对于最强壮的人，眼睛这一器官也十分脆弱，要比最虚弱的人身上的其他任何部位都更为脆弱。

引起我们同情的并不仅仅是那些会引起痛苦或悲伤的境况。无论当事人对其他对象产生的是何种激情，每一个有心的目击者只要一想到当事人的处境，心中就会翻涌起类似的激情。当悲剧故事或传奇故事中我们喜欢的英雄们摆脱困境时，我们会感到欣喜，同样，我们在他们危难时会感到伤感，我们对他们的幸福感同身受，就如同我们对他们的不幸抱有的同情，这两种感情同样真挚。对于那些在英雄们处于危难之时未遗弃他们的忠实的朋友们，我们会和那些英雄们一样抱有感激之情；对于那些伤害、遗弃、欺骗了他们的背信弃义的叛徒们，我们也会完全地赞同那些英雄心中产生的憎恨之情。无论内心受到何种激情的影响，旁观者总是可以通过设身处地的想象，在心中产生他认为与受难者的情感相一致的感觉。

“慈悲”和“怜悯”这两个词经常用于我们对别人的悲伤表示同感的情形。“同情”，虽然原意也许与前两者是相同的，但是用来指代我们对任何一种激情所产生的同感，也没有什么不恰当的。

在某些场合，我们只要察觉到别人的情绪，就会产生同情的感觉。有些时候激情似乎可以在转瞬间从一个人身上传递到另一个人身上，在知道什么事情使当事人产生这种激情之前，其他人就会受到感染。例如，在一个人的表情或举止中强烈地表现出来的悲伤或快乐，可以马上在旁观者心中引起一定程度的类似的悲伤或快乐。一张笑脸令所有见到它的人都感到赏心悦目，而悲戚的面容总是给人带来忧愁。

但事情并非都是如此，或者说，并非每一种激情都是如此。有一些情绪的表露，不会引起同情，而且在我们获悉它产生的原因之前，我们会对其感到强烈的厌恶和反感。发怒者的过激行为，很可能激怒我们去反对他本人，而不是引发他愤怒的敌人。由于我们不清楚他发怒的原因，我们也就不会设身处地地为他思考，也不会想象到任何类似的激烈情绪。但是，我们可以很明白地看到他发怒的对象的情况，以及后者由于他如此激怒而可能遭受到的伤害。所以，我们会很容易对后者的恐惧或愤恨之情产生同情，并打算立即同他们一起反对使他们面临危险的那个发怒者。

我们会对这些悲伤或高兴的表情产生一定程度的相似情绪，这是由于这些表情提示我们认识到一个基本的想法：我们所看到的人正在经历着好运或厄运。这个念头足以使我们有所感动。悲伤或高兴只会对那些感觉到情绪的人产生影响，愤怒的表露与他们不同，愤怒能使我们心中想起所有我们关心的人以及与他们利益相对立的人。因此，有关好运或厄运的基本想法会使我们对遭遇这种命运的人产生某种关切之情；而有关暴怒的日常想法却无法激起我们对发怒者的任何同情。我们更反对去体谅这种激情，似乎是由于天性使然。在知道发怒的原因之前，我们对此总是抱着反对的态度的。

在知道别人悲伤或高兴的原因之前，即使我们对他们怀有同情之感，也总是很有限度的。普通的痛哭流涕，除了表示受难者极度痛苦之外，没有其他任何意义。它在我们身上引起的感觉，算不得真正的同情，那不过是让我们探究对方处境的好奇心，顶多是某种向对方表示同情的意向而已。我们问的第一个问题会是“你怎么啦”，在这个问题得到解答之前，虽然我们会感到不安，这种不安因为心中关于他不幸的模糊念头，更因为想弄清楚对方到底遭遇了些什么不幸，而我们的同情仍然是微不足道的。

因此可以说，同情更多的是来自于看到激发对方激情的境况，而非因为看到对方的激情而产生。我们有时会因为别人而感觉到一种情绪，而这种情绪对方自己似乎完全没有感觉，因为，当我们设身处地地设想对方的处境时，我们自己的心中就会因想象产生相应情绪，然而对方却不会因现实而产生。我们为别人的无耻和粗鲁而感到脸红，可是他似乎不觉得自己的行为有什么不对的地方。这是因为如果我们自己表现出如此荒唐的行径，我们会情不自禁地感到狼狈不堪。

人只要尚存一丝人性，都会认为丧失理智是所有威胁人类生存、使人面临毁灭状态的灾难中最可怕的灾难。他们怀着比他人更强烈的同情心看待这一人类最深重的灾难。但那个已然丧失理智的可怜人，却也许还在说笑，完全不了解自己所处的困境。因此，人们看到此种情景而产生的痛苦，并不是那个患者的感情。旁观者的同情心必定完全基于这样一种想法：如果自己陷入同样不幸的境地而又能用正常的理智和判断力去思考（这种情况是不可能的），自己会是什么感觉。

当一个母亲听到她被病痛折磨的婴孩只能呻吟却无法表达他的感受的时候，她的痛苦是多么巨大啊！当她想到孩子承受的痛苦时，她也承受着痛苦，真正的婴儿的无助、她自己无助的感觉和她对孩子的疾病难以预料的后果的恐惧，所有这些全都纠结在一起，形成有关不幸和痛苦的最为完整的想象，构成她的忧愁。然而实际上，婴孩只是一时感到不适，病情并不严重，很快就可以完全康复。婴孩不会想很多，也不会考虑太长远的事情，反而拥有了抵御恐惧和忧虑的有利条件。但是对成人来说，一旦心中的巨大痛苦滋长起来，理性和哲理若想抵抗，都是徒劳的。

我们甚至会对死者产生同情，但我们会忽视他们的境况中真正重要的东西——等待着他们的可怕的未来，感动我们的更主要是那些刺激我们感官但对死者的幸福没有丝毫影响的环境。我们想象着，死者不再拥有享受阳光的权力，隔绝于人世之外，埋葬在冰冷的坟墓中，被腐烂吞入虚无，被泥土中的爬虫蚕食，在这个世界上销声匿迹，很快也会从最亲密的朋友和亲属的感伤和回忆中消失，这是多么不幸啊！当然，我们会认为，必须对那些遭受如此可怕灾难的人表示我们全部的同情，再多都不为过。只要想到他们可能会被所有人遗忘时，我们的同情之感似乎就倍增了。由于我们自己的悲切，我们通过加在死者记忆中的虚荣感，尽力人为地保持自己脑海中有关他们不幸的忧郁回忆。我们的同情非但不会给死者带来安慰，似乎反而会加重死者的不幸。我们所能做的一切都是徒劳的，我们无论怎样去消除死者亲友的悲哀，无论怎样去消除他们对死者的内疚和眷恋引起的伤痛，也不会给死者带来安慰，只会使我们对死者的不幸感到更加悲伤。一切都与死者的幸福不再有任何关系，也不会将死者从永恒静谧的长眠中唤醒。我们认为死者永远在阴沉而又无休无止的忧郁中生活，产生这种想法完全是因为我们将他们发生的变化与自己因而产生的变化——即我们对那种变化的个人意识——联系在了一起；我们设身处地地想象我们自己身为死者的情形，说得大胆一些，我们是把我们自己活的灵魂附在了死者无生命的尸体上，由此我们设想自己在这种情况下所具有的情绪。这个虚幻的想象，使我们对死亡充满畏惧。这些有关死后情况的设想，在我们死亡后决不会带给我们任何痛苦，但是却让我们在活着的时候备受折磨。由此形成了人类本性中最重要的一个原则——对死亡的恐惧。这严重地破坏了人类的幸福，同时却又对人类的不义行为产生巨大抑制；恐惧死亡的情绪，折磨和伤害个体的时候，却在捍卫和保护社会。

## 第二章　论心心相通的愉快

不管同情从何而来，不管它怎样产生，没有什么比看到别人发自内心的同感更使我们高兴的了，也没有什么比看到别人情绪恰与我们相反更使我们震惊的了。那些带着敏感自恋之心来推断别人的情感的人，总是以为根据他们自己的原则，就对一切喜怒来源全都明了于心了。他们说，当一个人意识到自己的软弱或需要别人帮助的时候，只要他们发现别人被他们的感觉感染，就会欣喜万分，因为他由此而确信会得到自己所需要的帮助；如果他看到相反的情绪，他就会感到痛苦，因为他由此而认定别人会反对自己。但是，喜怒之情总是来得十分突然，经常在那种毫无意义的场合莫名其妙地出现，因而似乎很明显，它们不可能来自于任何自私的念头。当一个人竭尽全力地去取悦他的同伴，但是环顾四周发现除了自己别人都不认为他的笑话好笑时，他就会感到窘迫；相反，同伴们的笑声则给他带来极大的愉悦。他把同伴们的感情同自己的感情一致，看成是同伴对自己最大的赞赏。

毋庸置疑，有一部分愉快和痛苦的感觉确实来自上述的原因，但是似乎，愉快并非都是因为同伴们表示赞同时所能增添的欢笑而产生，痛苦也不都是由于他得不到赞同时的失望。一本书或一首诗如果反复读了太多遍，我们便再不能从自己的阅读中找到任何乐趣，但是我们依然会在为朋友朗读它时感到乐趣。因为对他们来说，这其中仍然充满着新奇的魅力。尽管我们自己再无法从中体会到那种惊喜和赞赏，但是当朋友心中产生这样的感情时，我们就会感同身受。与其说我们是在用自己的眼光，不如说是从朋友的角度来体会所有这些思想，并且会由于我们和朋友志同道合而感到兴奋不已。相反，如果朋友无法享受，我们就会非常恼火，再也不觉得向朋友朗读它们还有什么乐趣。这里的情况与前面的事例同样证明，毫无疑问，朋友的欢乐给我们带来欢乐，当然，他们的沉默也的确使我们失落。虽然也许这些可以说明，为何一种场合令我们感觉愉快，而另一种场合却让我们感到痛苦，但是，这绝不是愉快或痛苦产生的唯一原因；而且，虽然看起来，我们的感情与别人相一致是愉快的一个原因，两者之间的不同是痛苦的一个原因，但是不能由此说明解决所有问题。朋友们因为我的高兴而来的同感确实会激起我心中更大的兴奋，但是他们对我的悲伤所表示的同情，如果只是加重我的悲伤，对我来说就没有什么意义了。但是，同情却总是能够增加快乐，也缓解痛苦。它另辟蹊径，向我们提供另一种使人满足的源泉，增加我们的快乐，温暖我们的内心，让我们感觉那几乎是当时唯一可接受的情绪，以此减轻我们的痛苦。

因而可以说：我们更渴望向朋友倾诉自己不愉快的感情，而不是愉快的情绪；朋友们对悲伤的同情比对愉快的赞同更使我们感到满足，而如果他们对我们的悲伤缺乏同情，则更使我们感到震惊。

当一个不幸的人找到一个能够向其倾诉自己悲痛的对象时，他们的心中会是何等宽慰啊！对方的同情，似乎减轻了他的一部分痛苦，说对方同不幸者一起分担了痛苦也没有什么不合适的。他不仅感到与不幸者相同的悲痛，而且，好像分担了后者的一部分痛苦，从而减轻了不幸者身上的沉重痛苦。同时，在倾诉自己不幸的时候，不幸者在某种程度上重新经历了自己的痛苦。那些使他们苦恼的事情再次出现在他们的记忆中，因而他们的眼泪比从前经历痛苦时流得更快，他们会又沉浸在种种痛苦之中。但是，他们也明显地从中得到安慰，因为他们从对方同情中得到的乐趣比剧烈的悲痛更加强烈，能够弥补他们内心的伤痛，他们重新唤起这种痛苦，就是为了激起同情。相反，对不幸者来说，最残酷的打击就是对他们的灾难熟视无睹，漠不关心。对朋友的高兴没有表示只是不够礼貌而已，而如果当他们对我们诉说困苦时，我们却摆出一副没有兴趣、心不在焉的神态，则是真正的、十足的不近人情。

爱给人带来愉快，恨让人产生不快。因此虽然我们希望朋友接受自己的友谊，但是我们更加急切地希望朋友同情我们心中的愤懑不平。即使朋友很少为我们的顺境和进步感动，我们也能够原谅他们，但是，如果他们对我们遭到的伤害表现出漠不关心，我们就无法接受了。因为朋友不同情自己而产生的怨恨，要远远比他们不接受我们的感激更加容易搞得我们怒火中烧。我们可能很难和朋友的朋友成为朋友，但是很难不和敌人的朋友成为敌人。我们对朋友与其朋友之间的不和不会有什么不满，虽然偶尔会因此爱同他们争论；但是如果他们同我们的对头友好相处，我们就会真的准备同他们大打出手了。爱和快乐，总是能够令人愉快，不需要任何附加的乐趣，就能让我们感到满足和鼓励。悲伤和怨恨，却总是让我们难以释怀，令人苦恼和痛心，强烈地需要用同情来平息和安慰。

由于别人因为我们的同情而感到高兴，因为得不到这种同情而感到痛心，所以我们也很高兴能够向他表示这种同情，同时，当我们无法做到时也会感到内疚。我们不仅赶去祝贺取得成功的人，而且也会赶去向遭受不幸的人表达我们的同情和安慰；与那些能够与我们心心相通的人相处交谈，我们可以感到极大快乐，而这快乐远远胜过看到他的痛苦境况就使我们感到的苦恼。相反，无法向对方表示自己的同情总是不愉快的；而且，发现自己不能为对方分忧会使我们感到的痛心，不会因为我们可以免于这种同情所需分担的痛苦的幸运而感到丝毫消解。

如果我们看到一个人为自己遭遇的不幸放声痛哭，而想到这种不幸如果落在自己身上时不会产生如此剧烈的情绪，我们就会对他的悲痛感到震惊，认为他们的悲痛有些过分；并且，因为我们无法体谅，我们还会认为他们胆小和软弱。同样，另一个人如果因为得了一点好处而洋洋得意极度兴奋的话，我们就会对此表示愤怒，我们甚至会对他的高兴表示不满；并且，因为我们不能赞同这种情绪，我们会觉得那人轻率、愚蠢，头脑简单。如果我们的同伴听到一个笑话大声笑个不停，而在我们自己看来，根本不值得这么大笑，这超出了我们认为应有的分寸，我们甚至会大发脾气。

# 第三章　从看别人是否赞同我们的感情来判断这些感情是否得当

在旁观者看来，如果当事人的原始激情同他们对此表示同情的情绪完全一致，那么他们必然会认为这种激情是正确得当的，是符合客观实际的；相反，当旁观者发现自己处于当事人的情形下产生的感受会与当事人的原始激情不符合时，那么，这些情绪在他看来必然是不正确而又不恰当的，是不切实际的。因此，认为别人的激情符合实际，其实就是说我们能够完全理解对方；而认为他们不符合实际，就是说我们没有办法完全理解同情对方。一个对我受到的伤害表示不满、并认为我所表现出的愤恨和他相同的人，必然能够理解认同我的愤恨。一个始终对我的悲痛保持同情的人，必然会认为我伤心得合乎情理。如果一个人对同一首诗或同一幅画表示了和我一致的赞美，他必然会对我的评价表示认同。那个和我一起为一个笑话发笑的人，他绝对不会认为我的笑声有什么不合适的。相反，在与之相反的情况下，如果有人与我的感受不同、无法体会我的情绪，那么他必然会对我的情感产生质疑，这是因为他和我的感情不一致。如果我的仇恨超过了朋友能产生的相应的愤恨、义愤，如果我的悲伤超过了朋友所能表示的亲切体恤，如果我对朋友的评价与他本人不相吻合，无论是过高的赞扬还是过低的评价，如果当朋友仅仅微笑时我却放声大笑，或者相反，当他放声大笑时我却仅仅微笑，在这些情况下，只要他思考权衡了客观实际并开始注意到我受此影响的程度，就必然会因为我们之间感情的差距，而对我产生相应程度的不满。

这种情况下，他只能以自己的情感为标准和尺度来判断我的情感是否得当。

如果我们赞同别人的意见，这就意味着我们会采纳它们；反之，一旦我们采纳了这些意见，就是表示我们赞同它们。如果同样的观点使我和你都能信服，我自然会赞同你的说法；否则，我自然不会对你表示赞同；我无法想象自己会赞同你的看法却不接受它。因此，人们都承认，是否赞同别人的意见不过是说自己的意见是否与它们一致而已。我们对别人的情感或激情是否能够理解赞同，也是同样的理由。

确实，有些情况下，我们似乎在没有对对方产生任何同情或一致的情感之时就赞同对方的观点。因而，在这些场合中，赞同的情感似乎与感觉上的契合并不完全合拍。然而如果更加仔细深入地观察，我们就将相信，即使在这些场合中，赞同实际上也是建立在同情或感觉一致的基础之上的。在一些极其普通的事情中人们的判断不大会被错误的体系所曲解，所以我打算举一个这样的事例说明问题。我们经常会赞同欣赏一个笑话，并且认为同伴对其发出的笑声十分正确而又得当，尽管我们自己可能当时没有笑，因为也许我们当时正处在悲伤的情绪之中，也许我们的注意力恰好放在了其他事物上。虽然就当时的心情来说，我们不可能轻易地对这个笑话明确地表示赞赏，可是根据经验，我们可以判断什么样的笑话能在大多数场合惹人发笑，并且知道这个笑话属于哪一类，所以我们能够理解赞同同伴的笑声，因为我们知道在其他大多数场合中自己会由衷地同大家一样发笑，这种笑声是切合实际的，是合适恰当的。

这样的情况也会发生在其他一切激情上。我们在街上看到经过我们身边的一个陌生人正带着极为苦恼的表情，并且我们也立刻得知他刚刚收到了父亲去世的噩耗。在这种情况下，我们不可能不理解赞同他的悲痛。然而，这样的情况也经常会发生：我们不但不能体谅对方这种强烈的悲痛，而且也没有想到对他表示最起码的一点点关心，这并不是由于我们缺少人性。我们也许根本不认识他和他的父亲，或者我们正被其他事务缠身，没有时间去想象到底是什么样的情况使他感到如此忧伤。可是，根据经验，我们了解，遭遇这种不幸的人必然会悲痛至极，而且我们知道，如果我们有时间充分地考虑发生在他身上的种种情况，我们就会毫不迟疑地向他表示最深切的同情。我们赞同他的伤悲，正是因为我们意识到了这种有条件的同情。即使有些时候实际上并没有产生同情，但实际上也是如此；我们会从过去的经验中掌握我们应该在什么样的场合中产生什么样的情感，以此为依据，我们可以纠正自身当时不合适的情绪。

我们内心情感或感情会引起各种行为，并且决定我们对善恶的概念，我们可以从两个不同的方面或两种不同的关系来研究这些情感：首先，可以研究情感同产生它的原因，或同引起它的动机之间的关系；其次，可以研究情感同它希望产生的结果，或同它通常会产生的结果之间的关系。

一种感情是否与激起它的原因或对象之间协调，决定了它产生相应的行为是否合宜，是彬彬有礼还是粗野鄙俗。

一种感情希望产生或通常产生的结果是善还是恶，决定了它所引起的行为是有益还是有害，也决定了人们应该对这种感情表示报答，还是加以惩罚。

近年来，哲学家们主要将感情的目的作为研究对象，却很少注意感情同引起它们的原因之间的关系。可是，在日常生活中，当我们对别人的行为和导致这种行为的情感作出评价时，往往是从上述两个方面来考虑的。当我们责备别人的爱、悲伤和愤恨过分时，我们考虑的不仅是它们可能产生的破坏性后果，更多的则是激起它们的那些微妙的原因。或许，他所喜爱的人并非如他们认为的那样伟大，他的不幸也并不那样可怕，惹他生气的事没有重要到可以证明他们如此强烈的情绪是必要的。但假如，他们的情绪与引起这些情绪的原因之间是相称的，我们就会迁就甚至可能赞同他的激烈情绪。

当我们以这种方式来判断任何感情与引起它们的原因是否相称的时候，我们唯一可以利用的标准和规则就是它们和我们自己在相应情况下产生的感情是否一致，除此，别无他法。假如我们设身处地地想一想，发现自己处在相同情况下的感觉与对方的情感吻合一致，我们就会认为这感情同激起它们的客观实际相符相称，自然就对这些感情表示理解和赞同；反之，如果对方的感情相对于实际来说过分或不相称，我们就不会对其表示赞成。

人们是以自己的各种官能作为判断他人相同官能的尺度的。我用我的视觉来判断你的视觉，用我的听觉来判断你的听觉，用我的理智来判断你的理智，用我的怨恨来判断你的怨恨，用我的爱来判断你的爱。我没有、也不会有任何其他方法来判断它们。

我们可以通过判断别人的情感同我们自己的情感是否一致来判断它们是否合宜，而这又要考虑到两种不同的场合：一种情况是我们觉得激起情感的客观对象与我们自身或我们判断其情感的人没有任何特殊关系；另一种情况是客观对象对我们当中的某个人有特殊影响。现在具体分析如下：

一、客观对象与我们自身或我们判断其情感的人都没有任何特殊关系的情况。只要对方的情感跟我们自己的情感完全一致时，在我们眼中，他就是一个品味高雅、鉴赏能力佳的人。平原的宽广美丽，山峰的雄伟壮丽，建筑物的细腻装饰，图画的表达方式，论文的行文结构，第三个人的行为，各种数量和数字的神秘魅力，宇宙展现出来的千变万化的景致，以及组成宇宙这架大机器的神秘的部件与部件之间微妙的变化协调。通常，与我们和同伴都没有特殊关系的客观对象，就是这些科学和鉴赏方面的一般题材。对于这些题材对象，我们观察他们所采用的角度基本相同，并且我们没有必要去为观察的对象设身处地地着想，没有必要将我们自己假设成处于观察对象的位置，也不必为了在感情和情感上与客观对象达到最完美的一致而对它们表示同情。当然，这些客观对象经常还会给我们的内心带来不同程度的感受，给不同的人带来不大相同的感受。这是因为在我们面对复杂的客观对象时，我们各自的生活经历和习惯不同，所观察的重点就会有区别，会落在该对象的各个不同部分上，也有可能因为我们意识的敏感程度不同，而对该对象产生不同程度的感受。

面对这类对象，很显然，同伴的情感和我们的情感很容易达成一致，甚至几乎不会出现意见不一致的情形。这种情况下，我们必然会赞同他，但是毫无疑问，我们却不会因此而赞扬和钦佩他们。但是如果他们的情绪不仅同我们的情绪一致，而且还能指点和引导我们的情绪，如果他们在观察客观对象形成自己的观点的过程中注意到了很多被我们忽略的细节，并且会随着这些客观对象的不同情况相应地调整自身的情绪，我们就不仅会赞同他们，而且会觉得他们拥有不寻常的、出乎我们意料的敏锐和悟性，这给我们带来的是深深的惊讶，同时也会使我们对他们产生非常大的钦佩和敬意，并对他们赞不绝口。这种赞许因为惊讶和奇怪而提升，所产生的情感可以被叫做钦佩。要表达这种情感，称赞是最自然的方式。倾国倾城的美人胜过难看的畸形，二加二等于四，这些观点当然会为世人赞同，但肯定不会引起人的钦佩。那些具有敏锐和精确的欣赏和鉴别能力，能够因为细微的差异鉴别出美丑来的人，那些具有多方面的精确性，能轻易熟练地解答最错综复杂和纠缠不清的数学问题的数学家，那些能够在科学和鉴赏方面引导我们感情的专业泰斗，只有这样的人，才能够得到我们的称赞和钦佩。因为他们所具有的广阔视野和卓越才能，出乎我们的意料，会给我们带来十分震撼的惊讶。出于这样的思考，我们才会对所谓明智睿见产生赞扬。

有人认为，因为他们有用，我们才会对他们加以称赞。但是，毫无疑问，我们也必须考虑到这样一点，当我们注意到某种能力时，我们才会赋予这种能力一种新的价值。一开始，我们并不会先想到某种观点或能力的用途，我们在对它们表示赞扬时，只是因为它们恰当正确、实事求是；我们认为别人的判断富有才能，不是因为什么其他理由，而是因为他们和我们的观点一致。同样，我们对鉴赏力表示赞同，也不是因为觉得它有用，而是因为它恰当和精确，所得出的结论刚好符合鉴赏对象的实际情况。才能的有用性的概念，显然是一种事后的想法，而不是最先赢得我们称赞的原因。

**二**、客观对象以某种特殊方式影响我们或我们判断其情感的人的情况。在这种情况下，要保持上述的和谐一致就非常困难，但是同时却极为重要。我的同伴自然无法用同我完全一样的观点来对待落在我身上的不幸或伤害。它们对我的影响更为直接。观察一幅画、欣赏一首诗或者讨论一个哲学体系时，我和同伴所站的位置基本一样，但是，现在的情况却与之不同，我们容易受到极其不同的影响。但是，我基本不会为了与我和朋友都无关的一般客观对象而和同伴计较，但是对于像同伴无法理解落在我身上的不幸或伤害这样同我有直接关系的事情，我则不容易那么接受了。我们基本不会因为对一幅画、一首诗、一个哲学体系有不同的意见而发生争吵。因为它们和我们谁都没有什么深刻的关系，对我们来讲都无关紧要，所以我们不会有人对它特别用心。因此，虽然也许我们的观点完全相反，但是我们的感情仍然不会受到什么影响。然而，当我们面对那些双方都有可能受到其特殊影响的客观对象的时候，情况就大不相同了。理性上的判断，情感上的爱好，也许我们在这些方面存在不同的意见，但是我仍然很可能宽容地看待这些对立。我心情好的话，也许我们还可以对此展开讨论，双方的不同意见也许会给我们的讨论带来乐趣。但是，如果你在我遭到不幸、伤心断肠的时候，没有半点同情，也不愿意分担部分忧伤；或者在我受到伤害、激动生气的时候，一点也不义愤，甚至不愿意陪我一起面对。我想，我们是不会就这样的不同进行探讨的。我们甚至无法再互相容忍。你厌恶我的狂热激动，而我恼怒你的冷漠无情。甚至，我们连彼此的朋友都会越看越不顺眼。

但是在这种情况下，旁观者与当事人之间还是可能在感情上达到一致的。首先，旁观者必定会试着换位思考，从每一个细节设想如果自己处于受害者的位置会有些什么样的苦恼。他会全部接受同伴的情况，包括一切细节在内，以通过想象力事无巨细地重现对方的遭遇。

然而，即便旁观者作了这样的努力之后，要想达到受难者那样程度的激烈情绪可能仍然很难。虽然同情心是人类天生就有的，但是他从来不会为了落在别人头上的痛苦而让自己去面对相同的情况和情绪。而且那种激发旁观者产生同情的想象只是暂时的。他们的大脑会不断地下意识地提醒自己，自己是安全的，并没有真正陷入受难者的处境中，显然，这样的想法并不是真正的受难者的想法。虽然这不至于造成旁观者想象的感受与受难者之间有质的区别，但是却会造成数量和程度的严重不同。当事人意识到这种不同，便急切地想要得到一种更充分的同情。他所渴望的同情和宽慰是旁观者跟他的感情完全一致时才能提供的，看到旁观者内心的情绪在各方面都同自己一致时，受难者内心那激烈的、不快乐的激情才可能得到安慰和平息，除此别无他法。但是，既然旁观者无法真切地想象受难者的痛苦，那么只有受难者将自己的激情降低到旁观者能够达到的程度，才有希望得到这种安慰。也许，我可以这么表达，他必须抑制、掩饰自己无法抑制、无法掩饰的激动情绪和尖锐语调，以期同周围人们稍显冷漠的情绪保持和谐一致。确实，旁观者和受难者的感受总会在某些方面有所不同，因为悲伤而产生的同情与悲伤本身从来不会完全相同。因为旁观者的潜意识中所会提醒自己，使自己产生同情感的处境只是一种想象，它没有发生在自己身上。这不仅会降低同情感的程度，而且在一定程度上改变同情感的性质，使它与它所同情的悲伤完全不同。但是很显然，对于构造社会的和谐感来讲，这两种情感之间的一致性已经足够。虽然它们决不会完全协调，但是它们可以和谐一致，我们对此的期待和需求也不过如此。

人类的天性会帮助这种一致的情感的产生，天性总是会教导人们换位思考，让旁观者去设身处地地考虑当事人的各种境况，也会让当事人在一定程度上去设想旁观者的各种境况。旁观者不断地想象自己处于当事人的处境之中，由此来猜想出当事人的情绪，同样，当事人也经常从旁观者的位置，以便冷静地审视自己的命运，明白旁观者如此看待他命运的原因。旁观者经常考虑如果自己是实际受难者会有什么感觉那样，同样，受难者也经常设想如果他看着自己的遭遇发生在别人身上，他会如何感觉。旁观者的同情使他能够在一定程度上用当事人的眼光去体会对方的处境，同样，当事人的同情也使他在一定程度上用旁观者的眼光来审视自己的处境。特别是当受难者和旁观者在一起，向旁观者表达自身的感受时，更需要这样。如果他作了这样的设想，那么他的情绪会很大程度地减弱、平息，所以在他面对旁观者时，他会想到旁观者实际上已经被他感动，而且现在是以公正而无偏见的眼光看待他的处境，他因为双方情绪的不同而产生的激动必然会降低。

因此，不管当事人的心情多么混乱和激动，别人的陪伴总会给他带来一些安宁和镇静。一同朋友见面，我们的心情就会稍微平息和安静。同情的效果是瞬间起作用的，所以我们会马上把自己放在他的位置，从他的角度来审视观察自己的处境。我们并不期望从一个泛泛之交那里得到的同情比从朋友那里得到的更多，当然我们也不会一股脑地不辨对象地倾吐一气。在一般人面前说的总是不及在朋友面前说的那么详细，我们在这样的人面前显得更加镇静，因为我们有一部分注意力用于思考哪些事情他愿意听，哪些事情能够对他讲。我们更不会期望从完全陌生的人那里得到更多的同情，因此我们在他们面前会更加镇静，以便能够将自己的情绪控制在这种交往过程中应有的程度。这种镇静并不仅仅是装出来的；如果我们能全面地控制自己的情绪，那么一个泛泛之交在场确实比一个朋友在场更能使我们平静下来，同样，一伙陌生人在场确实比一个熟人在场更能使我们平静下来。

因此，在任何时候，如果我们无法控制自己的情绪，交际和谈话是帮助我们恢复平静的特效药，远远胜过其他一切手段。同时，交际和谈话也是心情平复和愉快的最好保护伞，对于自足和享受来讲，宁静的心情是不可或缺的。隐居和喜欢深思的人，常一个人闷在家中，一味地回味自己的悲伤事或生气事，就算他们比别人仁慈、宽容，还有高尚的荣誉感，但却很少能像普通世人那样具有平静的心情。

## 第四章　论亲切可敬的美德

旁观者努力体谅当事人的情感，当事人努力把自己的情绪降低到旁观者所能赞同的程度，通过这两种行为的努力，两种不同的美德得以确立。随着前一种行为，产生了温文尔雅、和蔼可亲、公正、礼让、宽容、仁慈的美德；而伴随第二种行为产生的崇高、庄重、令人尊敬、自我克制、自我控制的美德，则可以使我们掌控自己的行为，坚持生活的原则，保持个人的尊严和荣誉。

旁观者对同自己交往的那些人的情感基本上是通过同情心的表达来体现的，如果他为他们遭遇的灾难感到悲伤，为他们受到的伤害表示不平，为他们碰到的好运感到高兴，在我们眼中，他必然是一个非常和蔼可亲的人。如果我们设想自己处在这样的人的朋友的位置，我们就会很容易理解这些朋友对他的感激之情，并体会到他们从一个热心真诚的朋友亲切的关怀中得到的那种安慰。反之，如果一个人冷酷无情，一心只想着自己，对别人的幸福或不幸全都无动于衷、漠不关心，这样的人看来是多么令人厌恶啊！在这样的情况下，我们也能明白，这样的态度给同他们交往的人带来的痛苦，特别是在那些最容易引起我们同情的不幸者和受害者身上所引起的痛苦。

另一方面，那些在生活中因为顾及他人的感受而始终尽力控制自我、面对一切都保持平静的人，在我们看来，心中必然会觉得他们高贵得体、优雅合宜。那种哭天抢地的宣泄，缺乏细腻之情，只能用叹息、眼泪和令人讨厌的哭声来要求我们同情的表现，却只会引起我们的厌恶。令我们致以敬意的是有节制的悲哀，那是一种无声而恢弘的悲痛，这种悲痛只是在红肿的眼睛、颤抖的嘴唇和脸颊以及隐藏着深厚感情的冷漠中才能发现。面对这种悲哀时，我们会变得同悲哀本身一样沉默。同时，我们对它满怀敬意，谨慎小心地注意自己的一举一动，唯恐自己不得体的举止扰乱这种得之不易的和谐的宁静。

同样，当一个人听任猛烈的怒火无休止地发作，他表现得蛮横无礼和不加控制的狂暴，这极容易引起我们的强烈反感和极端厌恶。而我们钦佩那种不失宽容和大度的愤怒，它表达的程度不是取决于受害者心中受到的刺激和伤害。无论受害者受到怎样大的伤害，心中拥有怎样大的愤恨，这种宽容和大度的愤怒的表达，都不会出现举止和语言超出常规的事情。它永远是用公正的旁观者心中自然引起的义愤来抑制自己心中的愤恨，甚至在心里面，也像其他的普通人一样，并不图谋进行什么过激的报复行为，施加过于严重的惩罚。

因此，完美的人性正是这种同情别人胜过同情自己的精神，正是这种抑制自私和乐善好施的感情。这样的人性中间包含了人类的全部情理和礼貌，协调了人与人之间的情感和激情，使之和谐一致。基督教的最主要教规规定，我们爱邻居要如同爱自己一样。我们对自己的爱要像对邻居的爱一样，或者用另一种实际含义相同的说法来讲，我们对自己的爱要像邻居对我们的爱一样。这也是自然的主要戒律之一。

被人们交口称赞、深深钦佩的鉴赏力和良好的判断力，需要依托细腻的感情和敏锐的洞察力，并不是一种可以随便遇到的能力。同样，敏感自制的美德也不是存在于庸常大众身上的一般品德。仁爱，是一种和蔼可亲的美德，这是一种非常优越的感情，并不是一般的凡夫俗子就能具有的。毫无疑问，宽宏大量，这种崇高的美德，就更加不是凡人的品德，它需要更高程度的自我控制，只有卓绝伟大的人才能够做到。平常的智力之中并不包含才智，同样，普通的品德中也没有美德可言。美德是卓越的、高尚美好的品德，并非寻常所见，它远远高于一般世俗的品德。和蔼可亲的美德达到一定程度时，会让人惊喜于它的高雅、敏感和亲切。自我控制的美德达到一定程度时，会令人敬畏和惊喜于它对于难以控制的激情的抑制，这是人类天性中十分难以做到的。

那些仅仅能够获得理解和赞同的品行在这个方面与这些令人钦佩的美德之间，存在着很大的差别。在许多场合，大部分凡夫俗子所具有的普通程度的情感和自我控制，就能够成为适应该场合的最完美合宜的行为，有时候甚至连这种基本程度的自我控制也不是必要的。举一个非常粗俗的例子，例如，当我们饥饿的时候要吃东西，这在普通场合当然是完全正当、合宜的行为，每个人都不会有什么异议。然而如果因此说吃东西就是德行，却是极端荒唐了。

相反，有时候美德实际上会出现在那些并不是最合适的行为中。因为在一些场合，要达到十全十美是极其困难的，即便我们竭尽全力去控制自我的感情，可能也无法做到。有些情况对人类的天性发生的影响剧烈至极，其程度远远在人类这样不完善的生灵所能拥有的最大程度的自我控制的能力之外。这样的情况下，谁也不能完全抑制内心虚弱的嘶嚎，无法把强烈的激情降低到公正的旁观者可以完全体谅的适当程度。因此，在这种情况下，受难者的行为虽然不是完全合宜，但仍然可以得到人们的称赞，从一定意义上讲，甚至可以称做有道德的行为。因为控制自我本身，这已经是追求完美合宜的德行。而有些人实现的程度，是大部分人所不能做到的，这是他们宽大和高尚的品德努力的结果。虽然它未达到十全十美，但是与在这种困难场合中通常可以看到或可以预料的行为相比，它仍然更高程度地接近于完美。

在这种情况下，我们会经常使用两个标准来判断一个行为是值得责备还是称赞。第一个标准是从完全合宜与十全十美的希望这一角度来考虑的。以这个标准来看，总有些困难的情况永远都没有办法达到完美合宜，因为人类的行为从来不曾也不可能达到完全合宜和尽善尽美。第二个标准就是以大部分人的行为通常都能达到的程度作为标准，这实际上是考虑人们的行为和尽善尽美之间的差距有多大，或者说，二者之间有多接近。如果人们的行为超过了这个标准，也许它同尽善尽美之间还存在很大的差距，但是都应该得到称赞，因为它更加接近尽善尽美；而无论什么行为，达不到这个一般的标准，毫无疑问，都应该受到责备。

在评判那些致力于想象的艺术作品时，我们也是采用同样的方式。在研究大师们的诗歌和绘画作品时，有时批评家采用的是他理解的完美的概念，因为从来都没有任何一部作品达到过这样的程度,所以,他的眼中所有的作品便只剩下缺憾和不完美。但是，如果他进行横向比较，开始考察其他同类型的作品的水平，也就是这一特殊艺术类型通常所能达到的一般优秀程度，而当他运用这个新的尺度来评判那个作品时，会发现该作品同大部分同类型的作品相比，更接近于尽善尽美，所以他通常会给出更高程度的赞赏。

# 第二篇　论各种程度合宜得体的激情

## 引　言

显然，每一种由同我们有特殊关系的客观对象所激发的激情，如果想要让没有关系的旁观者看来合宜，符合他们赞同的强度，这样的激情必定通过一种适中的行为来表达。过分强烈或者过分平静，旁观者都不会理解接受。例如，大多数在表达由个人遭遇的不幸或受到的伤害引起的悲伤和愤恨时，都十分容易表现得过分强烈。当然，有时候也会显得过于平静冷漠，虽然这种情况较少发生。在我们眼中，过分强烈的激情就是性格软弱或脾气暴躁，而过分平静和冷漠的情绪则是感觉迟钝、麻木不仁和冷血。见到它们时除了感到惊讶和茫然失措，我们唯一的感觉就是无法理解、不能接受了。

因为这种适中的表达行为，因为基于合宜的建构，不同类型的情绪、激情所表现出来的适中也不尽相同。在某些情绪之中，适中的行为表现得十分强烈，而在另一些情绪之中，适中则意味着表现得十分冷静。有些感情如果表达得十分强烈，是那么不大妥当的，即使在谁都会无法控制地感觉到这些激烈情绪的场合，也是如此。另外有些情绪，本身可能并没有多么强烈的程度，但是却被极其强烈地表现出来。在很多场合，这样的行为也仍然是极其合乎情理的。因为某些理由，前一种激情很少得到或根本得不到别人的理解；同样因为某些理由，后一种激情却可以得到绝大多数人的同情。如果对人性中所有的激情进行考察，很容易得出结论：人们完全是根据自己希望这些激情如何表达以及自己对相应表达方式的理解和同情，来判别各类情绪和情绪的表达是否合宜。

## 第一章　论源于肉体的各种激情

一、因肉体的某种处境或欲望而产生的各种激情，无论有多么强烈，都是不适于用任何强烈的方式来表示的，因为同伴们的身体无法感受相同的处境和欲望，不可能对这些激情表示理解和同情。例如，在许多场合，强烈的食欲不仅是自然产生的，而且是不可避免的，但却总是不适当的。人们通常都将暴食看成一种不良的习惯。当然，人们也会对于食欲产生某种程度的理解和同情。如果同伴们正胃口很好地享受大餐，我们心中应该会感到愉快，这个时候，如果流露出任何厌恶的表示，都会引起对方生气。健康人的生活习惯，使得各自的胃口、食欲怎么都不尽相同，如果说得直白些，他可能同某一个人食欲一致，但却同另一个人不一致。一本关于被围困的日记或一本航海日记中对极度饥饿的描写，很容易让人们理解并同情，由此引发痛苦。我们可以很容易地想象出，受难者所处的环境必然很容易使他们产生痛苦、忧伤、害怕和惊恐。在一定程度上，我们自己也可以感受到这些情绪，因此能够理解受难者的情绪。但是由于我们阅读这些描写时，饥饿的感觉只是我们的想象，我们并没有真的感到饥饿，因此如果说在这种情况下我们就完全能够感同身受，也是不恰当的。

这样的情况同样出现在情欲这种情绪之上。情欲是造物主赋予人类、使得两性得以结合、人类得以繁衍的激情，是天生最炽热的激情，但是即使在世俗的和宗教的法律都认可的相爱的人之间，在任何场合中，强烈地表现出情欲来都是不适当的。然而，人们也能够对这种激情产生某种程度的同情。与男人、女人交流需要不同的方式，如果采用相同的方式显然是不恰当的。和女士谈话过程中，人们都希望表现得更加轻松、更加幽默，并且更加投入；而如果一个人对女性冷漠无情、漠不关心，人们都会在一定程度上觉得他讨厌，甚至是男人都会有这样的感觉。

我们对肉体所产生的各种欲望都抱有这样的反感：觉得任何强烈表达这些欲望的行为都令人恶心、令人讨厌。有一些古代哲学家认为，这些来自肉体的原始欲望，是野兽也有的，它们并不属于人类独特的高贵的天性和品质，因而这些欲望的表达对人类的尊严有所损害。如果按照这个逻辑，愤恨、自然的感动，甚至感恩之心，这些也是人和野兽共有的，也应该引起人的厌恶，但是事实上却是相反的。我们在看到别人肉体的欲望时感到特别厌恶的真实原因是我们无法对引起其欲望的对象产生同感。甚至那些拥有这些欲望的人，在欲望得到满足之后，可能也会丧失对激起他们欲望的对象的冲动，甚至他们会开始厌恶它；他徒劳地想要搞明白一瞬间前使他欣喜若狂的那种魅力，可实际上，他可能已经就像其他人一样对此完全不能够理解了。吃过饭以后，我们就会吩咐人撤走餐具；对待那些激发我们肉体最炽烈、最旺盛欲望的对象，我们也会采用同样的方式。

对这些肉体欲望的控制，体现了被人们恰如其分地称为节制的美德。基于健康和财产的角度来约束限制这些欲望，是谨慎小心的行为。但是从优雅、得体、体贴和谦逊等角度来约束这些欲望，却是节制的功能。

二、正是由于同样的理由，肉体的疼痛无论怎样难以忍受，人都不应该大喊大叫，这有失体面，会让人觉得缺乏男子气概。然而，人们也会对肉体的疼痛产生深刻的同情。如前所述，当我看到有人要猛击别人的腿或手臂时，我也会自然而然地缩回自己的腿或手臂；当这一击真的落下时，无论轻重我都会感受到这一击的疼痛，就像受难者一样因此受到伤害。可是，我所受到的伤害毫无疑问实际上是微乎其微不值一提的，因此，我可能并不能理解被打的人为什么至于大喊大叫，我肯定会因此看不起他。从肉体产生的一切激情都是如此：可能丝毫不能激起旁观者的同情，即便激起了同情，这同情的程度也同受难者所感受到的剧烈程度根本无法相提并论。

而那些从想象中产生的感情，则完全是另外一种情况。朋友身体上受到的刺激不会给我的身体带来什么严重的变化，但是想象却很容易适应和理解对方想象的变化。可以这样说，我很容易设身处地地设想出我所熟悉的人们的形形色色的想象。由于这一原因，即使和肉体所能遭受的最大程度的不幸来比较，失恋或壮志未酬的苦恼都可以引起更多的同情。因为这类激情全部产生于想象。一个很健康的倾家荡产的人，肉体上感觉不到什么痛苦，他所感到的痛苦都是来自想象。他在想象中看到了即将面临的种种：尊严的丧失，朋友的怠慢，敌人的蔑视，寄人篱下，贫困匮乏，生活窘迫，等等。由于我们的想象因对方的想象受到的影响远胜于身体因为对方身体而受到的影响，所以，我们可能更加能够理解这种类型的情绪。

我们通常会觉得失去一条腿比失去一个情人更加现实、更加痛苦。但是，如果一出悲剧采用以前一种损失作为结局，那么会显得十分荒唐。而后一种不幸，不论它看起来多么微不足道，却能够构成出色得多的悲剧。

疼痛，比任何东西都更加容易被人遗忘。它一经消失，全部关于疼痛的感觉和记忆也就随之而去，再回想起来，我们也不会觉得有什么不快。因此，我们自己都无法理解先前围绕肉体的痛苦而生的忧虑和痛苦。但是，如果一个朋友不经意说出的一句什么话，却会使我们长久无法释怀。这句话造成的痛苦决不因这句话说完了而消失。最先使我们不自在的并不是感觉的客观对象，而是想象的概念。由于是概念引起了我们烦恼和忧虑，因而，只要想到这一概念，我们就会心烦。这种焦虑的情绪会始终存在于我们的心中，直到时间和其他意外将这一概念在我们心中的伤害冲淡。

没有危险的疼痛，决不会引起强烈的同情。受难者肉体的痛苦无法引起我们的同情，但是他的恐惧心理却可以。害怕完全来自想象，这种想象变化无常，捉摸不定，向我们展现那些现在并未真正地感受到但今后却有可能体验到的痛苦，以此增加我们的忧虑和担心。痛风或者牙痛，这样的疼痛可能十分严重，人们不会对其抱以什么同情；有些危险的疾病，虽然病人不会有什么疼痛，但却很容易引起人们最深切的关心。

有些人一看到外科手术就会眩晕或恶心呕吐；那种肌肉撕裂所引起的肉体疼痛，似乎让这样的人产生了最强烈的同情。与来自内部身体失调带来的痛苦相比，外部原因造成的痛苦给我们带来的印象更为生动鲜明。我无法因为邻居经受的痛风或胆结石而形成有关他的痛苦的概念，但是我却对他可能因剖腹手术、外伤或者骨折而遭受的痛苦非常清楚。然而，这些事情之所以对我们产生如此强烈的影响，主要因为我们对它们始终怀着一种新奇感。如果一个人曾目睹十多次解剖或截肢手术，以后再看到这类手术，就会不当一回事，甚至常常无动于衷。但是，我们即使读过或者看过五百个悲剧，我们对于它们的感受，也不会麻木到如此彻底的程度。

一些希腊悲剧企图通过表现肉体上的巨大痛苦来激发观众的同情心。因为巨大的痛苦，菲罗克忒忒斯大声嘶喊并昏厥过去，希波吕托斯和海格立斯如此刚毅的英雄出现在我们面前时都已经被折磨得奄奄一息。可是，在所有这些戏剧中，让我们真正记住的不是疼痛，而是其他一些情节。菲罗克忒忒斯让我们念念不忘的不是他疼痛的双脚，而是他深深的孤独感，我们可以感受到这孤独感弥漫于令人着迷的悲剧中、弥漫于浪漫的荒野之中。海格立斯和希波吕托斯的极度痛苦之所以吸引人，仅仅是因为我们预见到他们死亡的宿命。如果那些英雄能够复活，我们就会认为他们受苦的剧情非常荒唐。如果一出悲剧只是以一次绞痛的痛苦为主题，它还算是什么悲剧啊？痛苦也不会因为这个悲剧而得到什么升华。通过表现肉体痛苦来激发同情心的这种企图，可以看做是对经典希腊戏剧已经建立的规则的严重破坏。

由于我们对肉体的痛苦并不抱以同情，所以认为忍受痛苦时应该坚忍和克制。如果一个人受到极其残酷的折磨也毫无软弱的表现，紧咬牙关，一声不吭，没有任何超乎常规的举动，我们会对这样的人产生由衷的钦佩。他的坚强和我们对痛苦的冷漠和无动于衷并无二致。我们钦佩并深深赞许他的坚忍、他的宽容。由于我们对人类天性中的共同弱点深有体会，我们赞许他的行为之余，更对此感到惊奇，难以想象他何以能做出如此令人们深深赞赏的壮举。惊奇和叹服混合激发出来的赞赏，构成了人们称为钦佩的情感，很显然，赞扬是钦佩最自然的表达方式。

## 第二章　论由于思维定式而产生的激情

有些激情甚至是因为想象而产生的，即那些由于个人的思维习惯和思维定势而产生的激情。这些激情虽然是完全自然且合情理，但也几乎得不到人们的同情和理解。其他人的想象，如果不具备相应的思维习惯的话，是不可能理解这些激情的。这些激情，虽然在一部分生活情境中几乎不可避免，但总是有几分可笑。男女之间日久生情，因而自然产生的那种彼此之间相互依恋无法分割的感情，就属于这种情况。我们的想象没有办法按那位情人的思路发展，所以不能理解他心中的急切。当我们的朋友受到伤害时，我们很容易理解他的愤恨，和他一起对他的对头心生愤怒。当他得到某种恩惠时，我们也很容易理解他的感恩之心，也能充分意识到他恩人的优点。但是，如果他坠入情网，虽然我们会认为这完全正常，没有任何不合理的地方，但决不会让自己也一定要怀有他心中的激情，也不会因此而爱上他的爱人。除了深陷情网之中的人，其他每一个人都可能会觉得这种激情同它的对象的价值似乎完全不成比例。我们都知道，爱情在一定的年龄发生是自然而然的事情，完全没有什么可大惊小怪的，但总是会有人取笑爱情，因为身为局外人的我们不能理解爱情之中的激情。局外人总是会觉得爱情所有真诚而强烈的表达都十分可笑。虽然情人眼中的美女，在其他人的眼中没有什么了不起的。恋爱中的人自己也常常意识到这一点，只要他持续保持这种清醒的意识，他对待自己的激情时就会尽力采用一种自嘲和玩笑的方式。只有人们采用这种态度来向我们倾诉自己的激情时，我们才愿意接受和聆听，因为我们自己只愿意以这种方式来谈论它。我们渐渐厌烦考利和佩特拉克的爱情诗，它们太过严肃、迂腐而又冗长，一写到依恋之情总是夸张铺排得没完没了；但奥维德的明快、贺拉斯的直率却永远是令人爱不释卷。

但是，即使我们无法真正同情理解这种依恋之情，即使我们在想象中也从来没有爱上那个情人，但是只要我们已经设想或准备去设想类似的激情，我们就很容易从心底感到强烈地渴望那些从爱情的喜悦之中滋生出来的幸福，以及因为担心失恋而感到极度痛苦。吸引我们的并不是这种情绪本身，而是它作为一种处境所引发的别的激情，如希望、恐惧以及各种痛苦；一如前文所提的航海日记中关于饥饿的描述，吸引我们的并不是饥饿本身，而是饥饿会引起的痛苦。虽然我们无法完全理解情人的依恋之情，但他因这种依恋之情而生的对浪漫幸福的希望，却很容易获得我们的理解和赞同。我们能够明白，对于一颗因爱情进展不畅而松懈、因强烈的欲望而疲劳的心灵来说，渴望平静和安宁的期待是多么自然，我们总希望在令人心潮澎湃的激情得到满足后能够找到平静和安宁，并总想象能够过上一种安静的、隐居的田园生活，一如风雅温和、热情的提布卢斯饶有兴致地描述的那种生活。就如同诗人们笔下的“幸福岛”中的生活，那里充满了友谊、自由和恬静，远离工作、忧虑和附带而生的所有令人心烦意乱的激情。这样的生活总是对我们有着巨大的吸引力，甚至我们明知道这种景象只是存在于诗人的描绘中，而非现实所能够享受到的，我们也对其神往不止。肉欲也许就是爱情的基础，当它根本不能得到满足或满足起来存在相当难度时，肉欲就会消失；但是当它能够不费力气唾手可得时，又会使所有的人感到厌烦。因此，和幸福的激情对我们的吸引力相比，担心和忧郁的激情对我们的吸引力要大得多。我们会因为这种自然合理和令人乐观的希望可能落空而担心，因而我们能够理解体会情人们的一切焦虑、关切和痛苦。

因此，这种激情在一些现代悲剧和爱情故事中显示出极为惊人的吸引力。在悲剧《孤儿》中，与其说卡斯塔里埃和莫尼弥埃的爱情吸引观众，不如说是那种爱情所产生的痛苦更加扣人心弦。如果作者将两位爱情的主人公置于一幕非常安全的场景下，直陈两人之间没有危险的相互爱慕，他引起的就不是同情，而是哄笑了。如果这种场景被载入一幕悲剧之中，可能多少有些不合适，但观众们却仍能忍受，这并不是因为剧中所表现的爱情能够赢得人们的任何同情，而是因为观众预见到一旦爱情得到满足，可能随之到来的是危险和波折，他们会因这种危险而牵肠挂肚。

因为社会习俗在女性身上强加的种种节制，女性身上所体现出来的爱情更加痛苦。正因为如此，女性的爱情体验显得更加感人。恰如在《菲德拉》的同名法国悲剧中表现出来的那样，尽管其中令我们迷恋的爱情包含着种种放纵的行为和罪过，但从一定角度可以说，我们之所以迷恋这样的爱情正是由于那些放纵的行为和罪过。因为这些，她的恐惧，她的羞愧，她的自责，她的憎恶，她的绝望，因此而变得更加自然和动人；所有这些由爱情场面引出的次要感情（如果存在次要感情这种称呼的话）变得更狂热炽烈；实际上，我们同情的甚至并非爱情本身，而是这些次要感情。

与其他所有同客观对象的价值不相称的激情相比，爱情是唯一一种显得既优雅又使人愉快的激情，甚至对意志薄弱、行为过激的人们来说也是如此。首先，爱情本身或许显得可笑，但它并不会使人见到就讨厌；虽然爱情经常面临不幸、可怕的结果，但爱情的目的却不具有任何伤害性。其次，虽然爱情本身几乎不存在什么合宜性，但那些随同爱情而生的激情却存在许多合宜性。人道、宽容、仁慈、友谊和尊敬，这种种的激情都在爱情中得以体现，对所有这些激情，我们都能够抱有强烈的同情理解，就算我们认为其中这些激情有点过分，也不会让我们不理解。我们对这些激情的理解，使我们不会觉得随之而来的爱的激情有什么不愉快，尽管许多罪恶也随爱情而来，但我们的想象还是可以忍受这些；爱的激情在一方身上总是会导致最终的毁灭和声名狼藉，对另一方来讲虽然没有致命的损害，但是也会出现工作上的心不在焉、玩忽职守、对个人声誉的漠不关心这样的事情。尽管如此，因为敏感与宽容会随着爱的激情一起产生，这就使爱情仍旧是许多人追求的对象；而且，当人们真的感到爱的激情时，他们愿意让别人认为他们明白哪些事情是不光彩的。

同样如此，在谈论我们自己的朋友、学习和职业时，我们必须有一定的节制。所有这些，我们都没有办法期望聆听我们的同伴能够感同身受。正是由于缺乏这种节制，人类中的一部分人就很难同另一部分人交流。一个哲学家只能和另一个哲学家成为朋友；某一俱乐部的成员也只能和俱乐部内部的那一小伙人为伍。

# 第三章　论不友好的激情

还有一类激情，虽然也来自想象，但是如果我们不把它们大大降低到未开化的人性才会产生它们的程度，我们就没有办法理解并体谅它们，或者认为它们是通情达理或合适的。这就是形式各异的憎恶和愤恨之情。虽然心怀憎恨的人和他们所憎恨的对象之间利益是针锋相对的，但是我们能够理解其中包含的激情，并对双方都心怀同情。我们对心怀憎恨的人所怀有的同情和理解可能唤起我们自己的渴望，而对另一方的同情，则会使我们觉得忧心忡忡。由于他们双方都是人，所以我们对他们都表示关心；并且由于担心一方可能遭受痛苦，而忽略了另一方对已经受到的伤害的愤怒。因此，我们对受到刺激的人的同情，必定达不到他自身的所感受到的程度，这不仅因为同情理解所引发的情绪通常不及原来情绪激烈，更主要的是因为我们在这种特殊情形下还对另外一个人的有着相反的同情。因此，必须使愤恨的程度控制在几乎其他一切激情之下，才能使其变得合乎情理让人接受。

同时，对于伤害，人类总是非常敏感，人们总是能够非常强烈地感受到别人所遭受的伤害。我们对悲剧或传奇故事中的恶徒充满愤慨，恰如我们对其中的英雄充满喜爱和同情。我们憎恨伊阿古，恰如我们尊敬奥赛罗。我们很高兴看到伊阿古受到惩罚，也恰如我们不愿见到奥赛罗经历不幸。然而，尽管人类能够非常强烈地感受到自己的兄弟所受的伤害，但是他们对这种伤害愤怒的程度，仍往往不及受害者。在绝大多数场合，如果被害者克制自我不是由于害怕恐惧，那么他越是忍耐，越是温和，越是仁慈，伤害他的那个人引起的人们的愤怒也就越强烈。被害者温和可亲的美德令人们对残忍的伤害的感觉更加强烈。

然而，憎恶与愤恨之情被看成是人类天性中不可或缺的组成部分。人们会看不起那种一味逆来顺受、丝毫不想反抗或报复的人。我们会觉得他的冷漠和迟钝令人无法理解，在我们眼中，这样的人就如同行尸走肉，而且，他们的无动于衷会像他的敌人的侮辱一样，让人心生愤怒。即使一般群众看到某人甘心忍受侮辱和虐待，也会对此感到愤怒。他们哀其不幸，更怒其不争，他们希望看到受害者的愤恨，看到对侮辱的反抗。他们会大声呼吁要他自卫或向对方复仇。如果受害者终于开始发怒，他们就会击节赞赏，拍手称快。受害者的愤怒会更加强烈地激起他们对施压者的愤怒，他们对受害者开始反击他的敌人感到欣喜，并且如果这种复仇并不过火，他们就会像受害者一样，对复仇感到快乐。

但是，虽然人们明白这些情绪具有危险，可能侮辱或伤害到别人，甚至自己，虽然这些激情对公众的作用（后文将要说明这一点）同保护正义以及实施平等一样重要，不能忽视，但这些激情本身仍然存在一些令人感到不快的因素。因为这些因素，某些人身上的愤怒会自然地引起我们的嫌恶。受害者对施加伤害的人表示的愤怒，如果超出了我们所感到的受害的程度，我们就会认为那不仅是对那个人的一种侮辱，而且对现场所有人的粗暴无礼。出于对周围人的尊敬，我们应该克制自己的愤怒，从而不因为过于强烈的愤怒迷失自我，令人厌弃。这些情绪的发泄虽然能够带来令人愉快的间接效果，但是直接效果却伤害了对它们所针对的那个人。

不过对于人们来讲，一个事物令人愉快还是不快，起决定作用的是直接效果，而不是间接效果。对于社会来讲，一座监狱肯定比一座宫殿更加有用，监狱的创建人所受到的精神指导通常比宫殿的创建人更为正确、更为爱国。但是，监狱的直接效果却是监禁不幸的人，这令人感到不快。并且人们不会想到监狱所想要达到的间接效果——遏制犯罪，即便想到也会认为这一目标并不实际而将其忽略。因此，监狱将总是令人不快的客观对象。它越是想要实现遏制犯罪的预期目的，它对受其监禁的人的限制和伤害可能就越大，因此令人感到不快的程度也就越高。相反，宫殿总是令人愉快的，但其实宫殿的间接效果往往对社会大众不利。宫殿可能助长奢侈浪费的作风，并将腐朽的生活方式作为社会榜样来宣扬。然而，宫殿的直接效果却是使在里面的人享受到舒适、欢乐和豪华，这些总是令人愉快的。人们总是对此产生无数美好的想象，因为想象力通常都以此为依据，因而人们就几乎不会再思考一座宫殿存在的长远的、间接的后果。人们的客厅或餐厅中经常摆着乐器或农具形状的绘画作品或石膏雕塑作为装饰，每个人都会觉得令人愉快。但是，如果其中的形状换成了外科手术器械，解剖刀、截肢刀、截骨用的锯子、钻孔用的器械等，人们可能就会觉得荒唐无比，震惊无比。可是，手术刀总是比农具擦得更为光洁铮亮，并且对于各自的预期功能来讲，手术刀也通常比农具更好。而且它们能够达到令病人康复这一间接效果，也是令人愉快的；但由于它们的直接效果是病人的疼痛和伤口，所以见到它们，我们总是感到不快。虽然武器的直接效果似乎同样是疼痛和伤口，但是它却是让人愉快的，因为那些疼痛和伤口出现在我们的敌人身上，对此我们毫不同情。对我们来说，武器直接同勇敢、胜利和光荣这些令人愉快的想法联系在一起。因此，刀枪这些武器本身成为服饰中最精华的部分，建筑物上华丽的装饰品也通常以武器的形状出现。

人的思想品质也是如此。古代斯多葛哲学派认为：统治世界的神无所不知、无所不能，而且心地善良，每一事物都应看做宇宙中一个必需的部分，并且对宇宙整体的秩序和稳定起到促进作用。因此，和人类的智慧和美德一样，罪恶和愚蠢同样是组成自然的必要条件，并且神有能力从邪恶中引出善良，因而使邪恶同样有助于自然体系和宇宙体系的整体繁荣和完美。不过，即便这种推论再深入人心，我们对罪恶出乎本性的憎恨也不会因此而消除，因为罪恶的直接效果就意味着伤害，而它的间接效果则实在太远，超乎人们的想象力的探索范围。

我们正在探讨的这些激情也存在相同的情况。由于它们令人极度不快的直接效果，当它们表达得极其正当时，我们仍然会感到有点讨厌。因此，在得知这些激情的起因之前，它们的表现让我们不愿意也不想去理解同情它们。当我们听到一声来自远处的惨叫声时，我们肯定不会对发出这声音的人漠不关心。我们从听到声音的那一刻开始就对此十分关切，如果声音一直持续下去，我们多半会不由自主地向着声音发生的方向飞奔过去提供帮助。同样，一副笑脸甚至会使人们的心情由忧郁变为欢乐和轻快，人们乐于向这样的感情表示同情，并且分享其所表现的喜悦，在这个过程中，忧虑、抑郁的人们会顷刻之间豁然开朗，振奋精神。但是,仇恨和愤恨的表现,则与此全然不同。当远处传来的是刺耳、狂暴、嘈杂的发怒声时，我们的感觉除了恐惧以外，还会有嫌恶。与听到疼痛、痛苦的叫喊时赶去援救不同，我们不会向这种声音奔去。女人和神经脆弱的男人甚至会被吓得颤抖，尽管明知道自己不是愤怒的对象。不过，他们之所以怀有恐惧之情，是由于设身处地地想象自己面临类似的情况。即便那些意志坚强的人，通常也会因此感到烦恼；虽然这种烦恼不足以让他们害怕，但是足以使他们感到愤愤不平；愤怒，也是他们设身处地地想象才会感到的激情。就仇恨而言，情况也是如此。单单怨恨的表达只会使人厌恶作这种表示的人。愤怒和怨恨，我们天生就厌恶这两种激情。我们决不会对它们那种令人不快的猛烈狂暴的表达产生同情。这种表达甚至经常阻碍我们的同情。与这些情绪相比，悲伤也差不多如此。如果我们不知道一个人悲伤的原因，也很难理解他的悲伤之情，甚至会因此而嫌恶和离开他。这些情绪的表达十分粗暴，很不友好，使人们互生隔阂。不过幸好上天安排得十分巧妙，它们很难感染他人，难以传播。

音乐不管悲伤还是快乐，都可能让我们真实地感受到相应的情绪，或者至少使我们很容易想象出这些情绪。但是，愤怒的音乐却会使我们心中恐惧万分。快乐、悲伤、爱恋、钦佩、忠诚等这些激情天然地具有音乐性。它们的调子天生就都是柔和、明快和悦耳的；它们的乐章通过有规则的停顿自然而然地区别开来，也很容易有规则地再现和重复。与此相反，愤怒的声音，以及与之类似的一切激情的声音，都是刺耳而不和谐的。表现它们的乐段也都不规则，有时很长，有时又很短，停顿的标志也不规则。因此，音乐很难表达这类激情；有些音乐即便模仿了，也会令人非常不愉快。如果一场演奏的音乐从头到尾都充满了和善的令人愉快的激情，人们听起来就不会觉得有任何不合宜。但是要是全部是表达仇恨和愤恨的音乐，这就会成为一次古怪的演奏。

如果那些激情使旁观者感到不快，对当事人来讲，这些激情也并不会让他人愉快。仇恨和愤怒对高兴愉快的心情极为有害。平静和安宁是幸福的必要条件，但是仇恨与愤怒会深刻地刺激人的性情，令人心烦意乱，伤害心灵的平静和安宁。只有感激和博爱这种与仇恨和愤怒相反的激情才能够有助于平静和安宁的增长。他人的背信弃义不会使宽宏大量的仁慈之人感到多深的遗憾，即使他们在这样的事情中可能损失什么，但是这不会破坏他们的幸福。但一旦他们自己产生背信弃义和忘恩负义的念头，他们就会内疚遗憾，心情难以平复；在他们看来，这种念头所引起的不和谐和不愉快的激情，是对他们最严重的伤害。

那么，我们需要怎样才能使愤恨的发泄变得完全令人理解，报复行为也能得到旁观者的充分同情呢？首先，令人愤怒的事端必须很严重，若不表达一定程度的愤怒，别人就会看不起我们，继续侮辱我们。最好不要计较较小的过错；因为小事斤斤计较大动肝火，这样的人只会使人觉得他吹毛求疵，没有风度，就会受到人们的鄙视。我们表达内心的愤怒所采取的方式和程度，不应该取决于自己心中的感受，而应该根据周围人期待和接受的程度，将其限制在合宜得体的范围内。与其他人所能感到的情绪相比，愤恨的合理性最值得怀疑。表达愤怒时，最需要我们根据天生的合宜感，或观察冷静和公正的旁观者的感情，来仔细思考衡量是否可以放纵愤恨的激情。宽宏大量，或者出于维持自己的社会地位和尊严的考虑，这样的情形下表达愤怒，是唯一能使这种令人不快的激情表现得高尚起来的情况。因为这样的动机，我们的行动中必然会体现出我们的风度和德行：它们与狂妄和粗俗下流绝缘，而是：朴实、坦白、直率，果断而不武断，气宇轩昂而不卑不亢，宽宏大量、光明磊落、谨言慎行。即便对于触犯或伤害我们的人，我们也能够如此。我们无需费力地表现这些，它们会在我们的举止中自然流露。它们很明白地显示出，我们并没有因为愤怒的激情迷失自我，泯灭人性；如果我们有什么复仇的欲望，并付诸实施的话，那也是出于无奈，出于必要，是由于一再受到严重挑衅。在这样的约束和限制下，人们甚至会认为，愤恨是宽宏大量和高尚的。

## 第四章　论友好的激情

我们刚才提到的种种令人觉得粗鄙、不快的激情，只能得到有限的同情，但是在大多数场合，还存在着另一种与之相反的激情。这些激情总能获得人们最大限度的同情，总能令人感到愉快和合适。宽宏、仁慈、善良、怜悯、彼此之间的友谊和尊敬，所有友好的和善意的感情，无论在任何场合，当我们的神情举止中表现出这些感情，甚至是向那些同我们没有任何关系的人表现时，几乎总能博得中立的旁观者的好感。旁观者能够同时理解产生并施与这些激情的人和那些接受这些激情的人。他关切接受者的幸福，令他更能理解施予者的内心。因此，对于仁慈的感情，我们总是怀有最强烈的同情倾向。它们似乎在各个方面都能给我们带来愉快的感觉。我们对感到这种仁慈感情的人和接受这种感情的人的满足之情都能理解。一个勇士面对敌人的暴行会心生恐惧，但是这种痛苦却不及他成为别人仇恨和愤恨的对象引起的痛苦。被爱的人心中会有一种满足之情，对一个心思细密的人来说，这种满足感远胜于比他从爱中得到的其他一切好处。一个爱好在朋友之中挑拨离间，以把亲切的友爱转变成人类的仇恨为乐的人，是多么可恶啊！那么，这种如此令人憎恨的伤害，其可恶之处又在哪里呢？难道是在于使人们失去友谊可能带来的微不足道的相互帮助吗？不。它的罪恶，在于扰乱了人们内心的平静，使双方愉快的交往无法继续下去，彼此丧失对对方的感情和信任，再也不能继续享受朋友之间的友谊以及友谊带给彼此的极大的满足感。这些感情，这种平静，这种交往，不仅存在于和善敏感的人之间，任何凡夫俗子，贩夫走卒也都会拥有同样的感情和情绪，他们同样认为，由此而生的幸福感比物质的帮助更为重要。

人们总是觉得能够感受到爱的情感是件令人顺心满意的事情，因为爱的情感能够抚慰心灵，有利于身心的整体健康；意识到对方心中因为爱而产生的感激和满足，心情会更加愉快。爱使得人们相互关心，使得彼此幸福，如能理解这种相互关心，其他的人也会感到和他们一样的幸福。在一个互相热爱、彼此尊敬的家庭中，父母和孩子彼此都是好伴侣，即便他们发生争论时，双方心中都是抱着尊重对方、宽容对方的亲切感情，这样的家庭中，兄弟间不会为了各自的利益而祸起萧墙，姐妹间也不会因为争宠吃醋而发生龃龉，他们之间只有充满了坦率和溺爱的善意玩笑和亲昵，这一切都会使我们感到平静、欢乐、和睦和满意，我们是被怎样的幸福包围着呀！相反，如果一个家庭中，成员们各自为政，冲突不止，他们即便表现得温文尔雅、顺从殷勤，也会让人觉得不自然，因为他们彼此之间的猜疑显而易见，他们相互之间存在着强烈的妒忌，这种妒忌即使外人在场也随时都可能突然爆发出来。当我们进入这样一个家庭时，又会感到多么的局促不安呀！

那些和蔼可亲的感情，就算人们认为它们过分，也决不会觉得它们讨厌。甚至友善和仁慈的弱点，也有一些令人愉快的东西。过分温柔的母亲和过分迁就的父亲，过分宽宏和热情的朋友，这样的人有时会让人们觉得他们天性软弱，而对他们产生一种怜悯之心，然而，这种怜悯之中是包含着爱的，只有最不讲理和最卑劣的人才有可能带着憎恨嫌恶的心情或轻视的心情去看待他们。我们责备他们过度依恋时也总是带着关心、同情和善意。在极端仁慈的人身上的孤弱无能总是比其他任何东西都更能引起我们的怜悯。仁慈本身并没有任何低级卑俗或令人不快的成分。我们惋惜仅仅因为它和世人不相适应，世人不配得到如此的仁慈，虚伪欺诈、忘恩负义的小人总是利用或玩弄仁慈之人的善良，令最不应该受苦的好人遭受痛苦和不安的折磨。憎恶和愤恨则与仁慈完全相反。当一个人用过分强烈的方式发泄那些可憎的情绪时，所有的人都会畏惧和害怕他们的歇斯底里，乃至认为他们就像野兽一样，应该被驱逐出文明社会。

## 第五章　论自私的激情

除了友好的和不友好的这两种相反的激情之外，还存在第三种激情，它介乎两者之间，处于某种中间地位，既不像友好的激情那样优雅合度，也不像不友好的激情那样令人生厌。这第三种激情是由人们因个人运气的好坏而生的高兴或悲伤情绪构成的。即便在它们过分的时候，也不像过分的愤恨那样令人不快，因为这中间没有与之相对的一方引起我们相反的同情以反对它们。但在同客观对象极其相称的时候，它们也从来不会像公正的仁慈和正义的善行那样令人愉快，因为这中间也没有感受这些感情的另一方来激发我们双倍的同情以引起我们对它们的兴趣。然而，在悲伤和高兴之间总是存在着区别，我们往往对轻度的高兴感同身受，然而悲哀需要十分沉重才能引起我们的同情。一个人，由于命运中的偶然机遇，平步青云，一步登天，远远地摆脱过去的生活，可以确信，即便来自他最好的朋友的祝贺，也并不都是真心实意的。一个暴富的人，一般都会让我们产生不快，即便他具有超乎寻常的美德。而且面对暴富，我们心中会自然产生一种嫉妒，这通常妨碍我们全心全意地为他高兴。有判断力的人都会意识到这一点，所以他们不会因为自己交了好运而扬扬自得，而是尽可能努力地掩饰自已的高兴，压抑自己的欣喜。他继续穿着交好运之前的朴素衣服，保持过去谦虚的态度。他加倍地关心自己的老朋友，并努力做得比过去更谦逊，更勤勉，更热心。这是我们最为赞同的暴发户的态度，因为我们似乎希望：他应该更加理解我们对他突然交好运的嫉妒，而不认为我们应该祝贺他的幸福。很难有人在所有这些方面都做得成功，因为我们总会怀疑那谦卑的态度是真心诚意还是装模作样。这种种的拘束也会让他自己感到厌倦。因此，通常要不了多久，他就会忘记过去的贫贱之交，除了一些堕落得成了他的随从的卑鄙小人。他通常没有办法得到新的朋友，恰如他的老朋友由于他的地位变得比自己高而感到自己的尊严受到冒犯一样，他在新环境中认识的人会因为像他这样的人竟然与自己地位相等而感到自己阶级的尊严受到了冒犯。只有一以贯之的谦逊态度才能抚平两者因屈辱而生的愤怒。一般说来，他很快就会感到厌倦，会因前者的阴沉多疑、故作清高和后者的无礼轻视而发火，因而对前者不予理睬，对后者动辄发怒，直到最后，傲慢无礼成为了他一贯的态度，因而他再也不能得到其他人的尊敬。如果像我所认为的那样，人类幸福的主要原因是意识到自己被人所爱，那么实际上，命运的突然改变就对幸福基本产生不了什么影响。最幸福的人是这样的：他一步一步地努力升到高贵的地位，他的每一步升迁都在社会公众的预料之中，因此，高贵地位落到他的身上，不会使他自己产生过分的高兴，并且这合乎情理且众望所归，人们也不会对他有什么嫉妒，那些被他忘记的人，也不会对他有什么猜忌。

然而，人们更能理解同情那些微不足道的轻度快乐。在极大的成功之后保持谦逊是得体的，但是，消磨掉日常生活的多是些琐碎小事，与我们朝夕相处的朋友，我们看过的演出，过去说过和做过的事情，以及其他一切我们谈论的小事。在这些小事中，无论多么喜形于色也不过分。经常保持愉快的心情是最为优雅合度的事情，愉快的心情总是来自我们对于日常发生的事情所给予的微小乐趣的陶醉。我们乐意对这样的愉快表示同情，它使我们感到同样的快乐。只要我们能够具有这种幸福心情，每一件琐事都会向我们展示出它令人愉快的魅力。因此，青春欢乐的年华才如此容易使我们动情。那种对快乐的追求甚至使青春更有生气，令年轻而又美丽的眼睛分外明亮。即使在性别相同的人身上，甚至在老年人身上，它也会使他们萌生一种异乎寻常的欢乐心情，令他们暂时忘记了自己的衰老，沉缅于那些久违的令人愉快的思想和情绪之中。而且眼前的欢乐令他们蛰伏于心中多年的思想和情愫重新翻涌，如同多年的朋友一样占据了他们的心。他们为曾经的分离而感到深深遗憾，更因为失而复得而更加热情地拥抱这些回忆。

悲伤则与此完全不同。同情不会因为小小的苦恼而产生，只会因剧烈的痛苦而被唤起。一个被琐事搞得焦躁不安的人；一个为厨师和管家的偶尔疏忽而苦恼的人；一个始终给自己的礼仪举止挑错的人；一个为上午碰见的一个好朋友没有向他问好而生气，也为他的兄弟在他讲故事的时候一直哼着小调而生气的人；一个在乡下抱怨天气不好，在旅行中抱怨道路恶劣，住在镇上时抱怨缺少朋友和公共娱乐枯燥无味的人；这样的人，我认为，虽然他们的烦恼情有可原，但很难得到别人深切的同情。高兴是一种令人愉快的情绪，无论出于多么细微的理由，我们都乐意沉缅其中。因此，只要不因妒忌而抱有偏见，不论何时，我们都很容易理解分享他人的高兴。但是悲伤是一种痛苦的情绪，我们自己产生这种情绪时，内心都会自然而然地抵制它和避开它。我们要么根本不会去试着想象悲伤的情绪，要么一想到它就唯恐避之不及。的确，当微不足道的事情发生在我们身上令我们烦恼时，对悲伤的嫌恶不会阻碍我们去感受悲伤，但是如果同样微不足道的事情发生在别人身上时，它却时常妨碍我们对此表示理解和同情。因为我们因同情而生的情绪总是比自己原生的情绪易于控制。而且，人类还存在一种恶念，它不仅妨碍人们理解同情轻微的不快，而且在一定程度上会使人拿别人的遭遇开玩笑，以此消愁解闷。因此，我们乐于见到同伴受到逼迫、催促和逗弄时的苦恼，并喜欢以此开玩笑。具有极其普通的良好教养的人们，会因此掩饰小事使他们受到的痛苦防止遭到别人的取笑；而谙熟社会人情世故的人们，则主动地把这样的事情变成善意的嘲笑，因为他知道同伴们会这样做。熟悉现实的人已经养成了猜测别人会如何看待同自己相关的每一件事情的习惯，这习惯使得他能够站在其他人的角度来看待那些发生在自己身上的轻微的灾难，因此会同样认为它们很可笑。

相反，对于沉重的痛苦，我们的同情非常强烈而真诚。对此无需证明。我们甚至会因为一出舞台上的悲剧而流泪。因此，当你遭遇重大灾难而苦恼时，当你极度不幸陷入贫困、疾病、耻辱和绝望时，也许这其中部分是你自己的过失所造成的，但一般说来，你还是可以相信，你所有朋友的同情都是极其真诚的，并且在利益和荣誉许可的范围内，你也可以信赖他们极为慷慨的援助。但是，如果你的不幸并非如此严重，比方说，你只是野心遭遇了小小的阻碍，或只是被情妇抛弃，或者只是个倒霉的妻管严，那么，迎接你的，将是你所有的熟人的嘲笑。

# 第三篇　幸与不幸如何影响人对行为合宜性的判断及为什么在一种情况下比在另一种情况下更容易得到人们的赞同

## 第一章　虽然我们对悲伤的同情一般比我们对快乐的同情更为强烈，但是它远不如当事人的自然感受更强烈

虽然我们对悲伤的同情不甚真诚，但是它比我们对快乐的同情更受关注。“同情”这个词，就其最恰切的本义而言，是指我们为别人的痛苦而不是别人的快乐共鸣。一位睿智的前辈哲学家曾认为很有必要通过争论证明：我们对快乐具有一种真诚的同情，以及庆贺是一种原始的人类本能。我认为不会有人认为还得证明怜悯也是这样一种本能。

首先，与对快乐的同情相比，我们对悲伤的同情在某种程度上更加普遍。虽然过分的悲伤，会使我们对它产生某些同感。在这种情况下，我们感到的确实不是完全的同情，与构成赞同之心在感情上不完全和谐一致。我们岂能跟受难者一道哭泣、惊呼和哀伤！相反，我们虽然感到他的软弱和他那过分的激情，还是常常会因为他的不幸而表现出一种非常明显的关心。可是，如果我对另一个人的快乐完全不谅解、不赞同，我们就不会关心或同情

他。我们藐视和愤慨的是那个对其过分的和毫无意义的快乐忘乎所以的人。

此外，痛苦无论是心灵的还是肉体的，都是比愉快更激烈的感情。虽然我们对其痛苦的共鸣远远比不上受难者自然感受的强烈，但是同我们对快乐的同情相比，它通常更为生动明显，正如我将会说明的，因为后者是天生的原始之情。

总的来说，我们常常努力控制对别人悲伤的同情。只要我们没有注意到受难者时，我们会自我抑制这种同情，但是也并不总是这样。我们不这样做或勉强这样做的时候，则必然会对此特别注意了。而对快乐的同情却从来不会有这种相反的做法。在这种情况下，如果存在某种妒忌，我们决不会对此产生丝毫的同情；如果不存在妒忌，我们就会很愿意对此表示同情。反之，因为我们总是愧于自己心生的妒忌，所以当我们因为这种愧疚而不能这样做的时候，便会经常假装、有时还真的宁愿同情别人的快乐了。我们会说自己由于邻人交了好运而感到高兴，或许，那时我们的内心正处于痛苦之中。我们不愿意对悲伤表示同情时，我们会经常感到悲伤；而我们愿意对快乐表示同情时，我们却往往感觉不到快乐。因此，按照这样推断就是顺理成章的了：对悲伤表示同情的倾向必定极其强烈，对快乐表示同情的倾向必定极其微弱。

然而，尽管这或许是种偏见，我仍要大胆断言：在不存在妒忌的情况下，我们对快乐表示同情的倾向更甚于我们对悲伤表示同情的倾向；我们对痛苦情绪的同情只是想象中的，我们对愉快情绪的同情实际上更接近当事人自然感到的愉快感。

对我们完全不能赞同的那种过分的悲伤，我们还能宽容。我们深知受难者把自己的情绪调整到同旁观者的情绪完全一样需要作出巨大的努力。所以，即使他没有全部做到这一点，我们多半还会原谅他。但是，我们对过分的快乐却不会这么宽容。因为我们认为，把过分快乐的情绪调整到我们能够接受的程度，并不需要作多么大的努力。看来遭到最大的不幸而能控制自己悲伤的人，应该得到最大的钦佩；但是事事顺利同样能够控制自己快乐的人，却好像不能得到任何赞扬。我们认为，在当事人的自然感受和旁观者的理解之间存在很大的差距：前者更大于后者。

一个身体健康、没有债务、问心无愧的人还能增加其幸福吗？对处于这种状况的人来说，把增加任何好事都说成是多余的，并不为过；如果他因此而高兴，一定是轻浮和轻率的心理作怪。这种状况可以被恰当地称做人类自然的和原生态的状态。尽管当前世界上普遍存在的不幸和邪恶令人深感悲痛，但这确实是很大一部分人的处境。因此，在这种处境中，他们很容易产生快乐的感情。

人们虽然不能为这种状态有所增补，但能从中得到很多。虽然这种状态离人类最大的幸福很近很近，但离人类最小的不幸却很远很远。因此，说不幸必然使受难者的情绪消沉到远远不如它的自然状态，犹如说幸运能够把他的情绪提高到超过它的自然状态。所以，旁观者会发现完全同情别人的悲伤并与之持于同一程度比完全同情他的快乐要难得多；而且他在悲伤的情况下一定会比在快乐的情况下离自己自然的和一般的情绪更远一些。正是因为这样，虽然我们对悲伤的同情同对快乐的同情相比，前者常常是一种更激烈的感情，但是它总是远远不如当事人自然产生的感情强烈。

对快乐的同情最容易达成一致，无论妒忌如何反对它，我们都会忘我地沉浸在对那极度欢乐当中。但是，同情悲伤却是令人痛苦的，因此我们对悲伤表示同情总是很勉强。有人曾提出反对我的理由：在同情这个问题上，我断定赞同的感情总是令人愉快的，这和我承认的有某种令人不快的同情的体系相抵牾。我回答道，在有关赞同的情感中，有两个需要关注的方面：第一，旁观者表示同情的激情；第二，由于他看到自己的表示同情的激情同当事人的原始激情完全一致而产生的情绪。后一种情绪——其中当然包含有关赞同的情感——是令人愉快的、高兴的。前一种激情既可能是令人愉快的，也可能是令人不愉快的，这要看原始激情是何性质，它的特征总会在一定程度上保留下来。在观看一场悲剧时，我们挣扎着不去悲伤，而尽可能努力保持愉快，最后，甚至在无法回避的时候，我们也尽力在同伴面前掩饰自己的情绪。如果我们流泪了，也会悄悄抹去，唯恐被旁观者们把这种感情看做女人气和软弱。那个因遭遇不幸而需要我们同情的可怜人，会因感到我们对他的同情有点勉强，会犹豫而担心地向我们诉说他的悲伤。他甚至掩盖他的一些悲伤，因为人类有隐忍本性而羞于发泄出他的全部痛苦。那个因高兴和成功而放荡不羁的人恰恰相反。他期望我们完全的同情，因为我们除了羡慕外不会对他反感。因此，他更乐于以大声欢呼来表达他的高兴，相信我们会由衷地对他表示赞同。

为什么哭泣会比欢笑更使我们在朋友面前害羞呢？虽然我们有理由欢笑，也有理由哭泣，但我们总是认为，旁观者更可能对快乐的而不是对痛苦的情绪产生同情。甚至当我们遭遇灭顶之灾时，鸣冤叫屈也总是令人难以忍受。但是，胜利的狂喜并不总是粗野的。确实，谨慎往往告诫我们要以节制的态度对待自己的成功，因为谨慎告诉我们，这种有节制的狂喜更易引起人们的羡慕。

民众从不妒忌比自己优越的胜利者或公开的竞争者，他们的欢呼声多么热烈！而对死刑的宣判，他们的悲伤通常是平静而有节制的！在葬礼中，我们的肃穆表情通常是做作的；但是，在施洗礼仪式或婚礼中，我们的欢乐永远都是发自内心而没有任何伪饰。在所有这样的欢庆场合，我们的愉快虽然有限，但往往同当事人的愉快程度一样。每逢我们向自己的朋友表示祝贺时，他们的高兴确实就是我们的高兴。这时，我们会像他们一样幸福，情绪饱满，内心充盈着欢情，眼睛里闪耀着满足之情，每一个表情、每一个姿势都显出愉快之情。然而，我们这样做很少损害人类的天性。

另一方面，我们在安慰处在痛苦中的朋友时，我们的痛苦会比他们少吗？我们坐在他们旁边，看着他们，当他们向我们诉说自己的不幸时，我们严肃地聆听着。但是当他们那些自然发作的激情（这种激情往往使他们突然说不出话来）打断他们的诉说时，我们心中滋长的倦怠和他们的激动又多么不合拍啊！同时，我们可能感到他们的激情是自然的，我们自己在相同的情况下会有强烈的激情。我们甚至会在心中责备自己缺乏同情心，或许因此会矫情，不过，可以想见，即使这种人为的同情做出来了，也总是极其脆弱的；并且，一般说来，一旦我们离开那个房间，它就会转瞬即逝。看来当神认为我们承受自己痛苦已经足够了，不要求我们进而去分担别人的痛苦，只是，鼓励我们在必要时去减轻别人的痛苦。

正是因为对他人的痛苦感觉迟钝，在巨大痛苦之中的高尚行为才显得那么优雅合度。一个能历经小灾小难而保持愉快的人，总是举止彬彬有度，让人愉快。但是，他好像还能以这种态度忍受巨大灾难。我们感到，平息困难处境中必然激动不已的剧烈情绪，需要作出极大的努力。我们惊讶地发现他能完全控制自己。他的坚定在此时和我们的冷漠完全相称。他并不要求我们具有那种很强烈的感觉，我们发现自己不具有这种感觉，并因此颇以为耻。他的情感和我们的情感非常相称，因此他的行为也极为合宜。依照我们对人类天性中通常具有的弱点的经验感受，我们没有理由期望他一定能坚持。我们为那种能作出如此高尚和巨大努力的内心力量而吃惊不已。如像我不止一次地提到的那样，叹服和惊奇混合而成同情与赞同的感情，构成了人们称之为钦佩的感情。加图在被围困，无法抵抗又不愿投降时，要奉行那个时代的高尚标准必陷入绝境。但是，他没有畏缩，也没有用悲痛欲绝的叫声或我们总是很不屑流的那种可耻的、引人同情的眼泪去哀求。相反，加图以男人的刚毅武装自己，他以平时那种镇定的神态面对死亡，为了朋友们的安全下达了命令。对那个冷漠的伟大的布道者塞内加来说，显然，连众神也会带着愉快和钦佩的心情注视这一壮景。

在日常生活中，每当碰到这种英雄的高尚行为，我们都会被深深地感动。这样，我们很容易被那些具有英雄的高尚行为并无视自己的痛苦的人感动得涕零，而不会为那些不能忍受一点痛苦的软弱者掉一滴眼泪。在上述特殊场合，旁观者表示同情的悲伤似乎超过了当事人的原始激情。当苏格拉底最后喝下毒药水时，他的朋友全都哭了,他自己很平静,显得轻松愉快。在这样的场合，旁观者没有克制也没有机会克服自己充满同情的悲伤。他不担心这会使他做出什么不当的举动，相反，他为自己内心的一种感情感到高兴，并满足和赞赏自己的那种感情。因此，他为沉迷于这种令人伤感的想法而感到愉快——伤感能够自然地促使自己关心朋友的灾难，在产生这种亲切而充满悲伤的爱的激情之前，也许他从未对朋友有过如此强烈的感情。但是，当事人却完全不是这样，他强迫自己尽可能不去注视那些在他的处境中的可怕的或者不愉快的事情。他担心过分注意那些情况，会受到太大的影响，从而不再能适当地控制自己，或者使自己变成他人同情和赞同的对象。因此，他把自己的注意力集中在那些只让他愉快的事情上，集中在由于自己的英雄行为而会得到的赞扬和钦佩上。一想到自己能作出如此高尚而又艰巨的努力，一想到自己在如此的困境中仍能如愿行事，他就会扬扬得意，其乐融融，仿佛一直沉浸在胜利的狂喜之中。他以此使自己摆脱了不幸。

与此相反，那个由于自己遭到某种不幸而悲伤沮丧的人，总是显得有些庸俗和卑劣。我们不可能像他那样对他的自我同情表示同情（如果我们处在他的境地，可能也会同他一样）。我们为此看不起他，如果有不公正的感情的话，那么，这就是，它或许是人性中固有的吧。动辄悲伤决不会让人愉快，除非当它是我们对别人表示的同情，而不是我们自己对自己表示同情，一个儿子，在疼爱他的、他尊敬的父亲逝世时，沉浸在这种悲伤中无可非议。他悲伤的基础是对他死去的父亲表示同情；而且我们也体谅这种人类之情。但是，如果他由于只顾自己的不幸而听之任之地让感情泛滥的话，那他就不会得到人们的体谅了。即使他沦为乞丐，或者面临险境，甚至被公开处决，如果在绞刑台上流下眼泪，在勇敢高尚的人眼中，他将使自己永远蒙受耻辱。然而，他们仍然非常强烈和真诚地同情他。但是，因为这种同情与他过分的软弱相称，他们并没有原谅这个在世人眼中的软弱者。他们对于他的行为不是感到悲伤，而是感到羞耻。在他们看来，他由此给自己带来的耻辱是他的不幸之中的最大不幸。那个曾在战场上经常出生入死的勇敢的比朗公爵，当他看到国家因自己被毁、回顾因自己的轻率而失去爱戴和荣誉乃至走在绞刑台上时，他不禁泪流满面，他的这种脆弱表现使他大无畏的名声蒙受的耻辱该有多大呢？

## 第二章　论野心的起由，兼论社会阶层的不同

因为人们容易同情我们的快乐而不是悲伤，所以我们炫富而隐穷。在公众面前被迫暴露自己的贫穷之耻辱莫此为甚，因为我们发现我们被曝光于众，但是我们这种痛苦却很少得到人们的同情。我们追求财富躲避贫穷，主要不是出于人类的这种情感。人们在这个世界上辛苦和劳碌到底是为了什么呢？贪婪和野心，追求财富、权力和优越地位的目的又是什么呢？是为了得到生活必需品吗？那么，最底层的劳动者的工资就够了。工资够他们的衣食住之需了，还能养家糊口。如果严格地查一查他的经济状况，我们就会发现：他把大部分工资都花在生活便利品上，这些便利品是可以看做奢侈品的；并且，在特殊的情况下，他甚至会为了虚名和荣誉捐赠一些物什。那么，是什么原因使我们嫌恶他呢？为什么受过教育的那些上层人，会把被迫跟他吃同样的简单伙食、住同样的低矮房屋、穿同样的破旧衣服——即便不需劳动——的生活，看得比死还糟呢？是他们认为自己的胃更高级，还是认为在豪华的大楼里比在茅屋里能睡得更安稳呢？情况恰恰相反，而且实际上是显而易见，人人都知道，只是没有人说出来罢了。

那么，所有地位不同的人都参与的那个竞争是什么引起的呢？是我们所说的人生的伟大目标，即改善我们的条件，但谋求的利益又是什么呢？吸引眼球、被人关心、被人同情、得到自满、博得赞许，都是我们为这个目标所谋求的利益。是虚荣而不是舒适或快乐在吸引我们。不过，虚荣是建立在我们想让人们关心和赞同自己的基础上。富人因富有而得意，这是因为他感到他的财富会自然地引起世人对他的注意，也是因为他感到，由于他有地位而产生了令他愉快的情绪，人们更容易赞同他。想到这些，他的心里立即涌上来骄傲和自满的情绪。这种情绪反过来使他更加喜爱自己的财富了。相反，穷人因为贫穷而感到羞辱。他觉得，贫穷会让人们瞧不起他；即使注意他，也不会同情他所遭受的不幸和痛苦。他为这两个原因感到羞辱。因为，虽然被人轻视和不被赞同完全是两回事，但是，正如卑微使人得不到荣誉和赞许的阳光照耀一样，感到自己不被人注意必然会让人感到不快，使人性中最强烈的愿望徒然落空。穷人在人群中处境低微，走出走进无人注意，和被关在自己的小茅屋里一样没人理睬。他那被简单的关心和痛苦的注视占据的状况承担不起寻欢挥霍的乐趣。人们不再把他放在眼里，或者，即使他的极度痛苦使他们不得不看他一眼，那也只像是藐视一个令人很不愉快的客观事物。幸运和得意者对不幸者竟敢怠慢他们，并以其讨厌的惨状来扰乱他们从容地享福而感到不可思议。相反，世人向往有地位有荣誉的人。人们都想一睹其风采，至少是抱着同情的态度想象他的地位在他身上必然激起的那种兴致。他成为公众关注的对象，一句话、一个手势也不会被人们忽视。在大型集会上，他是人们注视的中心，人们仿佛把全部激情都寄托在他的身上，期盼他给他们鼓励及启示。除非他有什么荒诞可笑的行为，他时时刻刻都会引起人们的注意，成为众人观察和同情的对象。尽管这会产生一种约束力，使他随之失去自由，然而，人们认为，这给他增加了伟大的色彩，变成众人羡慕的对象，是对因追求这种地位而必定付出的辛苦、焦虑和克制欲望的补偿；为了取得它，人宁可永远失去一切闲暇、舒适和无忧无虑。

当我们以迷人的色彩来想象大人物的状况时，几乎是对完美和幸福状态的凭空想象。在我们所有的空想和虚幻的梦想当中正是这种状态，被抽象成一切欲望的终极目标。因此，我们对那些满足这种状态的人特别同情。我们赞同他们的一切爱好，并帮助他们实现希望。我们认为，任何损害和破坏这种令人愉快的状态的举措都是令人遗憾的！我们甚至希望他们永远存在下去，简直不能接受死亡会结束这种完美的快乐。我们认为，强迫他们从尊贵的位置上回到那个简陋的、然而却是神为他的孩子们提供的家——是残酷了点。“吾王万岁，万万岁！”是一种恭维，是一种东方式的奉承，但如果我们不懂得它的荒谬性的话，也会欣然做出这种荒谬的举动。他们遭受的灾难和经受的肌肤之苦，在旁观者心中激起的同情和愤恨，远远超过他对别人遭受同样的事情时产生的感受。只有国王的不幸才会成为悲剧的题材。这有些像情人们的不幸，两者都是在剧场里吸引人们的主要情节。因为，想象的偏见喜欢这两种情况，因为它们有一个胜过其他一切的幸福结局，尽管理智和经验告诉我们还有相反的东西。妨害或制止享受这种完美，一切伤害中最残酷的似乎是人们认为，企图弑君害主的卖国贼是比任何凶手更凶残的人。内战中无辜者流的鲜血引起的愤恨，不如人们对查理一世之死所产生的愤恨。一个不谙人类天性的人，看到人们漠不关心地位低下的人的不幸，却为地位比他们高的人的苦难感到遗憾和愤慨，就会产生这样的想法：地位较高的人更不能忍受痛苦，他们在死亡时的痉挛更可怕。

等级差别是人们易于对富者、强者的激情能够发生共鸣的社会基础。人们顺从和尊敬地位高的人，常常源于对他们的优越境遇的羡慕，而不是源于他们给予善意的恩赐的感恩。他们可能只给少数人恩惠，但他们的幸运却吸引了几乎所有的人。我们积极帮助他们实现许多接近完美的幸福，并希望尽力满足他们的虚荣心和荣誉感，并没想到回报。我们尊重他们的意愿主要不是因为这种服从有实际的效果，而是因为它能更好地维护社会秩序。即使在社会秩序要求我们违逆他们的意愿的时候，我们也无法这样做。国王是人民的仆从，为了公共利益的需要，服从国王、抵制国王、废黜或惩罚国王，都合乎理性和哲学的原则，但这并不是神的旨意。神会教导我们：为国王着想才服从他们；在他们崇高的地位面前战栗不已并屈从他们；把他们的微笑视为足以补偿一切服务的报酬，还担心他们有所不满，即使没有遭遇不幸，我们也会把他们的不满看做奇耻大辱。要像对待一般百姓那样对待他们，并在大众场合同他们辩论，需要有很大的勇气。能这么做的人很少，即使他们相互之间非常亲密和熟识。最强烈的动机、最强程度的激情、恐惧、憎恶和愤恨，几乎都抵消不了这种尊敬他们的自然倾向。他们的行为无论正确还是不正确，人民希望看到他们被惩罚、被废黜，进而起来用暴力来反抗他们时，都必然会引发所有这些非常强烈的感情。甚至当人民已经产生这些强烈感情的时候，也时刻会对他们产生恻隐之心，并且很容易回到尊敬他们的状态，人民已习惯把他们看做天生高于自己的人了。他们不能忍受伤害自己的君主，同情很快地取代了愤恨。人们忘掉了过去的激怒，重新奉行旧的忠君原则，以曾经反对它的那种激情，为重新确立自己旧主人的已被破坏的权威而奔走呼号。查理一世之死使王室得以复辟。当詹姆斯二世在逃亡的船上被平民抓住时，对他的同情几乎阻止了革命，使革命难以为继。

不知大人物们是否意识到：他们博得公众爱戴的代价是否太低？或者他们自己是否想过，这种爱戴也得用汗水和鲜血才能换取？年青的贵族是何德何能得以维护他那阶层的尊严，使自己得到高于同胞的优越地位的？是靠学问乎？勤劳乎？坚忍乎？无私乎？抑或靠某种美德？由于谨言慎行，他养成了日常注意细节的习惯，并学会了按照严格的礼数履行所有细小的职责。由于他意识到自己总是在众目睽睽之下，人们总是愿意赞同自己的意愿，所以无论在何种场合，他的举止也带上这种意识自然产生的翩翩风度和高雅神态。他的神态、举止和风度来自对自己地位的优越感，这种优越感是生来地位低下的人不会有的。这就是他轻易指使他人的权势，是他支配他人意志的伎俩，并且他很少受到拂逆。这种靠权势地位行事的伎俩，在一般情况下足以左右世人。路易十四在他统治的大部分时期，不仅在法国而且也在全欧洲被看成是一个伟大君主的典型。然而，他凭什么获得这巨大的声誉呢?是凭借哪些才能和美德呢？他的事业真的无懈可击、一贯正确吗？是凭他事业中的艰难困苦，或者凭他作的不屈不挠和坚持不懈的努力吗？是凭广博的学问、精确的判断或英雄气概吗？路易十四获得巨大的声誉与这些品质毫不相干。首先，因为他是欧洲最有权力的君主，因而在诸王中间拥有最高的地位；其次，撰述其经历的历史学家说："国王身材健美，容貌俊美，胜过所有的廷臣。

他擅长言辞，语言动人，他在场时不怒自威。他风度独特。举止只和他本人的地位相称，放在别的人身上，就会变得滑稽可笑。面对他讲话的人会局促不安，这使他暗自得意，感到高人一等。有个老军官想得到赏赐，但在他面前发慌了，结结巴巴，最后竟讲不下去了，只好说：'陛下，我在您的敌人面前不会像这样哆嗦的。'这个人终于得到他的赏赐。"靠他的地位、无疑也靠某种程度的、似乎并不比平凡的人高明多少的才能和美德推行的这些伎俩，才使这位国王在当时得到人们的尊敬，甚至后人也对他心怀敬意。在他那个时代，在他身上的那些美德，实在不算什么优点。学问、勤勉、勇气和仁慈与之相比，竟然都大为逊色，丧失了全部尊严。

然而，地位低下的人想出名靠的肯定不会是如是的伎俩。礼貌是大人物的专美之德，此外，不属于任何人。在行为中模仿大人物的举止以及冒充纨绔子弟，结果只是招来加倍的轻蔑。为什么那个摆出一副权贵派头的人穿过房间时，人们却不屑一顾？显然，他做得过头了；他过分地显示出自己的重要性，故而无人附和。谦逊和质朴，一贯地不在意同伴对自己的尊敬，应该是一个平民的举止的主要特征。如果他极其想出名，就得有更重要的美德。他必须像大人物那样有自己的侍从，可是他只有自己的体力劳动和脑力活动，没有其他的财源为仆人支付工资。因此，他必须培育如下美德：他必须具有较多的专业知识，十分勤勉地做事，他必须能吃苦耐劳，临危不惧，临难坚定不移。他必须以事业的艰辛和重要，以及自己良好的判断力，以经营事业所需要的刻苦和不懈的勤奋努力，向公众显示他的才能。正直、明智、慷慨、直率，是人们用来描述他行为特征的。同时，他必定被推举去做那些需要以卓越的才能和美德恰当地配合的工作，只有能光荣地完成那些工作的人才会得到高度的赞扬。具有进取心和野心但又被其处境限制的人，怎样才能找到使自己出名的好机会呢？天下太平，他没有这种机会，这使他很不愉快。他甚至希望发生国际战争或国内冲突，暗自高兴会出现骚乱和流血事件，观察出现那些有希望大显身手的机会。一旦抓住那些时机，他就可以引起人们注意和赏识了。相反，有地位和有声望的人的声誉全在日常行为的合宜性之中。他已经满足于由此得到的微末名声了。他没能耐再去博得其他东西，也不愿让困难或危难生发出来的麻烦打扰自己。在舞会上出风头，就是他的一大胜利。在情场上得手，就是他的最大成就。他讨厌骚乱，这不是他太爱人类，而是因为大人物从来不把低贱的人看做同胞；也不是因为他缺少勇气，在动乱中他不大会胆怯；而是因为他意识到在这类情况下自己不具备所需要的美德，意识到公众的注意力肯定会从他身上转到其他人身上。他也许会冒较小的危险，从事时尚的运动。但是，会害怕要连续和长久努力保持耐性、勤勉、刚毅和操心的境况，一想就会发抖。在出身高贵者的身上几乎见不到这些美德。因此，在所有的政府中，甚至在君主国中，受教育的中下层人士虽然遭到出身高贵者的妒忌和愤恨，还是因勤勉和才干得到提拔和重用，管理着行政机关的事务。大人物见到他们，先是轻视，继而妒忌，最后表示屈从却以鄙视的态度满足自己的虚荣，可是他们却希望别人对他们讲礼貌。

正是失去了这种对人感情的绝对控制，他们已经容忍自己高贵的地位降低了。据说，在马其顿国王一家被胜利的保卢斯·埃米利乌斯带走以后，他们的不幸使得罗马人的注意力从征服者的身上转移到了王室身上。看到王室儿童都是懵懂小儿，旁观者深受感动，在公众的欣喜欢乐中，掺杂着极为微妙的悲伤和怜悯。在俘虏的行列中出现了马其顿国王，他由于遭受亡国之变丧失全部情感，恍若神志不清。跟在他的身后的是他的朋友和大臣。他们行走时常把目光投向那个失去权势的国王，而且一见他，眼泪就夺眶而出。这表明：他们想到的不是自己的痛苦，而是国王的大不幸。相反，高尚的罗马人却用轻蔑和愤慨的眼光看着国王，认为这个人活该如此，因为他竟会卑贱到在这样的灾难中忍辱求生。可是，那是什么样的灾难呢？根据史学家的记载，他在一个强大而人道的民族保护之下，富足、舒适、闲暇和安全地度过了余生。这似乎又值得羡慕了，他没有因为自己的愚蠢失去这样舒适的生活。但是，他没有颂扬他的笨蛋、谄媚阿谀者和侍从了。这些人从前一直在他的各种活动中随侍左右。他不再受到民众的仰视，也不再因他拥有权力而被他们尊敬、感激、爱护和钦佩。他的意向不再对民众的激情产生影响。正是那场大灾难使国王丧失了全部情感，使他的朋友忘却自己的不幸。还会有人低劣到忍辱求生，是自视极高的罗马人难以想象的。

罗什福科公爵说：“通常，野心可以取代爱情，而爱情却不会取代野心。”一旦人们心中被那种激情充溢后,就既容不下加入者，也容不下后继者。对已经习惯得到公众钦佩的那些人来说，其他的事情无论多好都失去了魅力，并且令人厌恶。下台的政治家出于自慰，曾经研究过如何抑制野心、如何轻视他们失去的昔日荣誉，然而，有几人能够做到呢？他们中间的大部分人都心灰意懒，为自己无所事事而苦恼，也无心过问各种消遣之道，只有谈到他们过去的重要地位时才有兴致。除了徒劳无益地忙于旨在恢复那种地位的计划之外，他什么也不感兴趣。你当真愿去做一个气派十足的宫廷苦差，放弃自己自由而无所畏惧和逍遥自在的生活吗？要作这样一个决定似乎有一个办法，也许只有这一个办法：决不挤进那些很难抽身而出的地方；决不投身于野心家集团；也决不和那些主宰世界的人等比——他们成名早在你之前。

人们想象中，被普遍的同情和关注好像是非常荣幸的事。这样，那个使高官的妻子们产生分裂的重要东西——地位，就成了一部分人追求的目的，也成了骚动、忙碌、劫掠和不义的根源，它给世界带来了贪婪和野心。据说，理性者的确蔑视地位，就是说，他们不屑于扮演主要角色，并且殊异于那些总想把最小的优点也在同伴面前显摆的轻浮之徒。但是，除了做人标准远远高于普通人的人，谁也不会无视等级、显赫的地位和权利，除非他深明真正的哲理，当他的合宜行为使自己成为恰当的赞许对象时，不在乎也不赞同这样的结果，认为根本不足挂齿；或者，除非他已经习惯自己的卑下，像懒惰和醉汉似的冷漠，已经完全忘掉了欲望，不知道人应该向往优越的地位。

从这个意义上来说：正如幸运是人们庆贺和同情与关心的当然对象，所以，再也没有什么事情比感到自己的不幸不但得不到人们的同情，反而遭到他们的轻视和嫌恶更令人郁闷不欢的了。正因为这样，最可怕的灾难不见得是最难忍受的灾难。在公众面前暴露自己小小的不幸往往比暴露自己巨大的不幸更丢人。前者没有引起人们的同情；而后者或许不会激起同不幸者的痛苦相近的感情，但却唤起了非常强烈的同情。在后一种情况下，旁观者与不幸者的感情相差不远，这种同情虽然不完全，却能帮助他忍受自己的痛苦。一位绅士破衣烂衫、脏兮兮地在一次欢乐的集会上露面，比他流着鲜血带着伤口露面更加丢脸。后一种情况会引起人们的同情，而前一种情况则会引起人们的嘲笑。法官让一个罪犯戴枷示众，他蒙受的耻辱甚于判处他死刑。前几年，有个国王当着部队众人鞭打一个普通军官，这位军官受到的耻辱无可挽回。如果国王用剑刺伤他，那倒是一种轻得多的惩罚。根据有关尊严的理论，一次笞刑会使人感到耻辱，而一处剑伤就完全不同，其理由不言自明。如果那个认为受辱是最大的不幸的绅士受到那些较轻的惩罚，高尚者就会认为他受到了最可怕的惩罚。因此，通常免除那一阶层的人认为会带来耻辱的刑罚，法律要处死他们时，也要尊重他们的尊严。无论以什么罪名鞭打一个有地位的人或把他上枷示众，都是欧洲各国政府不能实行的残暴行为，但俄国除外。

人们不认为勇士被送上断头台是可鄙的，但被上枷示众却是受辱。在前一种情况下，他的行为可能会受到大众的尊敬和钦佩；在后一种情况下，却不会得到人们的喜爱。在前一种情况下，旁观者的同情支持了他，帮他从羞耻中解脱出来，使他感到他不是一个人在受罪。在后一种情况下，他得不到人们的同情，或者即使有的话，也不是由于他受到的痛苦，而是因为意识到没有人对他的痛苦表示同情。这种同情是出于他受了耻辱而不是出于他受到的痛苦。怜悯他的人为他脸红而沮丧。不是因为犯有罪行，他也沮丧，感到自己是因受到惩罚才蒙受这种奇耻大辱的。相反，被判处死刑的人，由于人们肯定会因看到他那坚定的面容而生敬意，所以他脸上带着那种刚毅的神色；如果罪名没有使他失去别人对他的尊敬，那么惩罚也决不会使他失去这种尊敬。他并不认为自己的处境会遭到任何人的轻视或嘲笑。他不仅能装出一副十分平静的神态，而且还会露出胜利和愉快的样子。

卡迪纳尔·德·雷斯说：“因为可以得到某种荣誉，所以巨大的危险有其诱人之处，即使在我们遭到失败的时候也是这样。但是，一般的危险除了可怕之外一无所得，因为丧失名誉总是伴随着失败。”他说的箴言和我们刚才就惩罚问题所作的论述具有相同的根据。

人类的美德不会让步于痛苦、贫穷、危险和死亡，蔑视它们也很容易。但是，如果在他痛苦时遭到的是侮辱和嘲笑，或是胜利者被俘，成为他人的笑柄，在这种情况下，这种美德就很难坚持了。同遭到人们的蔑视相比，人仿佛更能承受外来的伤害。

# 第三章　论人们由崇拜富人和大人物，蔑视或怠慢穷人和小人物的心理而产生的道德情操的败坏

仰慕或崇拜富人和大人物，蔑视或至少是怠慢穷人和小人物的这种心理，尽管我们需要用它建立和维持等级差别和社会秩序，但它也是道德情操败坏的一个重要而又最普遍的原因。因财富和地位而得到的那种尊敬和钦佩常常应是智慧和美德才能引起的；而那种只对罪恶和愚蠢才适用的蔑视，却常常极不应该地降临到贫困和软弱身上。这一向是道德学家们所愤愤不平的。

我们总是期盼得到好的声誉并受人尊敬，害怕受人指摘或遭人蔑视。然而我们很快就发现在这个世界上，并不是只有智慧和美德才是人们尊敬的对象，罪恶和愚蠢也不是唯一遭到蔑视的对象。我们常常会发现：富足和有地位的人会得到人们极大的尊敬，

而拥有智慧和美德的人却并不是这样。我们还发现：强者的罪恶和愚蠢很少遭受蔑视，而无罪者的贫穷和懦弱却并非如此。得到、拥有和享受人们的尊敬和仰慕，是野心和好胜心的最大目标。摆在我们面前的有两条路，它们都能达到我们期盼的这个目标：一条是学习知识和培养美德；另一条是赢得财富和地位。我们的好强会表现出两种不同的品质：一种是漠视一切的野心和极尽的贪婪；另一种是谦逊诚恳和公平正直。从中我们看到了两种截然不同的榜样和形象，借以形成自己的品性和行为：一种是外表鲜亮却华而不实；另一种是外表普通却极具魅力。前者会让每一只飘忽不定的眼睛都忍不住去关注它；后者则几乎不会引起任何人的注意，除了那些非常认真、仔细的观察者之外。他们主要是有学识、有美德的人，是社会精英，人数恐怕很少，但却是真正、坚定地仰慕拥有智慧和美德的人。而大部分人都是财富和地位的仰慕者和崇拜者，而让人奇怪的是，他们通常都是没有偏见的仰慕者和崇拜者。

毋庸置疑，我们对智慧和美德的尊敬显然与我们对财富和显贵们的不一样，并不需要很高的识别能力就能将二者区别开来。然而，即使二者不同，但那些情感还是具有明显的相似之处。虽然在某些特征上它们肯定是不同的，但在一般的外在表现上却是基本相同的，因而对粗心的人来说，很容易将两者混淆起来。

如果两者具有同等程度的优点，那么基本上所有的人对富人和大人物的尊敬都超过对穷人和普通人的尊敬。多数人对前者的骄傲和自负的钦佩超过对后者的诚恳和可靠的钦佩。也许抛开优点和美德，声称只有财富和地位才值得我们尊敬，这就是对高尚的道德乃至对美好的语言的一种侵犯。然而，我们不得不承认：

财富和地位一直不断地获得人们的尊敬。所以，它们在有些情况下会被人们视为表达尊敬的自然对象。毋庸置疑，邪恶和愚蠢会很大程度地影响那些高贵的地位。但是，只有罪恶和愚蠢达到很严重的程度时，才能起这样的作用。处于上流社会的人们的放荡行为遭到的蔑视和厌恶比小人物的同样行为所遭到的小得多。对于有节制的、合乎礼仪的规矩，后者通常只会违反一次，而前者则会经常地、公开地蔑视它们，这更加遭人厌恶。

幸运的是，在中下等阶层中，多数情况下取得美德的道路和取得财富（这种财富是在人们期望得到的合理的范围内）的道路是非常相似的。在所有的中下等职业中，真正和扎实的能力加上审慎的、公正的、坚定而有节制的行为，一般都会取得成功。有时，这种能力甚至会在不正确的行为中取得成功。但是，为人习惯了的厚颜无耻、不遵道义、懦弱无能或放荡不羁，总会损害、甚至会彻底击垮非凡的职业才能。除此之外，中下等阶层人们的地位，从来不会重要得超过法律。一般情况下，法律都能把他们唬住，至少使得他们尊重那些更为重要的公正法。这些人的成功基本上也都是依赖邻人和与他们地位相等的人的支持和好评。如果他们的行为不那么端正的话，就很少能有所收获。所以在这种情况下，“诚实是最好的策略”这句有益的老话，就是非常有用的了。因此，在这种情况下，也许我们都希望人们具有一种引人注目的美德。就一些良好的社会道德而言，幸好这些是多数人的情况。

然而不幸的是，在较高的阶层中情况就不是这样了。在宫廷中，在重要人物的客厅里，成功和攀升凭的并不是那些与自己地位相等的博学多才、见多识广的人们的尊敬，而是依靠愚昧、专横和傲慢的上司们的奇怪、愚蠢的偏心。谄媚和欺诈常常比美德和才能更有效。在这样的环境里，谄媚的本领比真正的人才更受重用。在和平和安定的时代，当动乱未到之时，君主或大人物只想着如何消遣娱乐，甚至觉得他没有理由为别人服务，或者认为那些供他差使的人足以为他效劳。上流社会的人认为那种自负愚蠢的行为所显现出的外表风度、浅薄的才能，与战士、政客、哲学家或者议员的真正的男人美德相比，常常会得到更多的赞扬。所有伟大的令人尊敬的美德、所有适用于市政议会和国会且适用于村野的美德，都遭到了那些粗鄙可耻的谄媚者的极端轻视和嘲笑。这些谄媚者遍布于这个风气败坏的社会各处。当苏利公爵被路易十三召见就一个重大的突发事件发表意见时，看到皇上恩宠的臣子们悄悄地嘲笑他那过时的打扮，这位老军人、政治家说："不论什么时候，当陛下的父王让我有幸与他一起商量国事的时候，总是命令这些宫廷小丑们退入前厅。"

正是因为我们容易羡慕富人和大人物，并加以模仿，才促使他们能够树立或产生所谓时髦的风尚。他们的服饰成了时尚的服饰；他们交谈时说的话成了时尚的语言；他们的举止风度成了时尚的仪态。甚至连他们的罪恶和愚蠢也成了时尚的东西。多数人以效仿这种品质和拥有相似的品质为荣，而正是这种品质玷污和贬低了他们自己。爱慕虚荣的人常常表现出一种时髦的放荡的风度，他们心里不一定欣赏这种风度，但他们可能并不真正为此感到愧疚。他们期盼得到那些甚至连他们自己也不认同的称赞，并因为一些美德遭到轻视而感到羞愧。有时他们也会偷偷地实行这些美德，并对它们具有一定程度的真诚的敬意。在财富和地位问题上也存在伪君子，就像在宗教和美德问题上存在的伪君子一样；正如一个奸诈的人用某种方式来伪装自己一样，一个爱慕虚荣的人也擅长以某一方式给人一种假象。他用地位较高的人用的那种马车和豪华的生活方式来伪饰自己，不知道这些人具有的值得称道的地方，源于同他的地位和财富相匹配的一切美德和礼仪，这种地位和财富既需要、也可以支付这种开支。很多穷人因被人认为富裕而感到光荣，而没有考虑这种名声给予自己的责任（如果可以用这样庄严的名词来称呼这种愚蠢的行为的话）。那样的话，不久他们就会沦为乞丐，使自己的处境更加比不上他们所钦佩和模仿的人的处境了。

为了达到这种令人羡慕的状况，一心追求财富的人常常放弃了美德。不幸的是，通往美德之路和通往财富之路二者的方向有时是相反的。然而，野心勃勃的人会认为，在他渴望的那个优越的环境里，他会有很多办法来赢得人们对他的钦佩和尊敬，同时使自己的行为端庄有礼，风度优雅；他将来的行为给他带来的荣誉，会彻底掩盖或使人们忘记他为了往上爬而使用的那些卑鄙手段。在很多政府里，最高职位的候选人地位都处于法律之上，因而，如果最后他们能实现自己的野心所设定的目标，他们就不怕为了获得最高职位而不择手段所遭受到的那些指责。所以，他们不仅常常通过欺骗和说谎、通过卑鄙恶劣的阴谋和结党营私的手段，而且有时通过极其残暴的罪行，通过谋杀和行刺、叛乱和内战，极力排挤、彻底清除那些反对或阻碍他们谋得高位的人。然而他们更多的往往是失败，一般说来，他们只会得到因其罪行该受到的可耻的惩罚，除此之外一无所获。虽然他们应该为得到自己期盼已久的地位而感到十分庆幸，但是他们对得到的幸福却总是极为失望。极具野心的人真正想要的总是这样或那样的荣誉——尽管通常是一种被歪曲了的荣誉，而不是舒适与快乐。不过，对他自己和他人来说，他提升随之带来的荣誉，会由于为达到这种提升所用的卑劣的手段而受到玷污和亵渎。尽管通过挥霍大量的金钱，通过放纵于放荡的娱乐（堕落分子经常采用这种可怜的消遣方法），通过繁忙的公务，通过惊心动魄和令人炫目的战争，他会尽力使自己和别人淡忘自己曾经的所作所为，但是回忆肯定还会纠缠不休。他妄图祈求那使人忘却过去的隐秘的力量。他一想起自己的那些行为，记忆就会告诉他，别人肯定也记得这些事情。在所有浮华的盛大仪式之中，在从有身份、有学问的人那里收买来的令人作呕的谄媚之中，在平民百姓天真且愚蠢的欢呼声中，在所有征服和战争胜利后的骄傲和得意之中，羞愧和悔恨这种强烈报复仍然隐隐地纠缠着他。而且，当所有的荣誉降临到他身上时，他想象到丑恶的名声紧紧地跟随着他，它们随时随地都会从身后向他袭来。即使强大的恺撒，气度非凡地解散了他的卫队，但也无法消除自己的猜疑。对法赛利亚的回忆依然纠缠着他，摆脱不了。当他在元老院的恳求下赦免了马尔塞鲁斯的时候，他对元老院说，他不是不知道正在实施的暗杀他的阴谋，但是他已享足天年和荣誉，所以他将心满意足地死去，并因此蔑视一切阴谋。也许他已享足了天年。但是，如果他期盼博得人们的好感，期盼把人们视为朋友，但却遭到人们极端的仇视；如果他期盼得到真正的荣誉，期盼享有与他地位相等的人所拥有的尊敬和爱戴，那么他显然是活得太久了。

# 第二卷　论优缺点或报答与惩罚的对象

## 第一篇　论优缺点

### 引　言

还有一种源于人类行为举止的品质，它既不是指这种行为举止是否适当，也不是指庄严有礼还是粗俗卑下，而是指它们是一种毋庸置疑的赞同或反对的对象。这就是优点和缺点，即应该得到报答或惩罚的品质。

前面已经说过了，我们可以从两个不同的方面，或者从两种不同的关系上来研究产生各种行为和决定全部善恶的情操或内心感情。首先，可以从它与引起它的原因或对象之间的关系来研究；其次，可以从它与它欲念产生的结果或往往产生的结果之间的关系来研究；我们也说过，相对于引起这种感情的原因或对象，它是否适宜，是否相称，决定了相应的行为是否恰当，是庄严有礼还是粗俗卑下；还说过，这种感情意图产生的或往往产生的有益的或有害的结果，决定了它所导致的行为的优点或缺点，受赏或受罚。在前一部分中，我们已经对哪些方面构成我们关于行为是否合宜的感觉进行了论述。现在，我们着重研究哪些方面构成我们关于行为应当受赏或受罚的感觉。

## 第一章　所有体现为适宜的感激对象的行为，均该得到报答；所有体现为适宜的愤恨对象的行为，均该受到惩罚

因此，对我们来说，下述行为无疑要给予报答——它体现为情感的适宜而又公认的对象，那种情感会使我们最迅速地和最直接地想要去报答别人，或者为之服务。同样，下述行为无疑要受到惩罚——它也表现为情感的合适而又公认的对象，那种情感也促使我们想要最迅速地和最直接地去惩罚别人，或者处以刑罚。

迅速和直接地促使我们去报答的情感，即为感激；迅速和直接地促使我们去惩罚的情感，即为愤恨。

因此，对我们来说，下述行为无疑要给予报答——它表现为适宜而又公认的感激对象；相反，下述行为无疑要受到惩罚——它表现为适宜而又公认的愤恨对象。

报答，即因为受益而给予报答、偿还，报之以德；惩罚也是一种报答和偿还，尽管它的表达方式不同，即以恶报恶。

除了感激和愤恨之外，还有一些激情，它们激起我们对他人幸福和苦难的关心。但是，没有什么激情会这样直接地引起我们为他人的幸福和苦难而操劳。因为相识或关系融洽而产生的爱和尊敬，使得我们对某人的幸运表示高兴，他是一个令人愉快的感情对象，所以我们肯定愿意尽力促成这种幸运。然而，即使他没有我们的帮助而获得了这种幸运，我们的爱也会得到充分的满足。这种激情所期盼的就是看到他的幸福，而不在乎谁是他幸运的创

造者。但是，感激无法通过这种方式得到满足。如果那个给予我们很多好处的人，没有我们的帮助而得到了幸福的话，那么，尽管我们的爱得到了满足，但是我们的感激之情却没有得到。在我们得以报答他之前，在我们帮助他成功地得到幸福之前，我们一直觉得，对于他过去给予我们的种种服务来说，我们依然欠了他一笔债。

同样，在一般的不满情绪中产生的憎恨和厌恶，经常使得我们对某人的不幸持幸灾乐祸的态度，他的行为和品质曾激起我们非常痛苦的情绪。但是，尽管厌恶和不快压抑了我们的仁慈，甚至有时会使我们对别人的痛苦感到幸灾乐祸，然而如果在这种情况下并不存在愤恨，如果我们和朋友们都没有遭受多大的伤害的话，那么这些情绪是不会使我们期盼给他带来不幸的。尽管或许我们并不害怕因插手于他的不幸而受到惩罚，但是我们还是希望它以另一种方式发生。对于一个具有强烈的复仇欲望的人来说，听说他所憎恨和厌恶的人死于非命，或许会感到高兴。但是，如果他还有一点正义感的话，这种激情与美德相背离，甚至不在他的图谋之下，那么他的想法成为这次不幸事件的原因也将使他痛心疾首。正是这种不自禁会想到别人不幸的念头会更加地折磨自己。他甚至会害怕而抗拒想象这样一个可憎的图谋；并且，如果他想象自己有可能做出这样一桩穷凶极恶的事情，他就会开始用对待他所讨厌的人的厌恶眼光来看待自己。然而愤恨却与此相反：如果某人严重地伤害了我们，例如，他杀害了我们的父亲或兄弟，而后死于一场热病，或因其他罪名而被送上断头台，那么，尽管这可以平息我们的愤恨，但是不会完全消除我们的仇恨。仇恨不仅使得我们渴望他受到惩罚，而且因为他对我们所做的严重伤害而渴望亲手处置他。除非这个罪犯不仅自己痛苦，而且他因为对我们犯下这样的罪恶而感到伤心，否则的话，仇恨是不可能完全消除的。他应该为这样的行为而感到愧疚和后悔，那样，其他人由于害怕受到同样的惩罚，就不会再去犯同样的罪行。这种激情的自然满足必然会产生惩罚的一切政治效果：对罪犯的惩罚和对公众的告诫。

因此，感激和愤恨是一种迅速和直接引起报答和惩罚的情感。所以，对我们来说，谁体现为适宜而又公认的感激对象，谁就无疑值得报答；谁体现为适宜而又公认的愤恨对象，谁就无疑要遭到惩罚。

## 第二章　论适宜的感激对象和适宜的愤恨对象

作为适宜而又公认的感激对象或愤恨对象，除了那些看上去必然是适宜的而又得到公认的感激对象和愤恨对象之外，不可能还意味着其他的东西。

但是，上述激情就和人性中任何其他的激情一样，只有在充分得到每个公正的旁观者的同情，得到每个没有利益冲突的旁观者的理解和赞成的时候，才显得适宜并得到别人的赞同。

因此，作为他人自然的感激对象的人，无疑应该得到报答，这种感激因为与每个人心里的想法一致而得到他们的赞同；另一方面，作为他人自然的愤恨对象的人，同样应该受到惩罚，这种愤恨是所有理智的人愿意接受并表示同情的。在我们看来，那种行为显然确实应该得到报答，而且每个了解它的人都乐于给予报答。因此，他们愿意见到这种报答。当然，那种明显应该得到惩罚的行为，每个知道它的人都会对之表示愤恨。因此，他们也愿意见到这种惩罚。

1. 由于我们也因同伴们交了好运而感到快乐，所以无论什么原因使得他们得到了这种好运，我们都会同他们一起感到得意和满足。我们理解他们此时心中的热爱和感情，并且也开始对它产生爱意。如果它遭到破坏，或者离他们远去而超出了他们所能关心、保护的范围，那么，在这种情况下，尽管我们仅仅是失去了见到它时的愉快，我们也会因为他们而感到遗憾。如果为他的同伴带来幸福的是某个人的话，情况就更是这样了。当见到一个人得到别人的帮助、保护和安慰时，我们对受益者快乐的情绪，仅仅引起了我们因受益者对使他快乐的人的感激之情而产生的情绪。如果我们用想象的受益者肯定会用的那种眼光来看待为他带来愉快的人，他恩人的形象就会是非常迷人和亲切的。因此，我们愿意对这种令人愉快的感情表现激情，这种感情是受益者对他极为感激的那个人怀有的；因此，我们也赞同他对得到的帮助真心地作出回报。因为我们完全理解产生这些回报的感情，所以这些回报无论从哪方面看都是同它们的对象相一致的。

2. 同样，因为不论什么时候我们见到同伴的痛苦都会感到同情，所以我们同样理解他对任何引起这种痛苦的原因的痛恨之情。由于我们也承受了他的悲伤并与之保持一致，所以我们同样会受到他尽力想消除产生这种悲伤的精神的激励。我们的情绪也会变得低沉消极，并使我们与他一起处于痛苦之中，我们愿意换以另一种更为活跃而又积极的情感，所以我们赞同他为消除这种悲伤所作的努力，也同情他对引起这种悲伤的事情表示憎恶。当引起这些痛苦的是某个人时，情况更甚。当我们看见一个人受到他人的欺负和伤害时，我们对受难者的痛苦感到的同情，会引起我们与受难者对侵犯者的愤恨一样的激情。我们愿意见到他还击自己的仇敌，而且无论什么时候，当他在某种程度上进行自卫甚或报仇时，我们也会迫切愿意帮助他。如果受难者在争斗中不幸死去，我们不仅能感受到死者的朋友和亲戚们持有的强烈愤恨，而且也会真实地感受到自己想象中的死者会有的愤恨，尽管死者已不再具有任何感觉或感情。但是，由于想象自己成为他身体的某一部分，想象这个被人杀死的残缺不全、血肉模糊的躯体重新复活了，所以，当我们以这种方式在内心深处体会他的处境时——这时，就跟在许多其他场合中一样——我们会感受到一种当事人无法感到的情绪，然而这是通过对他的想象中的感情而感受到的。我们在想象中为他遭受的那种严重、不可挽回的损失所流的同情之泪，似乎是源于我们对他负有的一点儿责任。我们认为，他遭到的伤害需要我们更多的关心。在我们的想象中，我们感受到那种他应该感到的愤恨，并觉得假如他那冰冷而无生命的躯体意识尚存的话，那么，他也同样会有那种愤恨。我们想象他在高呼以血还血。一想到他受到的伤害尚未得以偿还，就感觉到死者的遗体似乎也无法安心。人们假想常常会出现在凶手床边的恐怖形象，按照迷信的说法，从坟墓中跑出来要求对伤其性命的那些人进行报复的鬼魂，都来自这种对死者想象的愤恨所自然产生的同情。对于这种最丑恶的罪行，至少在我们考虑好如何惩罚之前，神就以这种方式将神圣、必然的复仇法则，强有力地、深深地铭刻在人们心中。

# 第三章　反对施恩者就不会理解受益者的感激；相反，赞同损人者就体会不到受难者的愤恨

但是要看到，无论人们的行为或目的对受其影响的人——如果可以这样说的话——如何有利或有害，在前一种情况下，如果行为者的动机显得不适当，而且我们也不了解影响他行为的感情，我们就不能充分感受到受益者的感激；或者，在后一种情况下，如果行为者的动机很适当的话，相反地，我们理解影响他行为的那种感情，我们就体会不到受难者的愤恨。在前一种情况下，心怀些许感激似乎是应当的；在后一种情况下，满怀愤恨则是不应该的。前一种行为似乎应该得到一点报答，而后一种行为似乎不应该受到惩罚。

1. 首先我要说明的是，如果我们不了解行为者的感情，如果影响其行为的动机看来并不适当，我们就难以体会受益者对其行为带来的好处所表示的感激。基于最普通的原因而赐予别人极大的恩惠，或只是因为某人的族姓和爵位称号正好与那些赠与者的族姓和爵位称号相同，而把一宗财产赠与此人，这种愚蠢而又极度的慷慨似乎只应得到很少的报答。这种帮助似乎不应给予任何相应的报答。我们对行为者愚蠢行为的轻视，使得我们无法完全体会那位得到帮助的人所表示的感激。他的恩人似乎不值得感激。因为当我们处于感激者的境遇时，感到对这样一个恩人不会持有太多的尊敬，所以在很大程度上很可能消除了对他的诚挚的敬意和尊重——我们认为这种敬意和尊重应该给予那些更值得尊敬的人。如果他总是仁慈而又慷慨地对待自己懦弱的朋友，我们就不

会对他表示太多的尊重和敬意——我们要把他们给予那些更值得尊敬的恩人。那些对自己中意的人毫无节制地挥霍金钱、权力和荣誉的君主，很少会激起人们对他们的依恋之情。这种依恋之情是那些对自己的善行较有节制的人经常体验到的。大不列颠的詹姆斯一世仁慈但不够节制的慷慨似乎并没有博得任何人的欢心；尽管他具有善良而温和的性情，但是他一生似乎都没有一个朋友。然而他的儿子尽管生性残酷和冷漠无情，英格兰所有的绅士和贵族却都因为他的节俭和卓越而舍弃了自己的生命和财产。

2. 其次我要说明，如果我们完全理解和赞同损人者的动机和感情的话，那么，不论落到受难者身上的灾难有多大，我们也感受不到他的愤恨之情。当两个人发生争吵时，如果我们偏袒其中一个人并完全赞同他的感受的话，我们就不可能体谅另一个人的愤恨。我们理解那个动机为自己所赞同的人，因此认为他是正确的；而且一定会无情地反对另一个人——我们认定他是错误的——不会对他表示任何同情。因此不管后者可能受到什么痛苦，当它不超过我们希望他受到的那种痛苦时，当它不超过我们因为理解前者的义愤而加在他身上的那种痛苦时，它既不会使我们感到不快也不会使我们恼火。当一个残暴的凶手被推上断头台时，虽然我们有点可怜他的不幸，但是如果他竟然狂妄地对检举他的人或法官表现出任何对抗的话，我们就不会对他的愤恨表示丝毫的同情。人们持有的对这样可恶的罪犯的正义的愤怒之情，对罪犯来说的确是致命和毁灭性的。但是我们对这种情感却不会感到不快，当我们设身处地地想这件事时，我们就会觉得自己不可避免地要产生这种情感。

# 第四章　对以上几章的扼要论述

1. 因此，我们不能真诚地、完全地体会到一个人因为别人给他带来好运而表示的感激，除非施恩者是出于一种我们完全赞同的原因。我们需要在心里接受行为者的原则并赞同影响他行为的全部感情，才能完全理解因这种行为而受益的人的感激并同它一致。如果施恩者的行为看来并不适当，则无论其结果如何有益，似乎也不需要或不一定需要给予任何相应的报答。

但是，当产生这种行为的仁慈和其适当的感情结合在一起时，当我们完全理解和赞同行为者的动机时，我们因此产生的对他的热爱，就会增强和促进我们产生与那些把自己的幸运归功于他善良行为的人的感激相同的情感。于是，他的行为则需要和极力要求——如果可以这样说的话——一个相应的回报。我们也就会完全理解那种激起报答之心的感激。如果我们完全体谅和赞同产生这种行为的感情，我们就一定会支持这种报答行为，并且把被报答的人看成合宜和适当的报答对象。

2. 同样地，我们无法仅仅因为一个人给某人带来了不幸，就完全能够理解受害者对伤害他的人产生的那种愤恨，除非伤害者造成的不幸是出于一种我们不能谅解的动机。在我们能够体谅受害者的愤恨之前，一定不赞同行为者的动机，并在心里拒绝去体谅影响他行为的那些感情。如果这些感情和动机在某种程度上是适当的话，那么不论他们对那些受难者所做出的行为的倾向如何有害，这些行为似乎都不应该得到任何惩罚或者不该成为任何愤恨对象。

但是，当这种行为的伤害与因此产生的不适当结合在一起时，当我们带着憎恨的心情拒绝去体谅行为者的动机时，我们就会真诚地完全理解受难者的愤恨。于是，这些行为似乎就应该得到和极力要求——如果可以这样说的话——相应的惩罚，而且我们完全理解并赞同要求惩罚这种行为的那种愤恨之情。当我们这样完全体谅并赞同要求给予惩罚的那种感情时，这个罪人看来必然成为适合的惩罚对象。在这种情况下，当我们赞成和体谅由这种行为而产生的感情时，我们也必然赞成这种行为，并且把受到惩罚的人看成合宜和适当的惩罚对象。

## 第五章　对优点和缺点的分析

1. 因此，由于我们对行为适当性的感觉直接取决于我们是否能完全理解行为者的感情和动机，所以，我们对其优点的感觉则来源于那些对受行为影响者的感激的间接体会。

由于我们确实不可能充分体谅受益者的感激，除非事先赞同施恩者的动机，所以，对优点的感觉似乎是一种复杂的情感。它由两种截然不同的感情混合而成：一种是对行为者情感的直接的理解之情；一种是对从他的行为中受益的那些人所表示的感激的间接体会。

我们在许多不同的场合，可以清楚地区分这两种混杂在自己对某种品质或行为应得好报的感觉中的不同感情。当我们阅读关于一种适当的、仁慈崇高的行为史料时，不是非常急切地想理解这些行为的目的吗？不是被产生这些行为的那种极其慷慨的精神深深地感动了吗？不是多么盼望他们能取得成功吗？

不是对他们的失意也深感悲伤吗？在想象中，我们将自己变成那个行为者；在幻想中，我们置身于那些久远的、被人遗忘的冒险经历之中，并想象自己正处于西庇阿或卡米卢斯、提莫莱昂或阿里斯提得斯式的角色。我们的情感就是这样在直接感受行为者的基础上建立起来的。而对从这种行为中受益的那些人的间接感受也同样强烈。每当我们设身处地地设想这些受益者的处境时，我们怀着多么热烈、真挚的感情去体会他们对那些真诚帮助过他们的人所持有的感激之情！我们也会像他们那样地去拥抱他们的恩人。我们由衷地感受到他们最强烈的感激之情。我们认为，对他们来说给予自己的恩人多大的荣誉和报答都不会过分。当他们对他所给予的帮助和服务作出适合的回报时，我们会由衷地支持和赞同他们的做法；而如果他们的行为表明他们似乎对自己受到的恩惠不予理会的话，我们就会震惊万分。总之，我们对于这种行为的优点和值得鼓励的整个感觉，对于这种行为正当和适度的报答及其使行为者感到愉悦的整个感觉，都源于对感激和热爱的满腹情绪。当我们满怀此种激情设身处地地考虑当事者的处境时，我们一定会因为那个人能够做出这样适当和崇高的善行而感到十分激动。

2. 同样，如果我们对行为不适当性的感觉缺乏某种理解和体会，或者这种感觉源于对行为者感情和动机的直接反感，那么我们对其缺点的感觉则源于我们对受难者的愤恨的间接感受。

因为我们不可能同情受难者的愤恨，除非我们在心里原本就不赞成行为者的动机并拒绝去体会对它们，因此，我们对缺点的感觉看来也是一种复杂的感情，就像对优点的感觉一样。它也由两种截然不同的感情组成：一种是对行为者感情表示的直接反感；另一种是对受难者的愤恨表示的间接体会。

这里，我们也能在许多不同的场合，清楚地区分这两种混杂在自己对某种品质和行为应得恶报的感觉之中的不同感情。当我们阅读有关博尔吉亚或尼禄寡廉鲜耻和残暴冷酷的史料时，就会在心里厌恶使他们产生那些行为的可憎感情，并且带着恐惧和憎恶的心情拒绝去体会他们恶劣行为的动机。我们的感情就是在对行为者感情的直接反感的基础上建立起来的。同时，我们对受难者所持有的愤恨的间接感受更为强烈。如果我们认真地设想一下受人侮辱、被人残杀或被人出卖的那些人的不幸遭遇的话，难道我们对世间如此野蛮和残暴的压迫者不会感到什么愤恨吗？我们对无辜的受害者遭受的痛苦所给予的同情，与我们深切感受到的他们的正义和自然的愤恨是一样真诚和强烈的。前者只是使后者更加强烈了，而想到他们的痛苦，会更加激起和增强我们对那些引起这些痛苦的人的憎恨。如果我们想到受难者的莫大痛苦，就会更加真诚地与他们一起去反抗欺压他们的人；就会更加热烈地支持他们所有的报仇意图，并想象自己也时时刻刻都在惩罚这些违犯社会法律的人。富于同情的愤恨让我们知道，那种惩罚是由他们的罪行引起的。我们对这种极端残暴行为的感觉，是在听到它受到应得的惩罚时便会产生的兴奋心情，当它逃脱这种应得的报应时便会感到的义愤。总之，我们对这种暴行的惩罚、对恰当和适当地报应在这个犯有上述暴行的人身上的不幸，以及使他也感到痛苦的全部感觉和感情，都来自旁观者心中自然激起的、富于同情的愤恨。

无论什么情况下，旁观者对受难者的情况都会看得比较清楚。[①]

---

① 对大多数人来说，把我们对恶有恶报的自发感受归于对受难者愤恨之情的某种同情，看起来似乎是对这种情感的贬低。愤恨一般被认为是一种可憎的感情，所以人们常常觉得，像恶有恶报的感觉这样值得赞同的原则不应该建立在愤恨的基础上。可能，人们更愿意承认：我们对善有善报的感觉是建立在真切体会那些从善行中得益的人所怀有的感激之情的基础上的。因为感激被视为一种仁爱的原则，就像其他任何仁慈的感情一样，它不可能危害建立在感激基础上的任何感情的精神价值。但是很明显，感激和愤恨在各方面都是互相对立的，并且如果我们对优点的感觉来自对前者情感的深切体会，那么我们对缺点的感觉就不可能不是出自对后者情感的理解。

让我们来想想这种情况，即尽管我们常见的各种愤恨是所有情感之中最可憎的一种，但是如果它适当地降低和全然降到旁观者能够同情的愤恨程度时，就不会受到任何质疑了。作为旁观者，如果我们感到自己的憎恨同受难者的憎恨完全一致；如果后者的愤恨完全都没有超过我们自己的愤恨；如果他的每句话和每个手势所表达的情绪都不超过我们所能赞同的情绪；如果他并没有给予对方任何我们难于接受的惩罚，或者这惩罚太过轻微，使得我们自己甚至为此很想惩罚对方，我们就肯定会完全赞同他的情感。对我们来说，我们自己的情绪在这种场合无疑地证明他的情绪是正确的。并且，经验告诉我们，大多数人是不能节制这种情绪的，而且要想压抑强烈的、缺乏修养的、难以自控的愤恨，使之成为适当的情绪，需要作出很大的努力。所以，我们难免会对那个看来可以自我掌控天性中最难驾驭的情感的人，表示高度的尊敬和钦佩。像经常会看到的那样，当受难者的憎恨确实超出了我们所能赞同的范围时，由于我们不可能对此表示体谅，我们肯定不会对此表示赞同。我们反对这种憎恨的程度，甚至超过我们反对其他任何想象中的、几乎同样过分的激情。我们不仅不赞成这种太过激烈的愤恨，而且把它当做我们愤恨和愤怒的对象。我们反而体谅那个成为这种不正当愤恨的对象，并因此受到伤害威胁的人的相反的愤恨。所以，在所有的激情中，复仇之恨、过激的怨恨看来是最可恶的，它是人们厌恶和愤恨的对象。当这种激情在人们中间通常以这种方式——大多数时候都太过激烈——表现出来的时候，因为它一般时候的表现就是如此，所以我们非常容易把它完全看成是可憎和令人厌恶的激情。但是，就算是拿眼前人们堕落的情况来说，造物主似乎也没有多么无情地对待过我们，以致使得我们整个人或各方面看来都充满了罪恶的天性，或者使得我们没有一点或没有一个方面能成为称赞和赞同的适当对象的天性。我们在某些场合，会觉得这种通常是过分强烈的激情可能也是很微弱的。我们有时会抱怨某个人显得缺乏勇气或太过忽视自己所受到的伤害，如同我们因为他的这种激情过分强烈而对他表示嫌恶一样，我们因为他的这种激情太过轻微也会对他表示轻视。

如果有思想的作家们认为，就连在像人这样软弱和不完善的生灵中间，不同程度的激情也是邪恶和罪过的话，那么，他们就一定不会频繁地或这样激烈地谈论造物主的愤慨和恼怒了。

让我们再想想这个问题，即：目前的研究不是关乎正确与否的问题——如果可以这样说的话——而是一个有关事实的问题。我们现在不是探讨在什么原则下一个完美的人会赞同对卑劣行为的惩罚，而是探讨在什么原则下像人这样软弱和不完美的生灵会真正赞同对恶劣行为的惩罚。很显然，我现在提到的原则对于他的情感有很大的影响；而且，“恶劣行为应当受到惩罚”似乎是明智的想法。就是因为社会的存在需要用合适的惩罚去限制不应该和不正当的愤恨。所以，对那些愤恨加以惩罚会被视为一种适当的和值得称赞的做法。因此，虽然人类自然地被赋予一种力求社会完善和保护社会秩序的渴望，但是造物主并没有让人类的理性去发现使用一定的惩罚是达到上述目的的适当的方法，而是赋予了人类一种直觉和本能，赞同运用一定的惩罚是达到上述目的的最合适的手段了。造物主在这一方面的细致与她在其他许多情况下的细致的确是一致的。至于那些目的，由于它们的特殊重要性可以认为是造物主力求的目的——如果可以这样说的话。造物主不仅一直使人们对于她所确定的目的保持一种欲望，而且就我们自己来说，也同样具有对某种手段的欲望——只有凭借这种手段才能达到上述目的，而这与人们产生它的倾向是没有关系的。因而，自卫、种的繁衍似乎就成为造物主在创造所有动物的过程中已经确定的重要目的。人类被赋予一种对那两个目的的渴望和一种对与二者相反的东西的排斥，被赋予一种对生活的热爱和一种对死亡的恐惧，被赋予一种对种的延续和永恒的渴望和一种对种的灭绝的想法的排斥。但是，尽管造物主这样赋予我们一种对这些目的的如此强烈的欲望，并没有赋予我们这样的理性，可以让我们发现达到这些目的的合适手段而快速地作出决断。造物主而是通过原始和直接的本能引导我们去发现达到这些目的的大部分手段。饥饿、口渴、两性结合的激情、享受快乐、畏惧痛苦，都使得我们为了自己去使用这些手段，而丝毫不考虑这些手段是否会达到有益的目的，即伟大的造物主想通过这些手段达到的目的。

在结束论述之前，我必须说明对行为适当性所表示的赞同和对优点或善行所表示的赞同之间的一个区别。在我们赞同任何人的、对于被作用对象来说是适宜和恰当的情感之前，不仅一定要同他一样受到感动，而且一定要明白他和我们之间在情感上是否一致。这样的话，尽管听到朋友身上发生的某个不幸时，我会真实地想象出他那过度的忧虑，但是在了解他的行为方式之前，在发现他和我在情绪上确实相互一致之前，我不能说我赞同那些影响他行为的情感。所以，适当的赞同不仅需要我们完全理解行为者的感受，而且需要我们发现他和我们之间在情感上全然一致。相反，当我们听到某个人得到了恩惠，使得他按照自己的方式受到感动时，如果因为我清楚地了解他的情况，并且知道他的感激发自内心，我就肯定会赞同他的恩人的行为，并认为他的行为是值得称赞的，也是适合的报答对象。显然，受惠者是否怀有感激的想法一点也不会影响我们对施恩者的优点所具有的情感。因此，这里不需要情感上的真正一致。这足以说明：如果他怀有感激之情的话，那么它们就是一致的，并且我们对优点的感觉通常是建立在那些虚幻的理解之上的。因此，当我们明确地了解别人的情况时，就常常会用某种当事人不会感动的方式受到感动。在我们对缺点所表示的反对和对不适当行为所表示的反对之间具有一种类似的差异。

# 第二篇　论正义和仁慈

## 第一章　正义和仁慈的比较

由于只有具有某种仁慈性、出于正当动机的行为才是被人认同的感激对象，或者说只有这种行为才激起旁观者表示同情的感激之心，所以似乎只有这种行为需要得到回报。

由于只有具有某种危害性、出自不正当动机的行为才是激起人们愤恨的对象，或者说只有这种行为才激起旁观者表示同情的愤恨之心，所以似乎只有这种行为需要受到惩罚。

仁慈总是不受束缚的，也不能被强迫的。如果只是缺乏仁慈的话，就不会受到惩罚，因为这并不会导致真正的罪恶。它或许会使人们对本来可以期望的善行未能实施而感到失望，因此可能正当地激起人们的厌恶和反对。然而，它不会激起人们认同的任何愤恨之情。如果一个人可以报答他的恩人，或者他的恩人需要他帮助，而他没有这样做，毫无疑问他是犯了最可耻的忘恩负义之罪。每个公正的旁观者都会拒绝真切地去体谅他的自私动机，他是最不能博得赞同的适合的对象。但是，他只是没有做那个应该做的善行而已，他仍然没有对任何人造成真正的伤害。他成为人们厌恶的对象，这种厌恶是不适合的情感和行为所自然激起的一种激情；但他并不是愤恨的对象，这种愤恨是除了通过某些一定会给人们带来真正而实际的伤害的行为之外，不会被轻易唤起的一种激情。因此，他缺少感激之情不会受到惩罚。如果可能的话，强迫他做他应该怀着感激的心情去做的和每个公正的旁观者都会赞同他去做的事，那似乎就比他不做这件事更加不适当了。如果他的恩人想要用强迫的手段使他表示感激，那就会玷污自己的名声；任何地位没有高于二者的第三者也不便加以干涉。不过，感激之情使我们乐于承担实施各种慈善行为的责任，这是最接近于所谓理想和完美的责任。友谊、慷慨和宽容促使我们去做的会博得普遍赞同的事情，更加不受束缚，更加不是受外力逼迫，而是出于感激的责任所致。我们不说慈善或慷慨之恩，而是讨论感激之恩，甚至在友谊仅仅是值得尊敬而没有掺入对善行的感激之情并得以加强的时候，我们也不谈论友谊之恩。

愤恨之情似乎是由自然反击的天性赋予我们的，而且仅仅是为了自然反击而赋予我们的。这是正义和清白的保证。它促使我们抗击企图加害于己的伤害，回敬已经使我们受到伤害的人，使犯罪者对自己的不义行为感到愧疚，使其他的人由于害怕受到同样的惩罚而不敢犯同样的罪行。因此，愤恨之情只适用于这些目的，当它用于别的目的时，旁观者决不会对此表示谅解。不过，只是缺乏仁慈的美德，尽管会使我们对于曾经期盼的善行未能实施而感到失望，但是它既不造成任何伤害，也不企图做出那种迫使我们会采取自卫的伤害。

但是，还有一种美德，对它的遵从并不由我们自己的意愿而决定，它可以用压力迫使人们遵守，谁违背它就会招致愤恨，从而受到惩罚。这种美德就是正义，违背它就是伤害；违背正义的行为肯定是出于一些让人无法赞同的动机，它确确实实地给人们造成了伤害。因此，它是愤恨的适当对象，也是惩罚的适当对象，这种惩罚是愤恨的必然结果。因为人们赞同为了报复不义行为带来的伤害而使用的暴力，所以他们更加赞同为了阻止、抗击伤害行为而使用的暴力，进而也更加赞同为了阻止罪犯伤害其邻人而使用的暴力。策划不义之举的那个人自己也意识到了这一点，并感受到了他伤害的那个人和其他要阻止他犯罪或在他犯罪之后要惩罚他的人们会利用的那种适当的力量。因此产生了正义和其他所有社会美德之间的明显差异，近来这种差异才被一个伟大的、富有独特创作力的作者着重强调，即我们感到自己遵从正义行事，会比按照友谊、仁慈或慷慨行事受到更为严格的束缚，感到在某种程度上，实施上述的那些美德的方法，似乎任凭我们自己选择，但是，不知道为什么，我们感到遵奉正义会以某种独特的方式受到束缚、限制和约束。可以这样说，我们感到那种力量可以最适当地和受人赞同地用来迫使我们遵守正义的规范，但不能迫使我们去遵循其他关于社会美德的准则。

因此，我们必然会谨慎地加以区别：什么是该受责罚的，或者是该受责罚的适宜对象，什么是可以利用外力来惩罚或加以阻止的。应该责罚的似乎是缺乏一般程度的、合宜的仁慈行为，经验告诉我们这一点是每个人都能做到的；相反，超出这个程度的任何慈善行为都值得赞扬。一般程度的仁慈行为本身好像既不会被责罚也不值得称赞。如果身为父亲、儿子或兄弟，对其亲属所作的言行通常既不比大多数人所做的好也不比他们要坏的话，似乎完全不应该受到称赞或责备。那些做出使我们感到惊讶、反常的和难以预料的行为，并且一直保持适宜的友好态度的人，或者相反，那些同样做出使我们感到惊讶、反常的和难以预料的行为，但态度不适宜、冷酷的人，前者似乎值得赞扬，而后者却要受到责备。

然而，那些普通的善良或慈善即使是在地位相等的人中间，也不能被强迫。在地位相等的人中间，每一个人自然地被认为，而且早在市民政府建立以前就被认为拥有特定的自我保护免受伤害，以及对那些伤害自己的人要求给予相当的惩罚的权利。当他这样做的时候，每个慷慨的旁观者不仅认同他的行为，而且还会深切地体谅他的感情，甚至常常愿意帮助他。当某人袭击、抢劫或企图杀害他人的时候，所有的邻人都会感到惊恐，并且认为他们前去为被害者报仇，或者在这样危急的情况下去保护他是正确的。但是，当父亲对儿子缺乏最基本的父爱时，当儿子对他的父亲好像缺乏子女应该怀有的敬意时，当兄弟们缺乏应该怀有的手足之情时，当一个人缺乏同情心，而且在轻易就能减轻同胞痛苦的时候拒绝这样做时，虽然人人都会责备上述所有场合中的这些行为，但人们不得不承认：那些人或许有理由被期待做出更仁慈的行为，但人们却没有任何权利强迫他们那样做。受害者只能诉苦，而旁观者除了劝慰和说服之外，没有其他适宜的方法加以干预。对地位相等的人来说，在所有这些场合中彼此以暴力相争，会被认为是极其野蛮和放肆的。

一位长官在这一点上，有时的确可以强制那些在他管辖之下的人，彼此依照一定的礼仪行事。人们普遍认同这种强制手段。所有文明国家的法律都要求父母抚养自己的子女，而子女也要赡养自己的父母，并强制人们承担其他许多仁慈的义务。市政官员不仅被授予正当制止不义行为以维持社会秩序的权力，而且被授予通过建立完善的法规和阻止各种不道德、不适当的行为以促进国家繁荣昌盛的权力。因此，他可以制定法则，这些法则不仅严禁公众之间彼此伤害，而且要求我们在相当程度上要互利互助。

如果君主下令做那些完全无关紧要的事情，或做那些在他颁布命令之前可以不负责任地全然忘记的事情，违抗他就不仅会受到责备而且会受到惩罚。所以，如果他下令做那些他发布任何这种命令之前全然忘记就会受到极其严厉的责备的事情，不服从命令就确实会受到更大的惩罚。但是，立法者的责任，应该是要抱着极度严谨和审慎的态度适当而公正地履行法规。完全否定这种法规，会使全体民众面临许多严重的动乱和惊人的暴行，更有甚者，会危及自由、安全和公平。

尽管只是缺乏仁慈，对那些地位相等的人来说似乎不应该受到惩罚，但是如果他们付出很大努力来实践那种美德的话，那么显然应该得到最大的报答。由于做了很大的善举，他们就成了必然的、可赞同的最适宜的感激对象。相反地，尽管违反正义会遭到惩罚，但是遵守那种美德准则似乎又不会得到任何报答。毋庸置疑，在正义的实践中存在着一种适度性，所以它应该得到归于适度性的一切赞同。但是它基本上不值得感激，因为它并非真正的和实际的善行。正义在绝大多数情况下，仅仅是一种消极的美德，它只会阻止我们去伤害周围的邻人。一个只是不去危及邻居的人身、财产或名誉的人，的确只具有很少的实际优点。然而，他却遵从了被特称为正义的全部规范，并做到了与他同等地位的人们按照正常的规范强迫他去做或者他不去做就会受到惩罚的一切事情。我们常常可以通过不实施和不作为的方式就能履行有关正义的全部法规。

以其人之道还治其人之身或以血还血似乎是造物主要求我们实行的主要法则。我们认为仁慈和慷慨的行为应该施予仁慈和慷慨的人。我们认为，那些心里无法容纳仁慈感情的人，也不该得到其同胞的感情，而应该生活在像荒凉的沙漠里那样一个无人关心或关爱的社会之中。应该使那些违反正义法规的人自己也感受到他对别人犯下的那种罪恶；并且，既然对他同胞的痛苦的一切关怀都无法使他有所克制，那就应该利用他所畏惧的事物来震慑他。只有清白无辜的人，只有对他人遵守正义法规的人，只有不伤害他人的人，才能得到人们对他的严谨行为所应持有的尊敬，反过来，人们对他也须严格地遵守同样的法则。

## 第二章　论对正义、悔恨的感觉，兼论对优点的意识

只有因为别人对自己造成不幸，从而引起正当的愤怒之外，我们不可能有合适的动机去伤害别人，也不可能有任何刺激使我们对别人造成能够被大家理解的不幸。别人的幸福妨碍了我们自己的幸福便去破坏这种幸福，别人有实用价值的东西对我们同样有用或者更加有用就去夺人之美，或者以牺牲别人的利益来满足自己的欲望、使自己的幸福超过别人的幸福，如果仅仅出于这样的天生偏爱，以上作为都不会得到公正的旁观者的赞同。毫无疑问，每个人生来首先和主要关心自己，而且，因为他比任何其他人都更适合关心自己，所以如果他这样做的话是恰当和正确的。因此每个人尤其深切地关注同自己直接有关的而不是同别人有关的事情。或许，在听到某一个同我们没有特殊关系的人的死讯的时候，也许我们会产生挂虑，但它对我们的衣食住行的影响，要远远低于自己所承受的小灾小难。不过，就算邻居的破产对我们的影响微乎其微，或许比我们自己遭到的不幸要小得多，而我们

也决不能指望借邻居破产来避免自己遭到微小的不幸，甚至以此来防止自己破产。在这种情况下，正如同在其他所有场合一样，我们应当用看待别人的自然眼光来看待自己，而不应该用平常看待自己的眼光。常言道，虽然每个人都可以成为自我的一个整体世界，但在其他人看来，也许不过是沧海一粟。虽然对他本人来说，自己的幸福可能超越了一切人的幸福，但对其他任何一个人来说并不比别人的幸福重要。因此，虽然每个人心里确实只爱自己而忽视别人，但是在人们面前，他不敢也断然不会表明这种态度，他不会公开承认自己实际上是按这一原则行事的。因为他会发觉，别人决不会赞成他的这种偏爱，他们认为这是不近人情的过分和放肆，无论这对他来说如何自然。当他以别人看待自己的标准来检视自己时，终将意识到，对他们来说自己只是芸芸众生之中的普通一员，和别人相比并没有高明之处。如果他愿意按公正的旁观者能够同情和理解自己的行为——这是他最愿意做的事——的原则行事，那么，面对这种场合，同在其他一切场合类同，他这种自爱的傲慢之心必定有所收敛，并努力压抑到别人能够赞同的程度。这样，他们会迁就他的自爱与傲慢，甚至于允许他比关心他人的幸福更多地关心自己的幸福，更加热情地寻求自己的幸福。至此，只要他们设身处地地想到他的处境的时候，就会高兴地对他表示赞许和认同。在追逐财富、荣誉和高官厚禄的竞争中，为了超越所有对手，他无疑要尽力而为和全力以赴，但是，当他准备挤掉或打败对手时，旁观者就会完全停止对他的迁就。他们不允许作出不甚光明磊落的行为。对他们而言，这个人在每个方面同他们相差无几：他们不会同情狭隘的自爱之心，这种自爱使他热爱自己远远胜过热爱别人；自然，他伤害某个对手的动机也得不到他们的赞成。因此，愤怒的被伤害者便成为他们同情的对象，与此相对应，伤人者也就成了他们憎恨的对象。他能想到自己会成为这样的人，并感到上面所说的那些情感会随时从周围袭来，一致反对自己。

如同所犯的罪恶越大和越是无可挽回，受难者的愤怒便越是容易增强一样，旁观者会因同情而产生更加强烈的愤慨，罪行的实施者自己的负罪感也会越发加深。一个人会为另一个人造成的最大不幸是杀害其性命，这种行为会让同死者有密切关系的人感到极为强烈的愤怒。所以，不管在人们还是在罪犯的心目中，谋杀都是一种侵害个人的最残忍的罪行。我们已经拥有的东西被剥夺，要比我们对没有得到希望得到的东西更令人失望，影响更坏。因此，侵犯我们的财产，偷抢和掠夺我们拥有的财物，其罪恶比撕毁契约的行为更严重——它仅仅使我们对所期望的东西感到失望。所以，那些违法者理所当然应该受到最严厉的报复和惩处。那些保护我们邻居的生活和人身安全的法律，就是最神圣而正义的法律；其次是那些保护个人财产和所有权的法律；最后才是那些维护所谓个人权利或别人答应归还他的财物的法律。

那些违犯特别神圣的正义法律的人，毫不考虑别人对他定然怀有的憎恶情感。羞耻、害怕和惊恐所引起的一切痛苦,对他而言，是没有感觉的。当他满足了激情之后开始冷静地回顾和考虑自己过往行为的时候，他便无法再原谅对自己行为产生影响的动机。现在对他来说，这些动机就像他人经常感到的那样，显得极其讨厌。由于认同了别人对他必然怀有的嫌恶和憎恨，且产生愧疚，他在某种程度上就开始嫌恶和憎恨起自己来。那个因为他的不义行为而受害受苦难的人的处境，现在唤醒了他的怜悯。联想到这里，他就会感到十分伤心，为自己行为所造成的可悲后果而追悔不已，同时真切地感到自己已经成为人们愤恨和声讨的合宜对象，变为承受仇恨和惩罚的必然后果的合宜对象。这种想法不断地翻腾在他的脑海，使他的内心充满了恐惧和惊骇。他因此而想象自己已为一切人类感情所排斥和抛弃，不敢再向社会挑战。在这种最可怕的巨大痛苦折磨下，他似乎没任何理由指望别人给予安慰。想起他的罪行，这黑色的回忆会使他的同类从内心拒绝对他表示任何善意和同情。大家对他所怀有的情感，正是他最为畏惧的东西。因为感觉周围的一切都怀有敌意，所以他乐意逃往荒凉的沙漠深处，在那里，他才可以躲避开一副副面孔，从此远离人们脸上表露出的对他罪行的责难。但是，孤独比社会尤为可怕。他觉察到自己的顾虑和忧郁都不理想，只能给他带来黑暗、不幸和灾难，预示着不堪设想的折磨和毁灭。出于对孤独的恐惧，他迫使自己回到社会中去，于是他又出现在人们面前，在人们面前令人惊讶地表现出一副万分羞愧、饱受折磨的可怜样子，希望借此从那些真正的法官那里求得些微的保护，他知晓这些法官早已不约而同地作出对他的判决。这就是那种天生的悔恨的情感，这也是能够使人们产生畏惧心理的根源。意识到自己先前的行为不当而产生的羞耻心；意识到行为的严重后果而产生的悲伤心情；对因自己的行为而受到损害者怀有的怜悯之情；还有因为意识到每个理智的人激起正当的愤恨而产生的对惩罚的畏惧和担心。所有这些，组合成了那种天生的复杂情感。

相反的行为肯定会产生相反的感情。那个根据正确的动机，而不是根据无聊的空想做出了慷慨行为的人，当他对自己曾经为之效力的那些人充满期待时，会觉得自己肯定成为他们感激和爱戴的对象，并由于对他们怀有同情，觉得自己肯定成为值得所有人尊重和称赞的对象。当他回顾他当初据以作为行为的意图并以公正的旁观者会用来检验它的目光来检验它时，他还会深入地理解它，并会沾沾自喜，因为他想象中已经得到了这个公正的法官的赞同。在所有这些观点中，他自己的行为无论什么方面都好像讨人喜欢。想到这一点，他就充满了快乐、安祥和镇静的心情。他和所有的人和睦相处、关系友好，带着自信看待他们，并为此感到称心如意，确信自己足够成为最值得大家尊敬的人物。这些感情结合起来，就构成了对优点的意识或者理应获得报答的意识。

## 第三章　论这种天性构成的作用

事实本来就是这样：人只能存在于社会之中，人要适应他生长其中的那种环境，这是天性使然。人类都需要互相帮助，同时也面临着互相伤害，人类社会的所有成员都处在这种状况中。如果某个地方社会兴旺发达并令人愉悦，那里必定充满了互帮互助，那是出于热爱、感激、友谊和尊敬而产生的结果。通过爱和感情，所有不同的社会成员联结在一起，用这种令人愉快的纽带，把众人带到一个充满善意的公共中心。

然而，这种必要的帮助虽然不同于产生于慷慨无私的动机，在千差万别的社会成员之中也许缺乏相互之间的爱和感情，这一社会就算并不盛产大量的幸福和愉快，但它肯定是继续存在的。依靠公众对其作用的理解，在人们相互之间缺乏爱或感情的情况下，社会能够像它存在于不同的经商者中间那样存在于形形色色的人中间；并且，即使在这一社会中，没有谁明确负有任何义务，或者一定要表示出对别人的感激，但是根据一种共同的估价，社会仍然可以通过全然着眼于实利互惠的行为而维持。

但是，社会不会存在于那些经常相互损毁和伤害的人中间。每逢那种伤害出现的时候，每逢互相之间产生仇恨和敌对的时候，一切社会纽带就被撕裂，它所维系的不同成员就会由于他们之间的感情极不和谐甚至敌视而疏远起来。依照一般的见解，假如强盗和凶手之间存在某种来往的话，他们至少一定不会去抢劫对方或者杀害对方。照此而论，与其说社会存在的基础是仁慈，还不如说这种基础是正义。虽然缺乏仁慈，社会也能维系在一种无法令人愉快的状态之中，但如果任由不义行为泛滥，它就会无可避免地彻底毁掉。

所以，虽然造物主利用人们想获得报答这一令人愉悦的意识，劝戒众生要多做善事，但是在这种善举如果被忽略，我们的主并不以为有必要利用人们担心受到惩罚的心理来保证和强迫人们行善。行善如同美化建筑物的装饰品，而不是支撑建筑物的基础，所以只要作出劝戒就足够了，没有必要采用强迫手段逼人为善。相反，正义则像是支撑整个大厦的主要支柱。如果这根柱子不结实或者不端正的话，那么人类社会这座宏伟而庞大的建筑肯定会在瞬间土崩瓦解，颓然倾塌。在我们这个人世间，如果我能够这样说的话，修建和维护人类社会的大厦，似乎受到了造物主极其宝贵的特别关注。所以，为了迫使人们尊重和信奉正义，造物主将那种恶有恶报的意识培植在人们心里，同时让他们产生违逆正义就要受到惩罚的害怕心理，这些思维就像人类联合的伟大卫士一样，袒护弱者，压制强暴且惩罚罪犯。人虽然天生是颇具同情心的，但是同给予自己的关注相比，他们对同自己关系一般的人几乎毫无同情可言；一个仅仅是同类的人的不幸同他们自己的、即便是小小的顺利相比，也不觉重要；他们很想凭借强势伤害别人，并且或许有许多因素诱惑他们这样做，所以，如果没有在受害者自卫的过程中给他们确立这一正义的原则，且未使他们慑服因而对受害者的清白无辜有所敬畏的话，他们就会野兽似的随时打算向目标发动袭击；一个人参加群众的集会就像进入了狮子的洞穴。

我们看到，在世界各地，所有工具都被极其巧妙地调整到适应其所要达到的目的，并惊叹植物或动物的肌体内的每样东西都有着何等精妙的安排，使得维持个体的生存和种的繁衍成为天性的两个宏伟目的。但是，在这些以及所有相似的对象中，我们还是要把效用从它们各自的运动和结构的最终原因中区分开来。食物的消化、血液的循环以及由此引起的各种体液的分泌，都是为维系动物的生存这一伟大目的所不可或缺的作用过程，但我们从未如同凭借它们产生效用的原因去解释这些过程那样，根据这些目的去竭力说明这些作用过程，从未推测血液循环或食物消化新陈代谢的过程，也没有对循环和消化的目的怀有某种观点或想法。钟表的齿轮之所以被巧妙地校准，为的是适应制造它们的目的，即为人们指示时间。每种齿轮一切不同的运转，都以最精巧的方式互相配合以产生这个效果。倘若它们被赋予一种产生这一效果的意愿和企图，它们运行得不一定会更好。不过，我们永远不把任何此类意愿和企图赋予齿轮，而将其赋予那些钟表匠。它们是由一根发条推动的，我们知道的还有：这说明发条所带来的效果和齿轮所产生的效果一样微小。虽然我们在借此解释肌体作用的过程时，对于效用和最终原因从来都是含混不清，可我们在试图说明那些心理作用的时候，却非常容易搞混这两个互不相同的概念。当天赋原则指引我们去完成那些真实而明确的目的时，我们非常容易把它归因于理性——因为那个理性的确会向我们提出这一点——就像我们将它归因于这些原则产生作用的原因和我们促成那些目的的感情和行动一样，并且总是轻易地觉得那个理性是因为人的聪明，实际上它是出于神的智慧。表面看来，相对它所引起的结果，这个原因似乎很有道理，而且当人性系统所有不同的作用，从一个简单的原则被这样推导出来的时候，该系统好像很是简单和令人高兴。

就像在通常把持着相互伤害的人中间，不会发生正常的社会交往那样，唯有较好地遵循正义法则，所谓社会，才能维系。所以对这一正义法则必须要加以考虑，而且可以认为是我们赞同通过惩罚违犯正义法律的犯罪者来严格执行它的依据。据说，对社会的热爱是人可贵的一种天性，希望人类为了自身的原因而保持团结，即使他本人没有从中获取好处。对他来说，如果社会状况表现得有秩序、兴旺发达，这是令人愉悦的。这样的社会，他喜闻乐见。相反，无秩序和混乱的社会状况，自然是他所厌恶的对象，对任何造成这种无秩序和混乱状态的事情，他都感到苦恼。他也意识到，自己的利益与社会的状况息息相关，他的幸福与否或者生命的存亡，如何维持，都决定于这个社会能否保持其秩序和繁荣。因此，出于类似的种种原因，他就会对任何有害于社会的事情都产生一种憎恨之情，并且愿意想方设法地去阻止那些令人痛恨和恐怖的事情发生。不义行为必然也是不利于这个社会。所以，任何不义行为的出现都使他感到惶恐不安，如我所言，他会竭尽全力去阻止这种行为的恶化和发展，如果任其畅通无阻地进行下去，他所珍视的一切就会迅速被葬送掉。如果他无法用温和而合理的手段去约束它，他就必定会采用暴力手段来压制它，总之，一定要阻止它继续发展。所以，人们总是赞成严格执行正义法则，甚至用死刑来惩罚那些违法的人也受到赞成。由此，就要把破坏社会稳定的人赶出这个世界，从而令其他的人目睹他的后果也不敢轻举妄动或步其后尘。

这就是我们通常对自己赞成惩处不义行为所作的解说。毫无疑问，这是非常正确的，如此看来，我们有必要经常坚持自己对合宜而又恰当的惩罚所具有的那种自然意识，这是出于对保持社会秩序的必要性而作出的考虑。当罪犯遭到正当的报复而就要受苦受难时，人们会告诉他这是罪有应得，表达了自然的义愤；当他对日益迫近的惩罚感到恐慌，并因此中止或克制了自己那野蛮的不义行为时，当他不再是人们恐惧的对象时，人们就开始对他表示慷慨而仁慈的怜悯之情。想到他即将遭受痛苦的折磨，人们便将适当减轻因他给别人带来痛苦而产生的愤恨。他们便倾向于原谅和宽恕他，甚至会免除对他的那种惩罚，而在他们感情极其冷漠的时候，这个惩罚曾被认为是自作自受。因此，还有必要提醒人们保持这种对社会整体利益的思考。他们受到更为慷慨和全面的人性的驱使，来消解这种懦弱和带偏见的人性所产生的冲动。他们想到对罪犯的宽容和饶恕就是对无辜者的残酷无情，并以某种怜悯人类的更加广泛的体恤之情，来对抗自己同情某一特殊人物的怜悯情绪。

有时，对一般正义法则对维持社会的必要性的考察，对我们来说也是很有必要的，而且要为遵守它们的合宜性辩解。一些年轻人和放浪形骸的人时常嘲弄原本神圣的道德法则，如此行径我们司空见惯了。他们之所以这样做，有时是因为道德沦丧，而更为经常的是出于其虚荣心而默认最丑恶的行为准则。我们因此愤怒，并急于去驳斥和揭露这种值得痛恨的原则。但是，我们并不愿意将其看成是谴责、憎恨和讨厌他们的唯一理由，虽然这种原则千真万确是最初激起我们反感和对抗他们的东西，它使得他们身上有了可憎恨的根本。我们觉得，这个理由看来并不是起决定作用的。然而疑问在于，假如因为他们是憎恨和讨厌的自然而又适当的对象，所以我们就憎恨和厌恶他们，为何又说这并非决定性的理由呢？只是当有人问我们为什么不这样或按这种方式行事时，对那些提问的人来讲，这个问题就表示着这种行为方式就其本身来说，好像并不是那些情感的自然而又合宜的对象。因此，我们当然要告诉他们，这是由于还有其他一些理由。通常，在我们要寻找另外的理由的时候，首先想到的一个理由是，倘若任由这种做法大行其道，将导致社会秩序混乱的结果。所以，我们几乎总是很好地坚持了这个原理。

所有放荡不羁的行为对社会幸福的危害倾向，通常不需要很好的辨别能力，但是我们最初就激愤地反对它们几乎和这种考虑无关。芸芸众生，哪怕是最愚蠢和最无思考能力的人，都憎恨和厌恶欺诈、虚伪、背信弃义和有违正义的人，并且希望看到他们接受惩罚。但是，哪怕正义对于社会存在的必要性表现得怎样突出和显而易见，也很少有人想到这一点。

促使我们最初关注对侵犯个人罪行的惩罚的，不是某种对爱护社会的关切，这可以用许多浅显的道理来证实。在通常情况下，我们对个人命运和幸福的关注，并非因为我们对社会命运和幸福的关注引起的。我们并不因为一个畿尼是一千个畿尼中的一个，或者因为我们应当关心整笔金钱，所以就对一个畿尼的损失表示关切。同样的道理，我们也不会因为个人是社会之一员或一部分，以及因为我们应该关心社会的毁灭或损失，所以对这个人的毁灭或损失深表关切。不管在何种情况下，我们对个人的关心都不是出于对大众的关心；然而在两种情况下，我们对大众的关心则是一种特别的关心的混合物，而这种不寻常的关心又是由我们对互不相同的个人所产生的同情所组成的。因为我们身上的一小笔金钱被贼偷走了，于是我们告发这一伤害行为，这既是出于对自己已经失去的那些钱的关心，更是出于一种保护自己所有财产的关心。同理，当某个人受到伤害或摧残时，我们要求对向他实施犯罪的人进行惩罚，这既是出于对那个受到伤害的人的关心，更是出于对社会总体利益的关心。但是必须看到，在某种程度上，这种关心也许并不包括那些高尚的情感，即经常被叫做热爱、尊敬和感动的用来区别我们的亲朋好友和熟人的那些情感。由于他是我们的同类，所以在这方面所亟需的关心，和我们对所有人都表示的同情并无两样。如果某个令人憎恶的人受到没有被他激怒的那些人的伤害时，我们甚至会谅解他的愤怒。面对这种情况，即使我们对他原有的品行有着强烈的不满，也无法完全阻止住我们对他油然而生的愤恨表示同情；当然，那些既不很公正也不习惯于用正常规则来纠正和抑制自己情感的人，很容易朝着这种同情大泼冷水。

在一些场合，我们仅仅是因为某种对社会总体利益的考虑，于是惩罚某些行为或赞成这种惩罚。确实，我们觉得，如果不那样做，这种社会利益就无法保证。它是对所有妨害国内治安或违犯军纪的行为所作的一种惩罚。这种罪行不会迅速和直接地伤害任何个人，但人们认为，它们的深远影响确实给社会造成或可能造成许多麻烦或难以收拾的混乱。例如，一个负有警戒任务的哨兵因为贪睡从而被军法处死，这是因为他的疏忽有可能给整个军队带来危险。在众多情况下，这样严厉的惩罚因为显得非常必要，从而显得正确无误和恰到好处。当保护某一个人与大众的安全产生矛盾时，偏重多数是没有错的。但不可否认，这种惩罚不管怎样必要，总显得有些太严厉了。这个罪行是这么微小，而惩罚则是这么严重，所以要我们内心同它保持一致就显得极为困难。虽然这样的疏忽极应受到谴责，但是有关这个罪行的想法并不一定会激起这样强烈的愤慨，而使我们要加以如此可怕的报复。一个仁慈者必须要使自己保持冷静，充分运用自己的坚定意志和决心，并尽力而为，才能亲自实行或者赞成别人实行这种惩罚。然而，他并不以同样的方式来理解对某个忘恩负义的凶手或杀害自己父母的人给予的公正惩罚。在这种情况下，对这个因为可恨的罪行而得到的正义的报复，他就会热切地、甚至满怀喜悦地表示赞成，倘若这种罪行偶然逃脱了惩罚，他自然会感到极其愤怒和大失所望。旁观者对那些不同的惩罚所抱有的并不相同的感情，证明他对前一种惩罚的赞成和对后一种惩罚的赞成并不是根据同一原则基础而作出的。旁观者把那个哨兵受到的惩罚看成是一种不幸，而事实上，这个哨兵必须和应该为了战友们的安全而牺牲自己的生命，但在心里却仍然希望能够保全他的生命，并只会因为众人的利益和自己的想法相矛盾而感到遗憾。反之，假如凶手侥幸逃脱了惩罚，他就会表现出非常强烈的愤怒，甚至于祈求神在另一个世界清算凶手的罪行——他因人类有失公平的做法而没有在人间接受惩罚。

应该认真关注的是：我们绝不仅仅是为了维持社会秩序而认定那个犯罪行为必然要在今生今世受到惩罚，如果不这样，就很难维持社会秩序，我认为，如果不能及时惩罚不义行为，就应当在来世对这种罪行施加报复，我们的这种期望不仅是宗教允许的，想必造物主也不会反对。虽然这种例子并不能阻止其他人犯下同样的罪孽——他们没有看到、也不知道这种惩罚，但是我们认为这种惩罚将紧紧跟随，直至犯罪者死去也难以逃脱——如果我能够这样说的话。因此我们认为，我们还是需要有善恶分明的神，今后他会为受到羞辱的寡妇和丧失父亲的人复仇，在这个世界上，他们总是受到伤害而无人对施虐者加以惩罚。所以，在世上所有宗教和各种迷信中，都有着可怖的地狱和幸福的天堂，地狱是为惩罚邪恶者而提供的刑场，天堂是为报答正义者而准备的乐园。

# 第三篇　就行为的优点或缺点，论命运对人类情感所产生的影响

## 引　言

当某个行为将会受到无论怎样的赞美或谴责时，它首先针对的是产生该行为的内心动机或感情；其次针对的是这种感情所导致的身体外部的行为或动作；最后是针对该行为所实际产生的或好或坏的后果。该行为的全部性质和状况由这三个不同的方面构成，它们必然成为能与该行为相应的不管哪一种品质的根据。

在这三种情况中，后面的两种情况无法作为任何赞扬或责备的根据，这是一目了然的，也无人坚持相反的意见。在最合理的行为和最应该谴责的行为中，身体之外的行动总是相同的。譬如一个向鸟和向人射击的人，他所做出的外部动作是同样的，即都要扣动枪的扳机。某一行为所产生的实际后果，其实和身体的外部动作更与赞扬或责备无关。事实上，后果是取决于命运而并不取决于行为者，照此看来，后果就不可以成为以行为者的品质和行动为发泄对象的所有情感的合宜根据。

行为者可能需要负责的、或者他因此可能得到某种赞成或反对的唯一后果，就是那些互不相同的预期的后果，或者是那些显示出他的行为得以产生的内心动机中令人愉悦或反感品质的后果。所以，正好归于某一行为的一切赞美或指责，正好归于某一行为的一切赞同或反对，最终必然针对内心的意图或感情，必然

针对行为的合适与否，必然针对仁慈或邪恶的意图。

当这样抽象且概括地提出这一准则时，大家都不会表示反对。它那不言自明的正确性得到人们的承认，所有的人都不会对此产生异议。所有人都觉得：不同行为所造成的偶然的、意外的和无法预料的后果无论存在怎样的差异，倘若这些行为由以产生的意图或感情是同样的仁慈和合宜，或者是同样的歹毒和不合适的话，那么行为的好处或坏处仍是一样的，并且行为者同样是感激或愤恨的合宜对象。

但是，不管我们在作抽象思考时是怎样地折服于这一正确的准则，可如果面对特殊的情况时，某一行为恰好产生的实际后果，对我们关于行为的优点或缺点的情感仍有着一个极其重要的影响，且几乎总能强化或减弱我们对它们的感受。只要仔细考察我们就能发现，在某一种特定情况下，我们的情感往往不是完全受那种法则支配的——尽管我们都承认情感理应受到它的完全控制。

这种人人都有所感觉的、没有多少人能充分认识和理解、且没谁愿意承认的感情，明显有着不一致性。现在，我要对此接着加以阐释。我将首先思考引起它的原因，由天性带来这种不一致性是通过怎样的途径；其次思考它所产生的影响程度；最后思考同它相应的结果，还有通过它造物主想要表明的意图。

## 第一章　论这种命运产生影响的原因

不管是什么原因带来了痛苦和快乐，或者它们是如何产生的，它们都不可避免地在一切动物身上很快引起两种激情，即感激和愤恨。就连无生命的东西都会产生这两种激情，和有生命者类似。我们甚至在受到一块石头撞击的一瞬间，也会为这块石头碰疼自己而发怒。小孩会气愤地摔打这块石头，狗会对它狂吠乱叫，性格暴躁的人则会暴跳如雷地咒骂它。可是只要我们略加思考一下就会改变这种情感，并且很快就会意识到不适宜对没有生命知觉的东西采取报复。但是，当遭到严重伤害时，这个导致我们受害的对象就会使我们感到不快甚至耿耿于怀，就会觉得把它焚烧或销毁是件很解气的乐事。对偶然造成某个朋友死亡的器械，我们理应这样对待，倘若忘记对它发泄荒唐的报复，就总觉得自己所犯的是一种有违人性的罪过。

同样，对那些让自己感到无比喜悦或很多欢笑的无生命的东西，我们也会怀有某种感激。想想看，一个靠着一块木板从失事的船上成功逃生的海员，如果上了岸就点燃这块木板来取暖，这无疑是不近人情的。我们大概都希望他用心且满怀深情地保留这块木板，就像保存某种珍贵的纪念物一样。对他而言，这块木板有着救命之恩。一个人对他使用的鼻烟壶、削笔刀、拐杖，随着日久天长，便会逐渐增添爱意，并对它们产生那种真正的痴迷和钟爱的深情。如果他一旦损坏或丢失了它们，那么将由此引起无尽烦恼，这和所损失的价值是极不相称的。对那些住了多年的房屋、对那些长期受其绿荫庇护的树木，我们都抱着某种敬意，而且觉得这种敬意是理所当然的。前者的断壁残垣、后者的连根拔起，如此的毁灭虽然都不会使我们蒙受损失，但是我们却会因此郁郁寡欢。古代的护家神和林中仙女，即树木和房屋之神，也许就是由那些对这类对象心怀敬畏和感恩的人首先想象出来的。如果这类对象没有生命，这种感情就好像是虚幻和无意义的。

然而，某种东西必须不仅是产生快乐或痛苦的根源，而且同样有着感觉快乐和痛苦的能力，才能成为合适的感谢对象或憎恨对象。如果缺乏这种感觉的性质，针对它的那些激情就无法尽情地自我爆发或者流露出来。因为这些激情是由快慰或愤怒的原因所导致的，因此它们的满足就存在于对引起它们的那些情感的回报中。想要对没有感知能力的物体作出回报是徒劳的。所以，相对于把无生命之物作为感激和愤恨的对象，把动物作为感激和愤恨的对象就更为合宜。咬伤人的狗要受到惩罚，以角抵人的牛也要受到惩罚。如果它们不幸成为致死某人的原因，那么公众和死者的亲属都会希望杀死它们，只有这样，他们才能消去复仇的怨气。这样置之死地而后快的感情，既出于保护生者的安全，也多少是为了告慰受到伤害的死者。相反，那些对主人们忠心耿耿特别有用的动物，则是他们极为感激的对象。《土耳其侦探》中提到的那个官员的残忍行为，我们会感到震惊和愤怒——那匹曾驮着他横越海峡的马被他刺杀了，因为害怕自己的坐骑今后会以同样的惊险行动使别人美名远扬。

没错，动物不仅是带来快乐和痛苦的原因，而且也对那些情感有感觉，但美中不足的是，它们仍然不足以成为感激和愤恨的最佳对象。相对而言：动物还无法令那些激情完全满足，还缺少一些什么。感激之情所渴望的，不仅是让施恩者也感到快慰，而且是使他明白是由于自己过去的行为才得到这种报答，使他为作出这种行为而感到愉悦，使他觉得某人是他理应为之行善的，这样才能让他心满意足。最使我们痴迷的是，我们的恩人会有着和我们情感上的相同点，有着和我们同样自珍自重的品质和价值，有着对我们的尊敬。当某人像我们自我评价的那样评价我们，并且像我们自己一样把我们与别人区分开来，那是令我们欣喜地发现，倘若在他身上有着这些令人愉悦和满足的情感，我们就会想着主动报答他，从而达到主要目的。这种自私的念头常常遭到慷慨的人的鄙弃，通过缠扰不休地表达感激以强求新的恩惠，这是他的恩人不想看到的。然而，维持和增加他对我们的尊敬，是非常高尚的心灵认为值得注意的一种利益。以上这些表述的根据是，假如我们的恩人的意图得不到我们的体谅，假如他的行为和品质不配得到我们的赞同，那么，即使他先前曾经给了我们无私的帮助，显然我们的感激也总是会减弱。我们对他的恩情不会感到高兴，要保持对这样一个品质差的或没有价值的恩人的尊敬，这样的事情就显得不值得追求。

反之，愤怒的感情想要达到的主要目的，不仅是使我们的敌对方自己来品尝痛苦之果，更是使他们觉悟到自己的痛苦是自讨苦吃，是来自他以前的不应当行为，使他为那种行为而追悔莫及，使他清楚他所伤害的人是无辜的，是他强加于人的不公正待遇。我们对侮辱和伤害我们的人义愤填膺和怒不可遏的主要原因是：他对我们竟然抱有轻视态度，他那损人利己的不合理的偏爱和荒诞无稽的自私，由此他似乎认为，别人应该随时为了他的便利或兴趣而牺牲自己的利益。这种行为有着引人注目的不合宜性，其中夹杂着蛮横无理和非正义性，往往比我们所受到的所有痛苦更令人烦恼和愤怒。他应当对别人做什么呢？他所犯的错误给我们造成了怎样的损失？使他恢复这种较为正确的意识和理性的感觉，这往往是我们的报复想要达到的主要目的，当没有达到这个目的时，我们的报复未能发挥理想中的作用。当我们的敌人明显没有给我们造成伤害的时候，当他的行为我们觉得完全合宜的时候——即设身处地地考虑我们也会干出类似的事，从而理应从他那里得到所有不幸的报应——在那种情形下，如果我们内心还有着最起码的公正和正义的话，就不会有任何愤恨之情。

所以，任何东西要成为完美的感激对象或合宜的愤恨对象，就一定要具备以下三个不同方面的条件，这样才能够合乎情理。首先，它必须在某一时刻是快乐的原因，而在另一时刻是痛苦的原因。其次，它必须有能力去感觉那些情感。最后，它不但产生了那些情感，而且必须是在某种意愿的驱动下产生出那些感情的，这种愿望在某一场合会被人赞同，而在另一场合则会被人反对。有了首要的条件，所有对象都可以激起那些感情；有了第二个条件，它在方方面面对那些情感都能感到满足；第三个条件对那些情感的完全满足不仅是必不可少的，而且由于它会引起剧烈而又特殊的快乐或痛苦，所以它同样是激发那些激情的原因。

因此，因为以各不相同的方式引起快乐或痛苦的，仅仅是激起感恩和气愤的原因，所以虽然某人的意愿也许是那样的合宜和仁慈，或者是那样的不合情理和邪恶，然而要是没有产生他希冀的好事和罪恶的话，那就是因为在这两种场合都缺少某种令人激动的原因。所以，分别在前后不同的情况下，或者他很少被人感激，或者很少被人愤恨。相反，虽然某人的意愿中一方面没有值得称赞的仁慈，另一方面其中也没有值得责备的恶意，可如果他的行为导致了重大的善果或恶果的话，那么，由于在这两种场合都产生了那个令人激动的原因，在一种情况下就容易对他产生某些感激之情，在另一种情况下就容易对他产生某些愤恨之情。在前一种情况下，隐约可见他身上的优点；在后一种情况下，他的缺点昭然若揭。并且，由于这些行为的后果全然被命运所绝对掌控，这样，命运就定然对人类有关优点和缺点的情感发生影响。

## 第二章　论这种命运产生影响的程度

首先，这种命运影响的后果是：假如由最值得赞美或最应该谴责的动机引起的那些行为没有产生预期的效果，我们对其优点和缺点的感觉就会慢慢减弱；其次，如果那些行为偶然引起了极大的快乐或痛苦，我们对其优点和缺点的感觉就会明显增强，而且会超过对这些行为由以产生的动机和感情所应有的感觉。

1. 我首先以为，尽管某人的意愿是如此合宜和慈善，或者又是如此不合宜和恶毒，但是如果它们没有产生其作用，那么，在前一场合，他的优点似乎大打折扣，在后一场合，他的缺点也不能完全暴露。被某种行为结果所直接影响的人，不仅对这种不规则的感情变化比较迟钝或没有感觉，就连公正的旁观者也只能感觉其一鳞半爪。为别人谋取某一官职的人，被认为是别人的朋友，尽管他没有使对方如愿以偿，也似乎应该得到他人的爱戴和喜欢。但是，一个不仅帮助他人费心谋取官职且大功告成的人，更应当被认为是他人幸运的保护人和恩人，并值得他付出更深厚的尊敬和感激。我们总是认为，并可能多少公正地认为，那个受到感激的人曾设想自己与前者相同。然而，如果他不觉得自己不如后者，我们就无法谅解他的情感。事实上，通常来说，对力图帮助我们的人和确实帮了大忙的人，我们抱有同样的感激之情。这是我们对所有这种未取得成功的努力行为经常所用的说法，但是这种说法必须要得到人们充分理解，就如同其他一切中肯的说法。对一个慷慨的人来说，他对那个诚心帮助自己却遭到失败的朋友所抱有的情感，与对那个帮助自己且取得成功的朋友所怀有的情感，大致是相同的。这个人越是心胸宽阔，这两种情感就越接近于准确无误。由于这种真诚的宽容大度被那些他们自己认为值得尊敬的人所欣赏和尊重，较之他们有所期待的那些情感带来的所有好处，这种与人为善的宽宏会带来更多的快乐，从而也会激起对方更多的感激。因此，就算他们失掉那些升官发财的好处，他们真正失去的也只是一些微不足道的东西。不过，他们毕竟是留下了一定的遗憾。因此他们的快乐和随之产生的感激之情，不是非常完美的。因此，假设在帮助人未能如愿的朋友和助人顺利成功的朋友中间——其他一切情况都一样——甚至在最高尚和最优秀的心灵之中，会存在助人成功的朋友受到偏爱的某些感情上的细小差异。不仅这样，而且在这一点上，人类表现得颇不公平，以致人们尽管会得到他们苦苦谋求的利益，可如果它不是依靠某个特定施恩者得到，他们也许就会认为，对这个具有世间最善良的意图而没有进一步提供帮助的人没必要多加感激。在这种情况下，给他们以快乐的不同的人们分享他们的感激之情，而他们似乎对任何人都只须略表感激。我们通常听到人们说，这个人无疑是想帮助我们，我们也确实相信他为此目的而全力以赴。然而，我们之所以并不为此感激他，因为别人并未对此表示赞同，这种好处也不是他所做的一切能带来的。他们觉得，即使在公正的旁观者看来，这种考虑也会减弱他们对施恩者所应怀有的感激之情。那个尽力造福于人而事与愿违的人本身同样不会信赖他想帮助的人的感激之情，在他取得成功时，也决不会产生自己具有施惠于别人的优点的自豪感。

甚至对那些自认为有能力造福于人的人来说，如果因为受到某些偶然事件的妨害，导致他们的聪明才智和能力未能产生优越的效果，那么他的优点就不是尽善尽美的。那个遭到朝廷大臣的妒忌而壮志未酬，在效忠于祖国的战斗中没有取得辉煌战果的将军，事后一直痛惜战机的丧失。他的悔恨并不只是为了群众，而是为一次失败的行动而遗憾。在他看来，而且在其他人看来，如果战事大获全胜，那将使自己英名赫赫。下述想法不能使他满意，同样也不能使别人满意，即：计划或谋略完全要依靠他的才能；施行和落实策略并不需要具备超出预想的更大的能力；而且只要容许他千方百计地来完成它，准许他坚持不懈地干下去，成功是肯定的。他毕竟没有完成自己的计划和谋略；虽然因为拟定了一个宽仁而又宏伟的作战计划，他也许会赢得许多赞许，但是他仍想通过完成一个伟大的行动来表现出自己的优点。在某个人快要把万众瞩目的某种事办成功时，削弱他的权限、阻挠他顺利办事的行为便被认为是不义的，让人感到痛恨。我们认为，由于他已经付出了那么多的努力，即使这件事情并未取得圆满的结果，也应该给他记大功。庞培在卢库卢斯他们取得胜利时被推举为执政官，因为承担了那些他人的幸运和勇敢也可获得的荣誉而遭人反对。据说，当卢库卢斯未获准完成那一征服战争之时，连他的朋友也普遍认为他的荣誉似乎是徒有虚名。而卢库卢斯以其勇气把这场战争推进到几乎所有人都能将它结束的地步。假如一个建筑师的设计只是一纸没有付诸实施的蓝图，或者这些设计被略加改动以致影响了建筑物的效果，他就会为此备受羞辱。然而，设计纯粹是建筑师的事。对于行家来说，正如在实际施工中一样，他的天才在设计中也得以充分表现。不过即使对最富有才华的人来说，仅仅靠设计给他带来的快乐，远远不如一座辉煌壮丽的建筑物竣工带给他的快乐。在这两种情况中，他们都能够展露出同样的鉴赏力和天赋。但是，效果却是截然不同的：由后者引起的惊叹和赞美，胜过从前者得到的乐趣。我们相信许多人的才能要高于恺撒和亚历山大；亚历山大相信他们在同样的环境中会做出更惊世骇俗的伟大行动。然而，我们却不以惊讶和赞美的眼光来看待他们。在所有的时代和国家里，上述两位英雄都会令人们的眼光充满崇拜和赞美，那些发自内心的冷静的评价可能让我们加倍地赞赏他们，但是他们却缺少伟大行动的璀璨光辉来激起这种赞赏。卓越的品德和才能并不能产生同卓越的业绩一样的效果，即使是对承认这种杰出品德和才能的人也无法产生同样效果。

在背信弃义的人的眼里，想行善而未能如愿的人的优点似乎会由于失败而缩小，同样，企图作恶而未能遂心的人的缺点也会缩小。无论被证实得如何清楚和确凿，仅有某种犯罪的图谋，也从来不会像真正实施了犯罪那样受到严厉的惩罚。或许，唯一的例外是叛逆罪。由于直接影响政权本身的存在，当局对那种罪行当然要比对别的任何罪行更加如临大敌和小心提防。在惩罚叛逆罪时，君主最愤恨的是它直接危及他本人；而在讨伐别的罪行时，君主所憎恨的则是它妨害别人。在前一种场合，他所发泄的憎恨是为自己着想；在后一场合，他所产生的憎恨只是出于同情和体谅自己臣民的愤恨。因此，面对叛逆犯罪，当局者所作的判决就尤为严厉和残忍，往往要比公正的旁观者所能认可的惩处更加严苛，因为他是为了自己而处罚罪犯。这里，即使遇到比较轻微的叛逆罪，他也会怒不可遏，而且像在别的情况下那样，他总是不等罪行发生，甚至在没有出现犯罪尝试的时候就大为愤怒。在许多国家内，一次图谋叛逆的商议，或者只是一种叛逆的想法，只是一次有关叛逆的谈话，都会像犯下实际叛逆罪一样被惩罚，虽然那些所谓的叛逆者没有采取什么实际行动。至于其他一切蠢蠢欲动的罪行，如果只是有所图谋而没有付诸行动的话，根本不会得到什么惩罚，更谈不上处以严刑峻法了。可以说，确实大可不必将图谋不轨和犯罪行为设想为同样的邪恶行为，使它们遭到同样的惩罚当然是不应该的。也能够这样说，当事态发展到非常关键的时候，我们能够做成许多自己曾经心怀疑虑或者根本无望的事情，甚至可以想方设法来完善它们。但是，当叛逆的图谋发展到最后尝试的程度时，这个理由就无法成立。虽然世界各国几乎都没有这样的法律，即：一个使用手枪射击他的仇人而未击中对方的人，将会判处死刑。根据苏格兰古老的法律，就算那个人击伤了对方，如果后者并未在随后某段时期内死亡，前者也不应被判处死刑。可人们难免对这种罪行表现出强烈的愤恨，对那个承认自己会犯这种罪行的人充满了巨大的恐惧，所以在每一个国家里，即使只是企图犯这种罪行的人也难逃一死。而对于有犯较小罪行企图的人几乎总是从轻发落，有时根本不加过问。在把手伸进邻人的口袋行窃之前，那个小偷被人当场擒获，使他惶恐惭愧感到丢脸就是对他的惩罚。如果他有时间偷走别人兜里的东西，哪怕只是一块手帕，就要接受死刑。非法进入他人住宅的人，在邻居的窗前放置梯子，还没来得及进去就被人发现，他就不会被处死。企图强奸妇女的人不会像强奸犯一样受到严厉的惩罚。尽管诱奸妇女会被处以严厉的惩罚，然而企图诱奸一个已婚妇女的人却几乎不会受到惩罚。我们对只是企图制造危害的人怀有愤恨，但是并不强烈，我们很少为使他受到跟真正造成危害的人同样的惩罚而出庭作证。倘若他真的做了那件坏事，我们就认为他受到那种惩罚是罪有应得。在前一种情况下，随着判决而来的高兴，我们对他的残暴行为的感受减轻了；在后一种情况下，因为有人遭到不幸感到的痛苦，我们就会对他的残暴行为的感受有所增强。但是，不管是何种情况，他的意图一样是罪恶的，所以他实际存在的人格缺点无疑是相似的。因此，每个人的情感中都有着一种不规则的东西。并且，不论是最文明的国家的法律还是最野蛮的国家的法律，都毫无例外地有着一定的减刑条例。无论何时何地，文明人由于仁爱而有意免除或减轻惩罚，他们发自内心的愤怒不因罪行的后果而增强。相反，当某种行为并未带来实际后果时，对它的动机，野蛮人往往并不敏感或刨根问底。

那个因为冲动或受到坏伙伴的影响决意犯罪的人，也许已出现了一定的犯罪苗头，但为某一不期而来的偶然事件所幸运地阻止，这样，如果他还有良心，就会在今后的生活中将这一偶然事件当做对他本人的一个及时而重要的救赎。他会非常感激地想到，慈悲为怀的神曾经将他从即将深陷罪恶泥潭的困境中挽救出来，使得他悬崖勒马，改邪归正，这样就使得他在有生之年不致活在恐惧、自责和悔恨之中。尽管他并未犯罪，但是仍然会心怀内疚，好像他事实上已经犯下了曾蓄谋已久且急于实施的那些罪行。他明白，虽然并非因为自己心地善良而没有干坏事，但是想到并未发生罪行，他还是会因此感到极大的安慰。他仍然觉得自己不该受到多大惩罚，招致多大的愤恨。这种侥幸会减弱他的担心，甚至会把他的一切负罪感消除一空。当初他曾为实施罪恶而痛下决心，而现在因为偶然事件避免了犯罪，回想起来，他认为没有别的结果能比这更使他认为是举足轻重和不同寻常的奇迹。他仍然想象自己已经避免了犯罪，并且怀着那种恐惧心理（处在安全环境中的人有时可能抱着这种微妙的心理回想起自己曾处于灾难边缘的危险）回顾他那貌似平静的心灵所经历过的艰险，一想到这一点，他就心有余悸。

2. 受这种命运的影响，会有第二个结果：当行为者的行为偶然让我们产生过度的快乐或痛苦时，不仅会产生由行为的动机或感情造成的后果，还会使我们对行为优缺点的感受明显增强。但是，那种令人高兴或令人不快的行为结果尽管在行为者的意图中没有值得赞美或谴责的东西，或者至少没有达到值得我们加以赞美或谴责的程度，它依然时常会给行为者的优缺点投上某种影像。所以，甚至连报告坏消息的信使也会使我们感到不痛快；与之相反，我们对好消息的传播者却会产生感激之情。在特定的瞬间，这两者被我们看成是影响命运好坏的根源，看待他们的眼光多少带着这样的感情倾向，仿佛这或喜或悲的结果真的是他们造成的，而实际上他们只是报告了这个结果而已。于是，给我们最早带来愉快消息的人自然成为暂时的感激对象：我们满怀深情地热烈拥抱他，在瞬间感到幸运，如同得到了重大的帮助，高兴地报答对方带来喜讯。根据各个朝廷的惯例，如果哪个官员带来胜利消息，他就有资格得到引人注目的升迁，所以征战在外的将军总是选择一个他最中意的亲信去报送喜讯。而最早让我们得到悲伤消息的人就非常不幸地被我们暂时地愤恨。我们难以避免地带着恼怒和不安的神情观看他；性格暴躁和不明事理的人总会向他发泄他的坏消息所引起的愤慨。因为报告了敌人已经逼近的令人惊恐的消息，亚美尼亚国王提格兰甚至砍掉了那个最早向他探报军情的信使的脑袋。用这种极端的方式来惩罚带来坏消息的人，看来是野蛮残忍且惨无人道的；可是对于带来好消息的人，不管怎样丰厚的报答都难以引起我们的不快；对于国王来说，我们觉得这和恩典是合适的，是值得称道的皇恩浩荡。问题是，既然前者并无过失，后者也没有优点，我们的做法为什么会截然不同呢？这是因为，只要别人流露友好仁慈的感情，我们的任何一种理智似乎都是慨然允诺的；但是在别人发泄敌对的、恶毒的感情时想要表示同情，却需要我们具有极其坚强而丰富的理性。

除非那个邪恶和不义的个人意图直接针对的是它们的合宜对象，虽然我们一般不会谅解不友好的、歹毒的感情，主张和规定决不能允许这些感情发泄，但是我们还是会在某些场合放宽这种严格的要求。当一个人因粗心大意而不慎对别人造成伤害时，我们只要谅解受害者的愤怒，就会赞同他对冒犯者的报复，大大超过那个没有因此造成这种不幸后果的冒犯者也许应该遭到的惩罚。

有一种程度的疏忽，尽管没有对任何人带来伤害，却也应该受到一定的惩处。这样，譬如某人事先没有提醒和警告可能通过的行人，就把一块大石头扔过墙头落在马路上，而自己毫不在意石头会落在何处，这个人受到某种惩罚无疑是应该的。即使它并未造成什么危害，这种荒唐的行为也将被一个敬业的警察所处罚。干出这种坏事的那个人对别人的安全与幸福表现出很轻视，那种蛮横无理的态度令人无法容忍。他的行为确实危害着别人。他肆无忌惮的胡作非为，使旁人可能遭遇危险，而它是有理智的人所不愿遇到的，他显然缺少应当正确地对待别人的那种意识——这恰好是正义和社会的基础。所以从法律的角度来论，严重的疏忽和蓄意的图谋几乎相等[①]。当这种粗心大意造成某种不幸的后果

① Lata, culpa prole solum est（诡诈近似严重过失）。

时，干了这种坏事的人通常会受到惩罚，就像他是真的故意造成那些后果。他那轻率和无礼的行为被看成了残暴的行为，他那理应受到某种惩戒的行为果然被严加惩处。因此，假如他由于乱扔石头而意外地砸死路人的话，那么，根据许多国家的法律，特别是苏格兰的古老法律，他就会被执行死刑。虽然如此处置明显有些太严重，但它没有全然违背我们的天然情感。对不幸的受难者的同情使得我们对他产生正当的愤怒，因为那是愚蠢而缺乏人性的行为。然而，倘若有人仅仅因为不慎把石块丢到马路上且没有伤及别人，而他却被送上了断头台，这会比所有事情都尤为严肃地考验我们天生的公正意识。但即使这样，他的行为本身并未改变，依然是那样愚蠢和缺乏人性，而我们的情感却大相径庭。出于这种不同的思考，我们有理由相信，就连旁观者也会为那种行为产生的后果而义愤填膺。也许我没有记错，在几乎每一个国家的法律中都有着要对此严惩的规定。正如前面所说的，在相反的情况下，根据法律基本可以从宽处罚。

另一种程度的粗疏并不涉及一切非正义的行为。犯这种错误的人无意伤害别人，他待人正如待己，对别人的安全和幸福决不会抱野蛮无礼的轻视态度。但是，他的行为没有保持应有的认真和谨慎，由此受到一定程度的谴责和非难也是难免的，但不应该接受任何惩罚。然而，如果他的这种疏忽对他人造成了某种伤害，那么，所有国家的法律都要责成他赔偿。尽管这毫无疑问是一种实在的惩罚，但是不会有人考虑对他处以死刑。虽然并非由于他的行为酿成了不幸的意外事件而施加这种惩罚，但是这种法律裁决是人们的天然情感都会赞同的。我们认为最合理的是：一个人的粗心不应对另一个人造成损害，这种因粗疏所导致的损害，应该由肇事者来赔偿。

还有另一种疏忽，它只存在于对我们的所作所为可能带来的各种结局缺乏使人大为不安的怀疑和谨慎之中。在坏结果还没有显现出来时，这种高度的谨慎是人们绝不认为要受到责备的，而认为这种杞人忧天的品质倒是应该被谴责的。凡事都表现得谨小慎微从未被看做一种美德，而被认为是一种对行动和事业有害的品质，其危害性要比其他东西更大。但是，当某人因为不屑于这种过分的谨慎，却正好对别人有所损害的时候，法律往往便会强制他为此付出代价。例如，根据阿奎利亚的法律，某个人因没有很好驾驭一匹马，使其突然受惊狂奔，而恰好踩伤了邻居的奴隶，他必须为此赔偿损失。当遇到这种偶然事件时，我们总是归咎于骑马者，认为他骑这样一匹马是轻率之举，且认为他试图驾驭这匹马也是无法原谅的。虽然没有这一偶然事故，我们就不会产生如此的反应，但是他拒绝骑这匹马也会认为是胆小怯懦的表现，是对某种只有发生可能但没必要多加小心谨慎的事情心存疑惑的表现。由于某一这类意外事件而偶然使别人受到伤害的人，他自己好像也感到自己的过错理应受到惩罚。于是他主动接近受难者，向他表示自己对事件所导致的结果的歉意，并想方设法地表示谢罪。如果他是个有理智的人，就一定竭尽全力来平息受害者的强烈愤慨，并且想办法弥补损失。受害者很容易产生仇视和愤恨，他明白，不道歉、不赔偿就是一种非常野蛮的行径。然而，既然他同别的所有的旁观者一样清白无辜，为什么要他道歉而别人却无动于衷呢？为什么对别人的不幸负责的偏偏就是他呢？这件难事确实不该强加于他，对其他可算是不正当的愤恨，就连公正的旁观者也不会怀有宽容之心。

## 第三章　论这种反复无常的情感的根本原因

行为或好或坏，其结果，对造成它的人和其他人的情感产生的影响是这样的。如此，在我们最不想让命运产生作用的地方，她却发挥着掌控世人的影响，由此使人们在某种程度上产生有关所有人的品质和行为的情感。历来，人们总是抱怨世人只是根据结果而不是动机作出判断，从而对美好德行基本上丧失信心。有个普通的格言是人们所认可的：因为结果不是行为者来定的，所以我们对于行为者行为的优点和合宜性的情感，就不应受其影响。可是，当我们成了特殊的当事人时，无论在哪一种情况下都能发现，实际上自己的情感很难与这一公正的格言相印证。不管什么行为，其愉快的或不幸的结果不但会使我们对于谨慎行事给予一种或好或坏的评价，而且几乎经常极其强烈地引发我们的感激或愤恨，还有对动机孰优孰劣的认识。

然而，像在其他所有场合一样，当造物主为人们心中种下这种情感变化无常的因缘时，她似乎已经为人类的幸福和美好作了安排。如果单单伤害的企图、恶毒的感情是激发我们愤恨的原因的话，那么，假设我们怀疑某人心存这种企图和感情，即使他没有实施他的罪恶意图，我们也会感觉到对他的所有愤怒之情。情感、想法和计划都将成为惩罚的目标，而且，如果人类对它们的愤怒达到了和对行为的愤怒同样强烈的地步，如果在世人心中，没有发生一切行为的卑劣想法同卑劣行为一样能唤起复仇意图，那么每个法庭便将是名副其实的断案场所。不带恶意和小心谨慎的行为，也将隐患重重。它们是否出自不良的意愿、不良的目的和不良的动机，人们会继续这样猜疑。当它们激起的愤怒同丑恶行为所激起的一样时，在不良的意图如同不良的行为一样被人愤恨时，人们同样将躲不掉惩罚和愤恨。所以，真正作恶和企图犯罪的行为，以及使我们对它天然产生的惊恐心理的行为，都被造物主当成了人们所惩罚和愤恨的唯一合宜和赞同的对象。虽然人们根据冷静的理性而得到一切优点或缺点的行为，是情感、动机和感情的来源，但是内心的神圣法官还是将它们与各种人类的法律限制区分开来，并责无旁贷地以自己那公正无私的法庭来审理它们。因此，有关正义的必要法则，是在人类孰优孰劣的这个有益而有用的感情变化的基础上产生的，虽然最初看来这是荒唐无稽和难以解释的。也就是说，这个世间的人们，只应为他们的行为而受到惩罚，而不应为他们所具有的动机和打算接受惩治。然而，只要我们认真观察，就能发现，造物主的深谋远虑通过每一种人性都能得以证实。我们无法不钦佩神的智慧和仁慈，即使在人类的弱点和愚行方面也是同样的。

情感的无常变化不是毫无作用的。因为这种变化，无论是想帮助别人而未获得成功的企图中的优点，还是非常美好且仁慈的意愿中的优点，都显得并不尽善尽美。人是倾向于行动的，并且尽其所能地促使自我及他人所处的外部环境产生变化，力争使其可以最利于所有人的幸福。对于消极的善行他必定感到不满，也不把自己当成人们的朋友，因为在灵魂深处他更渴望有助于世界的兴旺。造物主提醒他：他要全力以赴去达到他梦寐以求的目的，而且，只有他真正达到了这些目的，所有人才会对他的行为感到非常满意，也才会用最美好的赞扬来褒奖他的行为，否则便不能如愿。造物主告诉他：倘若缺乏善行优点的好意，怎样的赞扬都无法激起世人最慷慨的、甚至他自己的最彻底的赞美。仅仅从一切言谈举止表现出最正直、最高尚和最宽容的感情的那个人，倘若他除此外并没有完成一次重大举措，就可能没资格获得丰厚的报答，哪怕他也许只是因为未被机会垂青而无法帮助别人，从而显得如此窝囊。我们甚至可以不受谴责地拒绝给他这种报答。我们还能够问他：你做了些什么呢？你做了些什么实实在在的好事使你有资格获得如此丰厚的回报呢？我们爱戴你，尊敬你，但是并没有对你有什么歉疚和亏欠。在某种意义上，只是因为缺少助人机会而不能发挥作用的人，真的值得去报答，因为他具有那种潜在的美德，给予他美誉和升迁可以说是应该的，但不一定是合宜的，非凡的善行才有资格获得美誉和升迁。同样的道理，在没有行恶的情况下，只是因为内心的感情而加以惩罚，这是最野蛮的残忍暴行。在差不多成为罪过之前，如果就将仁慈的感情付诸行动，那得到最高度的赞扬似乎是应该的。反之，恶毒的感情几乎不会过分迟缓或多加斟酌就会化为行动。

有一点值得注意：对肇事者和受害者来说，无意中所做的坏事都无疑是一种不幸。所以，造物主如此告诫人类：要尊重别人的幸福，唯恐自己会干下任何伤害他们的事情，即使这是无意而为；如果他不慎让自己的同类遭到了不幸和灾难，他就会害怕自己所感到的那种强烈愤恨会突然爆发，来惩罚自己。在古代那些看似蒙昧的人的言传身教中，为某神献奉的圣地，只有在一些必要的庄重场合才容许进入，而且，哪怕出于无知而私闯禁地的人，从踏进圣地时起就成了一个赎罪者，在完成适当的赎罪行为之前，他将遭到神的报复，冥冥之中，法力无边的神将替天行道。所以，为给所有清白无辜者带来幸运，可以依靠造物主的智慧，划出不可侵犯的专门供祭神的圣地，并用树篱围起来以警示人们切勿随意接近。如此，在没有索要同这个不慎违反禁令的人的地位相应的补偿和赎罪物的情况下，也可以避免任意踩踏圣地的事情，那些出于无知而非出于本意的违规现象，也就不会发生。富有人性者意外地致使别人死亡，即使他的疏忽本无可指责，即使他没有犯罪，他依然会感到自己应该来赎罪。终其一生，他都可能把这一事故当做自身所要承受的最大不幸。倘若受害者家境贫穷而他自己还能过得去，他就会毫不犹豫地承担起赡养受害者家属的责任来，并认为他们有权获得所有恩惠和良好的待遇，哪怕他们并无什么优点。倘若受害者的家境还可以，他就会诚恳地想办法承认过错，沉痛地表示悔恨和悲伤，竭力为他们做自己所能想到的或他们所能接受的好事，以此来弥补他所带来的损害，并借此尽可能地抚慰受害者家属。和因他的过错而产生的愤恨相比较，这种过错尽管是偶然发生的，然而危害却是巨大的；这种愤恨也许是自然的，却分明又是极不公正的。

因为某一偶然因素，某个清白无辜者犯下了一些过失，倘若这是他自觉地和有意地造成的，他就会受到公正的最严厉的谴责。他所感到的痛苦，很容易让人想起古代和当代戏剧中最精彩和最吸引人的几幕情景。正是这种虚构的犯罪事件——如果我可以这样措辞的话——造成了希腊戏剧中的俄狄浦斯和裘卡斯塔的全部不幸，造成了英国戏剧中的蒙尼米亚和伊莎贝拉的全部不幸。尽管在他们中间，没有人犯下极轻微的罪行，但他们却成了饱受煎熬的赎罪者。

但是，虽然这一切看来是不规则变化的情感的结果。然而，即使一个人无意中不幸地犯下了可恨的罪行，或者没有使他有意为之的好事落到实处，造物主也会让他的无辜获得一定的安慰，也会让他的美德得到理所应当的报答。那时，有句堪称真理的格言会让他心生宽慰，即：那些不由我们的行为来定的结果，不应消减别人对我们的尊敬。他将唤起心中所有的高尚感情和坚定意志，刻意提醒自己不能以目前的面貌而以应有的状态出现在人们的眼前。他希望人们看到他的慷慨意愿终于获得了成功，即使人们都非常正直和公正，甚至同自己毫无二致。一部分心地正直和富有人性的人，极力赞成他这样按自己的看法来激励自己的努力作为。他们心中的人性的反复变化，会从自己心灵中的所有高尚而又伟大的情感中得到矫正，他们努力以一样的眼光来看待自己那没有如愿以偿的高尚行为。即使是事半功倍或者未经努力就侥幸地取得成功，他们也会极其自然地倾向于用这种观点来考虑问题。

# 第三卷　论评判我们自己的情感和行为的基础及其责任感

## 第一章　论自我赞同和不赞同的原则

在本书的前两卷中，我着重论述了我们评判他人感情和行为的出发点与基础。现在，对我们评判自己的感情和行为的出发点，我要加以比较详细的论述。

我们是否赞同自己的行为，自然有着可以遵循的原则，这和据以判断他人行为的原则似乎完全相同。当我们设身处地为他人考虑时，是赞同还是不赞同他人的某种行为，就要根据能否充分同情导致他人行为的情感和意图来决定。同样的道理，当我们站在他人的立场上来检视自己的行为时，是否会赞同这种行为，也是根据能否充分理解和同情影响自己行为的情感和意图来决定的。应该说，倘若我们不改变自己的出发点，并拿一定的距离来看待自己的情感和意图，对它们的评述就必然会显得偏颇，也肯定无法对它们作出任何判断。要做到这一点，我们只有努力地以他人的眼光来审视自己的情感和意图，或者应以他人可能持有的观点那样来看待它们。所以，不管我们将对它们作何判断，都一定会，或者在特定的条件下会，或者我们设想应该会同他人的判断具有某种密切联系。正如我们推测别的一切公正而无偏见的旁观者可能做的那样，我们会认真来审视自己的行为。在我们设身处地地思考问题时，才能对影响自己行为的所有激情和动机产生彻底的理解，因为对想象中的公正的法官的赞成感同身受，所以我们就会对自己的行为表示赞同。如果事实相反，我们就会体谅他的不满，并且对这种行为加以谴责。

对一个离群索居的人来说，倘若他生长在与世隔绝的地方，而且有可能同任何人都毫无接触和交往，那么，他就不知道自己面貌的美或丑，也不可能想到自己的品质是高尚还是卑劣，更无法看到自己情感和行为的合宜性或缺点，同样无法想到自己心灵的美丽或丑恶。所有这些是非曲直他都无法轻易弄清楚，他自然也不会对它们详加关注，并且，他也根本没有合适的参照物，能使这些对象在自己眼前如同魔镜般呈现出来。可是，如果这个人进入社会，他就马上得到了一面前所未有的镜子。这面镜子就是他身边那些芸芸众生的表情和行为，存在于和他朝夕相处的人群当中，当他的情感受到他们的理解或反对时，都会有所表示。于是，他就会在这里第一次看到自己感情的合宜和格格不入，发觉自己心灵的美好和丑陋。对一个刚呱呱坠地就与社会绝缘的人来说，一旦融进人群便会遇到他得以发泄强烈感情的对象，那些使他欢乐或伤害他的形形色色的外界事物，都会吸引或占据他的注意力。那些事物所激起的各种感情，如愿望或嫌恶，快乐或悲伤，此时都是直接呈现在他面前的实在的东西。可以前很少能够成为他思索的对象，对它们的看法决不会使他感到兴趣盎然，从而可以引起他的潜心思考。对那些强烈感情的原因的思考虽然会容易激起他的快乐和悲伤，然而，对自己快乐的思索决不会在他身上引起新的快乐，对自己悲伤的思索也决不会在他身上引起新的悲伤。在他进入社会后，他的一切激情很快会产生反应，会荡起新的涟漪或波浪。大家对什么是赞成的或者是讨厌的，他将一览无遗。在前一种情况下，他将受到欢欣鼓舞；在后一种情况下，他将感到无比沮丧。现在，他曾经的愿望和嫌恶，他的快乐和悲伤，便常常会引起新的愿望和嫌恶，新的快乐和悲伤。这些感情将使现在的他充满兴趣，因此，他就会时常陷入专心致志的思考中。

我们对自身美丑的最初印象是由别人的身形和外表所引起的，而不是首先来源于对自我的感知。毋庸置疑，别人对我们所作的同样的评论，我们很快就会心领意会。假如他们赞美我们的体态，我们就由衷地高兴；假如他们对此是厌恶的，我们就为此恼怒。自己的外貌会得到别人何种程度的非议或赞许，这是我们渴望知道的。通过揽镜自照、或者用诸如此类的方法，我们试图尽力隔开一段距离以他人的眼光来审视自己，逐一地观察自己的肢体。经过这样的观察，如果对自己的相貌感到满意，我们就会心平气和地坦然忍受别人最挑剔和最恶毒的评判。相反，如果连我们自己感到本身确实存在着讨人厌恶的缺点，那么，别人的任何一个不赞许的表现都会使我们感到羞辱难当。一个外貌比较英俊的人，如果你就他个人某个微小的缺陷同他开玩笑，他也许不会计较；但对一个真正相貌丑陋的人来说，对这类玩笑他通常是不堪忍受的。显而易见，无论怎样，只是因为自己的美和丑对他人有所影响，我们才对此感到焦虑和烦恼。如果我们与世隔绝，不和人交往，自然可以不用对此表示丝毫关心。

同样，我们起初的一些道德评断针对的是别人的品质和行为；而且，在发出这各种评论后，我们还非常急切地观察它会给自己带来何种影响。但是我们很快就认识到，别人对我们的评论同样是直言不讳的。我们渴望知道自己的品行会得到他们怎样程度的指责或称赞，甚至考虑是否因他们的看法而表现出令人愉快或令人不快的样子，以回应他们的评断。为此，我们通过设身处地换位思考，用他们的眼光来反观我们到底表现出了什么，借此来着手审视自己的感情和行为，并且会考虑在他们面前自己的这些感情和行为是何种状态。假定我们是自己行为的旁观者，而且用这种旁观者的眼光来竭力推测这种行为会对我们有何影响。在某种程度上，这是我们能用别人的眼光来审视自己行为合宜性的独一无二的镜子。如果它在这种检查中使我们心生喜悦，我们就感到比较满意。我们也许对赞扬声不屑一顾，并在某种程度上漠视世人的谴责。即便受到严重的误解或歪曲，我们都有信心成为自然和合宜的称赞对象。相反，如果感到自己的行为确实有问题，我们就常常会为此尤其渴望得到别人的称扬。如果我们并非声名狼藉，那么，别人的指责就会使我们困惑不安，备受折磨。

很明显，当我努力审视自己的行为时，当我认真对自己的行为作出判断并对此表示称赞或指责时，在所有这样的场合，我就像把自己分成两个人：一个我是扮演和另一个我不同的角色，即审察者和评判者；另一个我则是接受审察和被评判的行为者。第一个我是个旁观者，当以那个特殊的观点审视自己的行为时，有关自己行为的情感，尽力通过设身处地地设想来考虑它会如何在我们面前表现来理解。第二个我是行为者，准确地说是我自己，我将以旁观者的身份对其行为作出某种论断。前者是评判者，后者是被评判者。然而，如同原因和结果不可能相同一样，评判者和被评判者同样不可能完全相同。

和蔼亲善和值得称赞的品质，都是应该得到热爱和回报的高贵的美德，真正令人憎恨和应该惩罚的自然是邪恶的品质。当然，所有这些品质都会和别人的感情有直接关联。据说，和蔼可亲和值得赞扬的品质之所以堪称美德，并非因为它有着自我热爱和自我感激的魔力，而是因为它在别人心中激起了爱戴和赞美之情。作为这种令人愉悦的尊敬对象的意识，美德成为难免要引发的那种精神上的安宁舒适和自我满足的根源，正如猜疑相反会引起不道德行为而令人痛苦一样。受人尊敬和知道自己值得别人尊敬是我们巨大的幸福。受人痛恨和知道自己应该被人痛恨又是我们巨大的痛苦。

## 第二章　论对赞美和值得赞美的热爱，兼论对谴责和该受谴责的畏惧

每个人不但生来就渴望受到别人的热爱，而且也希望能真的成为可爱的人，或者说，他总希望成为自然而又合宜的热爱对象。他不但生来就唯恐被人憎恨，而且总担心自己成为可恨的人，或者说，他所担惊受怕的，就是不幸成为自然而又合宜的憎恨对象。他不但生来希望得到人们赞扬，而且希望成为值得赞扬的人，或者说，希望自己是那种虽然未得到人们的赞扬但确实是自然而又合宜的赞扬对象。他不仅唯恐被人谴责，而且唯恐成为该受谴责的人，或者说，唯恐成为那种虽然未被人们责备但确实是自然而又合宜的责备对象。

对值得赞美的喜爱并不全然来自对赞美的喜爱。在诸多方面，它们还是互有区别和各自独立的，虽然那两个原则有些相似，虽然它们互有联系并且常常被混为一谈。

对那些品行能让自己赞成的人，我们自然抱有爱戴和钦佩之

情，而且必然促使我们对自身提出要求：希望自己成为相同的让人快乐的感情的对象，并且成为正如最受我们爱戴和钦佩的那些人一样和蔼可亲和值得尊敬的人。我们的好胜心来源于对别人优点的赞赏之中，为此我们急切渴望自己应该也能够胜过别人。仅仅得到别人的钦佩是无法令我们感到满足的，因为别人也由此受到钦佩。因为别人也因此而得到赞美，所以至少我们也坚信自己是值得赞美的。然而，要想获得这种满足，我们就必然要成为自己品质和行为的公正的旁观者。我们必须努力以别人的眼光来观察自己的品行，或者说和别人一样看待它们。经过如此审视，如果发现它们正如我们希望中的那样，我们就感到高兴和满意。但是，假如我们发现别人——和我们的想象不同，他们是真正努力用旁观者的眼光来观察我们的品质和行为的——用和我们曾经用过的一模一样的眼光来察看它们时，这种愉快和满足就会大为坚定和增强。他们的赞成必然令我们的自我赞成更加坚定。他们的称扬必然令我们对自我称扬的感觉明显加强。在这种情况下，对值得赞扬的喜爱非但不全然出于对赞扬的喜爱，反之，很大程度上可以说，对赞扬的喜爱至少似乎是出于对值得赞扬的喜爱。

当最真诚的赞美未被当做某种值得赞美的证明时，它就几乎没有带来多大的快乐的可能。由于真假难辨或一知半解，以各种各样的方式给予我们或我们给予的尊敬和钦佩，就显得浅薄和没有说服力。如果我们意识到自己并不是这样讨人欢喜，如果在真相面前人们却带着截然不同的感情来审看我们，我们的满足感就会留有遗憾。既非为了我们并未落实的行为，也非为了毫不影响我们行为的意图而称赞我们的那个人，他其实是在称赞别人，而不是在称赞我们。对他的称赞，我们可能感受不到丝毫的满足。

这些称赞对我们来说，会比任何谴责更使我们感受到奇耻大辱。它持续的压力使我们悔恨交加，从而想起各种最使人谦虚踏实的反省。这种反省无疑是我们应该具有的，但同时又是我们所缺乏的。想象一下，一个女人因为涂脂抹粉而得到赞美，虽然她为此产生了一些虚荣感，但是如果赞美针对的仅仅是她的肤色，我们认为这些赞美就更应使她想起自己浓妆艳抹之下真正的肤色，由此引起别样的感情，并且通过比较使她深感惭愧。所以，为那种空穴来风的称赞而感到高兴，是浅薄之徒最为轻率和虚弱的证明。这被些称做虚荣心的虚无缥缈的东西，也正是那些装模作样和坑蒙拐骗的恶习的基础，而这些东西是荒唐至极和卑劣无耻的。倘若我们没有从经验中认识到他们是怎样粗野卑劣，或许就能想象，那些最起码的粗野卑劣感也能够把我们从愚蠢之中解救出来。愚蠢的说谎者，试图通过绘声绘色地描述那子虚乌有的冒险事迹来骗取同伴的佩服；狂妄的花花公子，为卖弄和显示他的优越，于是摆出一副看似显赫和高贵的架子，而他自己也明知这是虚假的和矫情的。可以肯定，他们这样做都是一相情愿的自我陶醉，因为他们妄想由此获得赞扬。然而，他们的虚荣心只是粗俗的自欺欺人和黄粱一梦，以致可以想到，每一个未曾丧失理性的人都是不会被迷惑和欺骗的。如果他们被调换成那些曾受自己欺骗的人的话，就会为自己所受到的高度赞誉而大为震惊。他们不是用自己清楚应该在同伴面前流露的那种眼光，而是用自己以为别人真正会用来看待他们的那种眼光来审视自己。然而，他们肤浅的缺点和轻浮的愚昧对自己作出反省总是造成妨碍，或者妨碍他们用那种卑鄙的观点来检视自己；如果真相难免要大白于天下，用这种观点，他们的自我意识必定会提醒他们，自己的可鄙企图将暴露无遗。

蒙在鼓里和无缘无故的赞扬，由于在不知真相和稀里糊涂的情况下产生，它不可能激起真正的快乐，也无法带来任何经得起实际考验的满足感。所以，与此相反，经常使我们获得真正安慰的是：尽管我们事实上没有得到赞扬，但我们的行为却应该得到赞扬，它们综合来看都符合值得赞许的标准，由此来衡量，它们通常也必定会获得称扬和赞同。我们不仅为耳边的赞扬声而感到高兴，而且为做了应该称赞的好事而倍感快慰。尽管实际上我们未曾得到任何赞同，但只要想到自己已成为自然的赞同对象，还是感到愉快。虽然与我们共处的人们没有指责我们，但是通过反省，我们知道自己被他们公正地责备也是应该，于是会羞辱难当。那个意识到自己准确掌握了那些行为——根据经验，他知道这是普遍令人愉快的行为——的分寸的人，满意地思考自己行为的合宜性。当他用旁观者的公正的眼光来观察这些行为时，他对影响这些行为的全部动机完全能够理解。他带着愉悦和赞美的心情从各方面回顾这些行为，即使人们对他做了些什么并不了解，但他也不是依据人们对他的实际看法，而是依据假设人们对他的行为有了更为充分的了解后可能产生的看法来审视自己。这样，他期待着自己将会得到的称许和赞美，并带着同样的感情来美化自己。这些感情之所以未能真正发生，只是因为大家不明真相而没有发生。他清楚，这些感情是这类行为的自然的正常结果，想象中，他把它们同这类行为密切地联系起来，并习以为常地把它们看成是这类行为所激起的自然而又合宜的感情。人们舍生忘死地自愿去追求他们死后便无法享受的某种声誉。现在，他们展开想象的翅膀，预料那种声誉将会从天而降，而自己将是享有这样的荣誉的幸运儿。他们永远无法听到的赞许萦绕耳畔，他们永远无法感受到的赞美洋溢于心，他们所有极其强烈的恐惧心理消除了，并且情不由己地做出各种几乎超越人类本性的特殊行为。然而就实际情况来说，在那种我们已无法享有时才到来的赞同和那个我们实际上未能得到的——但如果世人有可能在恰当地弄明白我们行为的真相之后，就会慷慨给予我们——赞同之间，差别甚小。倘若前者往往产生比较强烈的影响，对后者，我们就不会因它颇受重视而总是感到惊奇。

在创造人类时，造物主就赋予人以某种使其同类愉快的原始感情，同时赋予人某种她所厌恶的触犯同类的原始感情。在她的意愿下，人在受到同类们赞美时感到愉快，而在遭遇同类们反对时感到痛苦。对人来说，同类们的赞美是最令人快乐和满足的，而同类们的反对则是最令人感到羞辱和气愤的。这样的结果，其实是由造物主事先就设计好的。

然而，只凭这种对于同类们的赞美所抱的愿望和对他们的反感所激起的厌恶，并不能使人适应他所处的社会。于是，仁慈的造物主不但赋予他一种被人赞美的愿望，而且赋予他一种应该成为受赞同的对象的愿望，也就是说，成为他人眼里应当自我赞美的对象。前一种愿望，只是可以使得他渴望从表面上去融入社会；对于使他渴望真正地适应社会，后一种愿望更是必不可少的。前一种愿望，只能使他表现伪善和隐瞒罪行；后一种愿望，则能令他真正地热爱美德和痛恨罪恶，对此是必需的。对任何一个健全的心灵而言，第二个愿望好像是最强烈的一种。只有最为软弱无能和浅薄无知的人，才会对那种他也自知受之有愧的称赞感到特别高兴。虽然弱者有时会对不应得到的赞美感到愉快，但是一个明智的人却不论何时何地都要拒绝它。虽然智者不会对于自知的不劳而获和无功受禄感到高兴，但是他在做自己知道值得赞扬的事时总是非常愉快，即使他一样知道自己不可能得到什么赞扬。对他来说，在不应该获得赞美的场合得到人们的赞美，根本不是自己梦寐以求的结果；在的确应该得到赞同的时候获得人们的赞同，有时可能是无关紧要的目的。但是成为值得赞同的对象，则无疑始终是他最重要的目的。

在不应得到赞扬的场合希望甚至接受赞扬，那分明是最卑劣的虚荣心作祟的结果。在确实应该得到赞美的场合渴望得到它，这样的渴望倒是可以理解的，我们应当得到最起码的公正待遇。完全出于这一缘故去追逐名符其实的声誉和毫不虚伪的光荣，而不是为了从中沽名钓誉去谋求得到任何好处，这也并非智者不屑去做的事。但是，他有时对这一切会忽略甚至鄙视，如果他对自己的举动没有深思熟虑，没有充分把握自己行为的全部合宜性，他就决不轻率而为。在这种场合，他的自我欣赏不需要别人的欣赏来证实。这种自我赞赏，即使不是他唯一的，至少也是他主要的目的，也就是他能够渴望或者应当追求的目的。对这个目的的追求就是对美德的追求。

对某些品质，我们所自然怀有喜欢和赞许，这使我们愿把自己变为这种令人愉悦的感情的合宜对象；同样，我们对另一些品质所抱有的憎恶和轻蔑，或许会使我们尤其强烈地虑及自身，担心自己在任何方面会具有这样的品质。在这种情况下，唯恐被人憎恨和轻视的想法也不像自己可恶、卑鄙的想法那么强烈。哪怕有非常可靠的保证来防止那些憎恶和蔑视的感情会对我们发泄，对所作所为可能把自己变成同类们憎恶和蔑视的正确和合宜对象的想法，我们也会深感恐惧。尽管那个违反了全部那些行为准则的人——这些行为准则只会把他改造成受人欢迎的人——得到了非常可靠的保证说他的为非作歹永远不为人知，那也是徒劳无功的。当他回顾和反省自己的行为时，当他用公正的旁观者的眼光来审视自己的行为时，他发现任何影响这种行为的动机都无法令自己谅解。只要想起，他就为自己的行为感到羞愧和恐慌。倘若他的行为弄得众人皆知，他定然会觉得自己要将遭受到奇耻大辱。处于这样的情况，他就在想象中预料到自己难免要接受的蔑视和嘲弄，除非身边的人对此一无所知。如果身边的人真正曾经对他发泄过轻蔑和嘲讽，那么，他还是会认为自己是这些感情作用的自然对象，而且在想到自己可能因此被报复所折磨时仍会感到寒心。当然，倘若所犯的罪行不仅会招致谴责，而且会让人痛恨和暴怒的话，那么，只要他还有理智，在想到自己的罪大恶极时，他就会自然感到害怕和后悔的所有极度痛苦。就算人们也许会对他保证说他的罪行不会有人知道，甚至自己也坚信造物主不会对此给予惩罚，可他仍会深切感觉到这些使自己终生遗憾的恐怖和悔恨之情，依然可能将自己当成是所有人憎恨和愤怒的自然对象。如果他的心还没有因作恶多端而变得冷酷无情的话，那么，在让人吃惊的真相被公之于众时，更不能毫无恐惧和惊惶地想到人们看待他时的态度以及神情里所包含的感情。这种自然的极度痛苦，对一个良心受到谴责的人来说，如同魔鬼或复仇女神一样，会对这个自知有罪者纠缠不已，甚至终其一生都不给他以平静和安宁，使他经常掉进绝望、颓废和心烦意乱的深渊。隐瞒罪行的自信心无法使他摆脱它们，反宗教的企图也无法使他完全从这痛苦中解脱出来，只有那些最厚颜无耻的和最可恶卑劣的人，对美誉和臭名，对罪孽和功德没有丝毫思想的人，才不会受它们的折磨。那些品质恶劣令人极其憎恨的人们，在犯下最可怕的罪行之后，会寡廉鲜耻地想方设法去为自己的罪行嫌疑做解脱，有时也会主动地揭发别人无法洞察发现的事，而那是因为对自己处境产生恐惧才采取的措施。因为清楚自己犯了罪，因为为自己所触犯的同类的愤怒所震慑，并且因为饱尝那种他们自己也认识到是罪有应得的报复，所以，倘若能够让灵魂安息，并得到所有人的宽恕的话，那么他们就渴求，至少是以自己的想象中的死来平息人们自然产生的愤怒；希望使别人因此认为自己受到憎恶和愤恨是冤枉的；希望这是一定程度上对自己罪行的救赎，并使得自己变成受人怜悯而不是令人恐惧的人。同他们在招供自己罪行前的想法相比，以上的想法似乎也是合乎情理的。

在这样的情况下，就连性格不是很脆弱、不容易多愁善感的人们，也会对于该受责备产生尤为强烈的恐惧，必然会遮掩对于责备的恐惧。为了让这种恐惧有所减轻，为了适度地安慰自己良心的责备，他们心悦诚服地接受自己也清楚是不可饶恕的指责和惩罚，除非他们能够轻易地躲避开这样的责罚。

由于那种自己也知道当之有愧的赞扬而高兴异常，只有最轻浮者和最浅薄者才会如此。然而，哪怕对意志特别坚毅的人来说，莫须有的指责也往往会令他们委屈万分。他们的确很容易懂得鄙视那些在社会上广为散布的流言蜚语和胡说八道。这些胡言乱语本身是荒唐和虚假的，在数周或数天之内肯定会烟消云散。但对一个清白无辜的人来说，哪怕他的意志非常坚定，也会常常对捕风捉影无中生有的重大诋毁十分震惊，而且常常为此陷入难堪的屈辱中，尤其当这种诋毁会有一些似乎能引为佐证的事情的时候，这种不幸就更加令人痛心。他悲哀地发现，人们都开始藐视他的为人，怀疑他的品质，以致猜想他可能有传言中的犯罪行为。虽然他很清楚，自己确实是清白无辜的，但那些诋毁难免经常会把不光彩和不名誉的阴影投在他的品质上，就连他自己的想象中也是如此。他对这种严重的伤害行为——不管如何，它却是常常不适合报复，有时甚至不能够给予报复——产生的义愤即便是理所当然的，就这种义愤本身来说，那感觉也是复杂和痛苦的。还有什么比这种无法忍气吞声的强烈愤恨更为痛苦的心情呢？一个清清白白的无辜者，因为被人诋毁犯有某种不光彩的或令人憎恨的罪行，从而被处以绞刑，这种遭遇对他来说，可能是最大的不幸。倘若这样，他内心所经受的痛苦，常常比未被冤枉的担有同样罪名的人所感到的痛苦更大。肆无忌惮的罪犯往往很少觉得自己的行为有多恶劣，就像恶贼和拦路强盗总是拒绝翻然悔悟一样。对于上绞刑架，他们总是习惯地认为这是极有可能落在自己头上的命运，至于这种惩罚是否公正，他们却不为之而感到苦恼。所以，当他们真的被送上绞刑架时，他们仅仅认为自己和那些倒霉的同伙一样不走运，只好听天由命。除了害怕死亡之外，他们并没有其他诸如惭愧、悔恨之类的不安。我们总会发现，死到临头，这种卑微的可怜虫有时竟然也能轻易地完全战胜这种恐惧。相反，清白无辜的人，对命运给予自己的不公惩罚感到愤怒而引起的痛苦，远远超过对死亡的恐惧所能引起的不安。只要想到这种惩罚可能让他死后会遗臭万年，就极其惊骇，他在极度的痛苦中预见到：今后，曾和他关系最为密切的亲朋好友们将不是沉痛悼念和深情回忆他，而会含羞带愧甚至惊恐不安地来回想他那想象中的可耻行为。于是，一种比平常更加黑暗和令人窒息的阴影，就被死亡罩上他的心头。为了人类的幸福和安宁，不管在任何国家里，人们都希望这种不幸的事情愈少愈好；但是在世上所有的国度，它们屡屡发生，即使在正义处于支配地位的那些地方也难以幸免。卡拉斯，是一个不寻常的坚贞不屈的不幸的人（这个可怜的无辜者，因为被怀疑杀害亲生儿子，在图卢兹被处以车刑后烧死），在弥留之际，他祈求免除的似乎主要不是残暴的酷刑，而是有损他死后声名的谋杀亲子的罪名给他带来的耻辱。他被处以车刑之后，正要被投进熊熊烈火时，参与处刑的僧侣劝他为已宣判的罪行向神表示忏悔，卡拉斯却回答道：神父，您能使您自己相信我有罪吗?

对陷身于这种可悲境地的不幸者来说，那种局限于现世的粗陋的人生观，或许无法带给他们多少安慰。他们不能再做什么使生或死变得高尚可敬的事情。他们已被宣判死刑并将恶名刻上了耻辱柱。除了宗教，没有什么能给予他们有效的安慰。唯有宗教才能安抚他们，当洞察一切的造物主对其行为表示赞成时，人们对它怎样看都是不重要的。只有宗教才能向他们展示一个比他们目前身处的世界更充满光明、更富有人性和更为公平正义的世界的景象，在那个另外的世界里，总有合适的时候会证明他们是清白的，他们的美德终将得到报答。而只有上述神圣法则，才能使作奸犯科者不再暗自得意，而感到胆战心惊，才能给蒙受耻辱和欺侮的无辜者带来唯一有效的安慰，还他们以清白。

一个生性敏感的人，并不会因实际犯下的真正罪行而受伤，而会因为遭遇卑鄙的诋毁而受伤。不论在罪行较小之时，还是在罪行较大之时，这种情况都可能发生。对社会上流传的有关某个风骚女子的行为的知根知底的议论，她甚至会坦然笑对。可同样的毫无根据的猜测，对一个清白无瑕的处女来说却是一种道德上的玷污。这种情况，我认为可以将其规定为一种普遍法则：蓄意犯某种可耻罪行的人，很少会对这种罪行感到不光彩，而对那些漠视罪恶的惯犯来说，甚至不会有丝毫可耻感。

既然所有人、甚至连比较糊涂的人都不假思索地鄙视不应当的称赞，那么，不实之词的无礼指责为何总能使特别明智和富有判断力的人蒙受那么严重的屈辱呢？或许，应该对这种情况的产生加以思考。

我曾经提到过，在几乎任何的情况下，同快乐相比，痛苦是刺激性更为强烈的一种感觉。前者总是把我们的感觉提升到高于通常的或所谓自然的幸福状态，而后者几乎总是将感觉压抑到大大低于这种状态。因受到正义的谴责，敏感者更容易为此感到羞耻，且从不因为受到公正的称赞而沾沾自喜或得意非凡。在所有的场合，一个明智的人对不该得到的称赞都是蔑视的；但无中生有的指责的非正义性，也是他经常会深切感到的。因为为自己未做过好事却受到称赞所折磨，由于僭取了并不属于他的某种优点，他感到问心有愧，仿佛自己是一个可耻的撒谎者，不应该受到实至名归的赞美，那些出于误解而赞美他的人，真正应该做的是给予他以强烈的鄙视。可能会发现，很多人认为自己如有机会去做那没做过的事情，会给他带来某种实实在在的乐趣。可是，对朋友们良好的评价，虽然他会表示感激，他还是会觉得，如果不立即消除朋友们的误解，自己就是一个品行极其恶劣的罪人。当他意识到别人一旦了解真相就可能会以别样的眼光来看待他时，再用他们实际上投向自己的那种苛刻眼光来审视自己，并不会为他带来多少快乐。但是，一个脆弱的缺乏坚强意志的人，却时常因用那种狡猾和虚妄的眼光来审视自己而感到扬扬得意。从别人空口无凭地说是他自己做出的所有值得赞美的行为中，他僭取其优点，并且恬不知耻地吹嘘自己具有别人从未发现的许多优点。他假装做过自己根本没做过的事情，假装写过别人写过的文章，假装发明了别人所发明的成果，于是，他就具有了剽窃、说谎等一切卑劣可耻的邪恶。可是，一个具有一般良好意识的人虽然不可能从自己从未做过的、值得赞许的行为归于己有的虚假中获得快乐，而对于一个明智的人来说，却会因为错归于己的子虚乌有的某种罪行而极其痛苦。在这样的情况下，造物主不仅将痛苦变得比快乐更加富有刺激性，而且还使它远远超出原有的程度。某种自我的约束能立即使人不再去追逐荒唐的享受，但它也不是总能使人脱离痛苦。当他断然否认那些原本自己所有的优点时，没有人会对他的诚实产生怀疑。当他不承认自己所受到的无端指控时，他的诚实也许会受到人们的质疑。这种弄虚作假的诋毁立刻会将他激怒，使其为人们竟然相信这种诋毁而痛心疾首。由此，他发觉他的品质并不能够完全保护自己不受诬陷。他感到，自己的同类根本和自己的意愿背道而驰，他们并非用他渴望的眼光来看待自己，相反地认为他有可能真如指控的那样犯有某种罪行。他清楚地知道自己是清白无辜的。他完全明白自己的所作所为，可是，或许所有人都不能够全然知道他自己将会做什么。他那特殊的心情可能或不可能容许做的事情，也许正是那被人有所怀疑的事情。在受到这种特别令人不快的怀疑后，如果朋友和邻居能给予他信任以及好评，那将比所有东西都更有助于减轻他屈辱的痛苦。当然，他们怀疑的眼光和措辞无情的评价则比任何东西都更容易增加他的痛苦。他也许会非常自信地认为，他们那令人不快的评价是出于错误的判断，然而他的自信很少大到完全能够防止那种判断对自己的影响；相反，他越是敏感，越是细心，或者越是有能力，这种印象可能就越是深刻。

可以这样说，在一切的场合，别人的感情和判断与我们自己的感情和判断是否相同，这对我们的重要性，同我们对自己感情的合宜性和判断的正确性不能断定的程度，恰好有着同步的比例。

某些时候，一个生性敏感的人会对他可能过于放纵可以称为高尚情感的感情，或者对因本人或他的朋友遭到伤害而产生特别强烈的义愤而感到不安。他唯恐自己会因为情绪过于激动而轻易地感情用事，或因抱打不平而给另外一些人带来真正的伤害。那些人即使不是清白的正人君子，但或许不像他最初了解的是个那样的罪人。对他来说，他人的看法在这种情况下就显得至关重要。他们的赞许分明是最有效的安慰，而他们的反对则可能就像那最苦涩、最剧烈的毒药注入他的惴惴不安的心里。倘若他对自己所作所为的方方面面都感到十分满意，那么，他人的评判对他来说就往往是无关紧要的了。

那些特别高雅和优美的艺术，只有那些具有非凡鉴赏力的人才能认识到它们的优秀程度，但是，在一定程度上，鉴赏者总是见仁见智，评价是各不相同的。此外，还有些艺术所具备的成就，既经得起品头论足，也经得起严格的检验。同样是挑选出的艺术精品，前者对于受公众评价的渴望，比后者要更为迫切和强烈。

关于诗歌的魅力，这是一个应该由精到的鉴赏力来解释的问题。如果是年轻的初学者，甚至对自己的诗歌是不是优美也无法断定，所以，只要得到朋友和公众的高度好评，他就会感到空前的喜悦从而得意扬扬；相反，倘若得到了坏的评论，那么他将感到羞辱。前者对他迫不及待想要获得的荣誉作了肯定，而后者却让这种好评变得虚无缥缈。就算经验和成就也会给他适时地增添信心以加强自己的判断，但是，他总会很容易为别人作出相反的判断而深感耻辱。拉辛的一部最好的悲剧《费得尔》大获成功，或许已译成多国文字，但是拉辛却对此深为不满。他虽然风华正茂，写作的能力和经验也处于巅峰状态，却下定决心不再写作任何剧本。这位杰出的诗人时常对他的孩子说：因为受到蛮横无理和极不恰当的批评，他感到万分痛苦，这种痛苦甚至淹没了最中肯和最正确的赞美给他带来的快乐。大家知道，面对同样极其轻微的指责，伏尔泰也是非常敏感的。蒲柏先生不朽的著作《邓西阿德》，就如同一切最优美动人和最自然和谐的英国诗篇一样，但那些最低劣的作家们却以最卑鄙的批评来伤害它。据说格雷（他的作品兼有弥尔顿的壮丽和蒲柏的优美和谐，同他们一样，他完全有资格成为第一流的英国诗人）的两首最好的颂诗被人拙劣地模仿，因而他感到很受伤害，从此断了再写重大的作品的念头。那些夸夸其谈以善写散文自诩的文人，其敏感性和诗人颇为接近。

相比之下，对自己的科学发现的真实性和重要性，数学家却信心满满，所以不管人们怎样看待自己，他都毫不在意。格拉斯哥大学的罗伯特·西姆森博士和爱丁堡大学的马修·斯图尔特博士，我曾有幸接触过他们，在我看来他们是当今最伟大的两位数学家。可是，这两位杰出的数学家从未因为他们的那些极具价值的著作被无知的人们忽视而感到丝毫不安。艾萨克·牛顿爵士的著作《自然哲学的数学原理》固然是伟大的，可我也从别处听说，这部巨著曾经好几年受到公众冷落。也许，那时候牛顿并没有因受到骚扰而失去片刻的平静。在不因公众的评断而受约束，自然哲学家们和数学家极其相似，他们会对自己发现和观察的结果作出肯定的判断。他们充满自信和坦然地对待自己所得知识的优点，这种心态同数学家一模一样。

也许，不同类型的文人们的道德品行，有时候是会受到他们与公众的这种大不相同的关系的影响的。

由于不受公众评价的约束，自然哲学家和数学家们很少受到这样的诱惑，即要维护自己的声誉和贬低对方的声誉，所以他们不会为此组成派别和团体。他们通常是举止大方自然、态度和蔼亲切的人。他们相互之间相处融洽，彼此维护对方的声誉，不会为了得到大家的赞美而参与到阴谋诡计当中。他们会为自己的著作得到赞美而兴奋，一旦受到冷落也不会很生气或特别愤怒。

对诗人或那些自我吹嘘有着优秀作品的人来说，情况就会和这截然不同。他们极易拉帮结派，分别组成各种利益集团；每个团体总是公然地或偷偷地把别人当做不共戴天的仇敌，并运用各种阴谋诡计和欺骗手段来抢得大众对本团体成员作品的好评，恶意攻击敌对方的作品。法国的德彼雷奥斯和拉辛并不会承认贬损别人有失自己的身份，比如他们起先为了贬低基诺和佩罗的声誉，后来为了贬低丰特奈尔和拉莫特的名誉，而作为某一文学团体的带头人，甚至以极其傲慢无礼的方式对待善良的拉封丹。同样，英国的和蔼可亲的艾迪生先生为了贬低蒲柏先生的声誉日隆而充当某一小文学团体的领袖，可他并未觉得，他这样的行为同自己高尚和谦虚的品质发生了冲突。在编撰科学院——一个集合了数学家和自然哲学家的团体——成员的日常生活和为人处世时，丰特奈尔先生时不时就借此赞美他们亲切淳朴的风度。他认为，这种风度对数学家和物理学家来说是非常普遍，是整个科学家阶层而不是任何一个人的特有的品质。达朗贝先生在撰写法兰西学会——一个诗人和优秀作家们荟萃的团体——的成员，或者那些被认为是这个团体成员的人的为人处世时，似乎没有很多机会去对他们作出类似的评论，他甚至毫无理由来把这种和蔼可亲的品质当做他所赞美的这帮文人的特有品质。

难以确定自己的优点，以及渴望它获得良好的评价，在这种情况下，我们自然期望获悉别人给我们的评价；当别人给予良好评价时，我们就会精神振奋，比平时更为志得意满；而一旦别人给了不好的评价，我们就会比平时更为无精打采；可是，它们不足以使我们要靠玩弄阴谋和结党营私来沽名钓誉或者躲避那些流言蜚语。一个人如果买通了办案的法官，虽然这样做能够使他获得胜诉，但是法院一致通过的判决也无法使他认为自己有理；而假如只是出于证明自己有理的目的而进行诉讼，他就不会去收买法官。不过，他不仅希望法院判决自己有理，而且他也同样希望能获得胜诉，因此他就会贿赂办案人员。倘若赞美对我们并不是多么重要，而仅仅能证明我们理应得到赞美，如此，我们就决不会试图用阴谋手段竭力去得到它。不过，虽然对聪明人来讲，至少在受到怀疑的情况下，赞美所具有的重要性，主要是因为能证明理应获得赞美而产生的。当然，在一定程度上，赞扬也因为其自身的原因而显得重要。所以，用非正当的手段去谋求赞扬和逃避谴责，有时也是那些（在此情况下，实际上我们不能把他们叫做聪明人，而只能称其为）远远高于普通水准的人们的企图。

赞美或者谴责，分别表达了别人对我们的品行的真实情感；值得称赞和应当指责，表达了别人对我们的品行的自然应该怀有的情感。喜爱赞扬就是渴望获得同类们的好感。对值得赞扬的喜爱，则是渴望自己能够成为那种情感的合宜对象。截止目前，我们能够看出，这两种天性是彼此相似和类似的。对责备和该受责备的畏惧之中，同样也存在着类似的近似和相似。

那个打算做或者已经做出某种值得赞扬的行为的人，他会渴求能获得对这种行为应有的赞扬，甚至会渴望获得更多的赞扬。这样，两种天性便会融为一体。他往往连自己也分辨不清，自己的所作所为在什么程度上受到前者的影响，又在什么程度上受到后者的影响。在别人看来，通常更是必然如此。那些倾向于贬损其行为中的优点的人，主要或全然把它归结为仅仅是对赞美的喜爱，或归结为虚荣心。有着更多地考虑其行为中优点倾向的那些人，主要或全然把它归结为对值得赞美的喜爱；归结为人类行为之中光荣而高尚的行为所引起的喜爱；归结为不但对获得而且对应该获得其同类的赞同和称赞的渴求。依照自己思考的习惯，或者根据对自己正在观察的人们的行为所产生的好恶，一个旁观者就可以对这种行为中的优点加以这样或者那样的想象。

某些心怀叵测的哲学家，在评判人类的天性时，如同坏脾气的人在互相评判对方的行为时经常采取的做法那样行事，并把应该归于对值得赞美的那种行为的喜欢归结为对赞美的喜欢，或者归结为虚荣心。在后面，我会找机会来对他们的某些哲学体系加以说明，现在且不用多说。

没有多少人会自我陶醉于这样的感觉，即他们已经具备了自己表示钦佩、而且在别人眼里也是值得赞美的某些品质，或者已经将那些行为付诸实施；除非公众同时认定他们确实具备了前者，或实行了后者；或者换种说法是，除非他们真正地获得了自己觉得应当给予这两种情况的那种赞美。但是，人们在这一方面的反应是颇为不同的，相互之间差异甚大。对某些人而言，当他们自以为已充分证明是应该得到赞扬的人时，他们似乎对赞扬并无兴趣。另外一些人，对值得赞扬却比对赞扬更是毫不在乎。

对于能够避免所有自己行为中该受谴责的东西，是没有人会为此感到心满意足或还算满意的，除非他连指责或非议也避免了。在自己完全应该受到赞扬的时候，如果这个人是智者，他甚至往往会对此满不在乎。然而，对于所有非常重要的事情，他会竭力小心谨慎地控制自己的行为。这样不仅避免该受谴责的情形，而且尽量避免所有可能遭到的非议。不可否认，由于做了自己断定难免要受谴责的事，由于自己玩忽职守，或者由于错过了做自己断定确实特别值得赞扬的一切事情的机会，他不管怎样也逃脱不了责备。不过，由于顾忌重重，他将非常急不可待和小心翼翼地来避免责备。甚至因为具有值得赞扬的行为，从而对赞扬流露出较强烈的渴望，也通常标记着他的某种程度的虚弱，而往往不算是一个明智者的特点。但是，在希望避免谴责或非难的征兆中，或许不含有虚弱，而常常包含着非常值得赞扬的审慎。

西塞罗说过："好多人对荣誉不屑一顾，但他们又因受到不公平的非议而深感屈辱。这明显是自相矛盾的。"但是，在固有的人性原则之中，这种突出的矛盾似乎是根深蒂固的。

无所不知无所不能的造物主以这样的安排教人尊重其同类们的情感和判断。倘若他们赞同他的行为，他就会感到不同程度的快乐；如果他们反对他的行为，他就多多少少地为此烦恼。造物主把人——如果我能够如此直言的话——设定成了人类的直接审判员，对此，造物主正如对待其他许多方面一样，根据自己的设想来造人，使之自然地变成自己在人间的代理者，以监督人们的行为。天性使然，人们承认造物主赋予他的权力和裁判权，当遭到他的责怪时他们总会感到羞耻和问心有愧，而受到他的赞美时他们就会感到或多或少的满足。

尽管人以如此的方式变为人类的直接审判员，但这仅仅是在初审时的反应。最终的判决还要依靠高级法庭，依靠他们自己的良心法庭，依靠那个想象的公正无私的和通晓万物的旁观者的法庭，依靠人们心中的那个人——人们行为的伟大的审判员和仲裁法庭。这两种法庭的裁决权都本着一个原则，该原则有些地方虽然相似和类似，而事实上是不同和有区别的。外部那个人的裁决权，全然以对真正赞美的渴望以及对真正谴责的憎恶为依据。内心那个人的裁决权完全以对应该赞美的渴求以及对应该受到谴责的憎恶为依据。如果完全以对具有某些品质或做出某些行为的渴望为依据，则那些别人具备的品质是我们所热爱的，那些别人做出的行动也是受到我们赞美的；如果完全以对具有某些品质或做出某些行为的担心为依据，那种别人具备的品质就是我们所憎恶的，那种别人做出的行为也是我们所鄙弃的。如果外部的那个人因为我们并未付诸实施的行动或并未影响我们的意图而赞美我们，内心那个人就会告知我们，由于我们清楚自己没资格得到这种赞美，所以得到它们，自己就是一个卑鄙的人，从而将这种虚妄的喝彩能够引起的自满和兴奋很快压制住。反之，倘若外部的那个人为了我们未曾实施的行为或没有对我们可能已经实施的那些行为产生影响的意图而谴责我们，内心的那个人就会立即纠正这个错误的评判，并且使我们确信自己根本不是应该受到不公正责难的合宜对象。然而可以这样说，在这里以及其他某些情况下，内心的那个人似乎对外部那个人的激动情绪和喧闹吵嚷感到吃惊和疑惑。有时与激情和喧闹伴随左右的责难便全然发泄给我们，使自己值得赞美或应受谴责的天然敏感失效和麻木。虽然内心那个人的评判或许绝对难以被改变和歪曲，可是，这个决定的可靠性与坚定性就会大为减弱，我们内心保持宁静的天然作用因而为此常常受到严重的损毁。当同类们似乎都异口同声地大声谴责我们时，我们便不敢宽恕自己。对于我们的行为，那个想象中的公正的旁观者如同怀着惊恐和忐忑不安的心情提出有利于我们的意见。然而，倘若一切现实的旁观者的意见——所有那些人根据他的地位以他的眼光发表的意见——同时激烈地反对我们，他就会仔细加以考虑。在这样的情况下，心中这个半神半人的人就会像诗中所描写的情形，虽然有着部分神的本质，但是也有着部分人的本质。当他的评判由值得赞美和该受谴责的感觉来作可靠而坚定的引导时，他似乎应该按照神的本质行事；然而，当愚昧无知者和意志薄弱者的判断使他感到吃惊时，他就暴露出自己人性的一面，并且与其说他是按其身上神的成分还不如说是按其身上人的成分来行事。

在这样的情况下，那个情绪低落、内心充满痛苦的人就只能向更高的法庭、向无所不知的造物主来谋求唯一有效的安慰了。造物主洞察一切，从不会歪曲真相，从不会对事物作出错误的裁决。在造物主面前，他终将适时地显露出原本的清白无辜，他的美德终将得到肯定和回报。由于对这个最高审判者的裁决满怀信心，认定那是正确和公正的，所以他那失望和沮丧的心情便能获得唯一的安慰。天性使然，在他惊异不定和惶恐不安时，他的心中就会想到最高审判者，相信这个伟大的保护者不仅能维护他在现世的清白无辜，而且还将使他的心情归于平静。在众多场合，我们自己今生今世的幸福，似乎寄托在对于来世的微薄期望和祈祷之上。这种期望和祈祷在人类的天性中深深地扎根，唯有它能支持人性的自身尊严和崇高理想，能让不断威胁人类的困扰和阴郁烟消云散，使其在今世的混乱可能会导致的一切深灾大难中保持着乐观。这样的世界即将到来，到那时，众人都将面对公正的司法；在那里，每个人的归宿都将有所区别，他将和那些道德素质和智力程度同他真正相等的人为伍。那里有着那些具有谦逊美德和卓越才能的人，只是因为被命运所左右，那种被压抑的才能和美德没机会在今世显现。这不仅是公众不知道的，而且连他本人也不相信自己德才兼备，甚至连内心那个人也不能对此提供任何显而易见的证明。那种谦逊的、没有卖弄过的、不为人知的优点将得到恰当的评价，有时还被认为胜过在今世享有殊荣的借助其有利的地位做出惊世骇俗的伟大的行为的那些人。对虚弱无助的心灵来说，这样的信念，各方面都会令其尊重崇拜和称心如意，又为高尚的人类天性所喜爱。就连不幸曾用怀疑的眼光来看待它的有德者，也难免要非常真诚和急切地信任它。如果没有一些极其可靠的断言告知我们，在未知的世界里会如何报答和惩罚，常常同我们所有的道德情感背道而驰的话，这个信念就没理由遭到冷嘲热讽。

我们总会听到许多德高望重但牢骚满腹的老臣埋怨说，拍马逢迎的人常常比忠心耿耿的侍臣更为受宠，奉承谄媚往往比具备优点或卓有贡献更快和更有把握得到重用，向凡尔赛宫或圣·詹姆斯宫阿谀奉承一次，其结果要比在德国或法兰德斯打两场仗更为实惠。然而，就连世上孱弱昏庸的君主也视为莫大耻辱的事情，却被认为是正义的行动，因为源自对神的尽善尽美的迷信。忠于职守，社会和个人对神的膜拜甚至被德才兼备的人们认为是应该得到报答或者应该免于惩罚的唯一美德。或许，这样的美德是同其身份极为相称的，是他们的主要优点。而我们都容易自然地高估自己的优良品质。在为卡蒂耐特军团的军旗祝福而作的一次讲演中，有着雄辩口才和深刻哲理的马亚隆向他的军官们说了这段话："先生们，你们最可悲的处境就是生活在艰难困苦之中。在军团里，极其严格的服务职守甚至比修道院的苦修还要难熬。你们总是为来世的虚无缥缈而痛苦，甚至经常为今生的一事无成而烦恼。哎呀！要明白，在陋室中隐居的修道士，压抑肉体的情欲而服从精神的修炼，他之所以这样做，支撑他的是，某种一定会获得报答的希望和对减轻神的惩罚的那种恩典的渴望。可是，你们临终时会勇敢地向神表述你们的辛劳工作和艰苦生活吗？会向他勇敢地恳求任何报偿吗？还有，在你们付出的所有努力之中，在你们作出的一切自我约束之中，哪些是神应该能够赞许的呢？但是，你们把生命中最好的青春年华献给了自己的职业，服役十年，对于你们的身体来说，这种损失将可能比终生所有的悔恨和羞辱更加厉害。啊！我的弟兄们！为神而受苦，哪怕只是经历这样的一天，或许你们就会拥有永世的幸福。某一件事情，可能是人性中痛苦的，但如果它是为上帝而做，你们或许会因此被称为圣者。不过，在今世你们做的这一切，也许是无法得到报偿的。"

倘若将某个修道院的徒劳的苦修和正义的战争的艰难险阻相比，认为在造物主看来修道院中短暂的一时一日的苦修比在终生光荣的战争中生活功绩更大，是必然同我们的全部道德情感相违背的，是肯定同天性训诫我们要借以压制我们的蔑视和敬佩心理的所有原则相抵触的。但是，正是这种精神，一方面把天国给予了修道院的僧侣们，或留给了同僧侣修士们言行类似的人们，另一方面却宣布：古往今来的所有的英雄、政治家、立法者、诗人和哲学家，所有在造福于维系人类生活的、为人类生活创造便利和美化人类生活的技艺方面有着发明、有着进步或者有着创举的那些人，所有人类的伟大的护佑者、引导者和造福者，所有我们对应该赞美的天性促使自己将其认为是具有最大优点和最崇高美德的那些人，都会被打入地狱。对这个最应该敬畏的信念由于被这样糊里糊涂地滥用而有时遭到蔑视和嘲笑，我们会觉得奇怪吗？ 那些也许虔诚的和默默祈祷的缺少高尚情趣或偏好的人，至少他们是会对此感到奇怪的吧？①

## 第三章 论良心的影响和权威

尽管在一些特殊的情形下，良心的赞许不能使软弱的人们心理得到满足，尽管假想的设身处地的公正无私地观众的证明，即真正的内心中的那个居民的在场，不能总是单独证实良心的存在，然而，要看到在所有的情形下，良心的影响和权威都是非常大的。只有在内心的审视判断后，与我们自己相关的良心的恰当的轮廓和大小才能够被真正地看清楚。或者说，只有这样，我们才能够对我们自身利益和他人利益作出恰当合理的比较。

如同肉眼看到的物体，其呈现在眼前的大或者小，并不都是依据它们的真正体积，而是依据它们的远或者近而定一样，人的

① 见伏尔泰：

你在那里灼烤聪明而又博学的柏拉图，
神圣的荷马，雄辩的西塞罗，等等。

心中天然生就所谓的“眼睛”看起事物来也可能类似：而且，我们用几乎相同的方法来纠正这两个器官的缺陷。从我现在所处的能够看到草地、森林以及远山的无限风景的位置来看，似乎不见得无限风景大到能填满我旁边的那扇小窗，而同我坐在里面的这间房子相比则小得不成比例。至少在想象中，我可以把自己放到不同的位置，在那里我能从差不多等距离环视远处的巨大的对象和周围小的对象，从而对两者作出基本的比较，以此形成对它们实际大小比例的正确判断，除此之外，我没有其他的办法对二者作出正确的判断。习惯和经验使我非常容易和十分迅速地这样做，以致几乎是下意识地去做。在某种程度上，一个人必定要多少了解点视觉原理的知识，他才能够充分相信那些显露在眼前的远处的对象只是对眼睛来说显得很小。否则，如果一个人的想象不按照对远处物体真实体积的了解扩展和增大它们，他相信的那些显露在眼前的远处对象是如何的渺小，其实是不能够被充分相信的。

同样，对于人性中的那些自私而又原始的激情来说，我们自己的分毫之得失，会激起某种更为激昂的喜悦或悲伤，引出某种更为强烈的欲望和厌恶，会显得比另一个和我们没有特殊联系的人的最高利益都重要得多。只要从这一自身利益立场出发，我们就不会把他人的那些利益和我们自己的放在同一天平上，这也决不会限制我们去做任何有助于促进我们自身的利益而给他人带来损害的事情。要能够对这两种相对立的利益作出公正的比较，我们必须先转换一下自己的立场。我们必须既不从自己所处的立场也不从他所处的立场、既不用自己的视点也不用他的视点，而是从第三者所处的立场和用第三者的视点来看待它们。这个第三者同自己和他人没有什么特殊的关系，第三者在自己和他人之间没有偏向地作出判断。这里，习惯和经验同样使得我们非常容易和非常迅速地做到这一点，以致几乎是无意识地完成它。并且在这种情况下，如果合宜而又公正的感觉不纠正我们思想情感中的天生的不公正之处，那么要使我们相信自己对有最大关系的周围人毫不关心，毫不为他的任何情况所动，就需要某种程度的反省，甚至是某种哲学的反省。

让我们假设，一场突然的地震吞没了中国这个伟大的国家连同她的全部亿万居民，那么让我们设想一下，一个同中国没有任何关系的富有人性的欧洲人在得知这个发生在中国的可怕的灾难时会受到什么触动。我想，他首先会对这些不幸遇难的人表示深切的悲伤惋惜，他会因想到人类如此脆弱不安定的生活以及地震中顷刻之间化为乌有的劳动文明成果而涌起深沉的忧伤。或许假如他是一个投机商人的话，他还会进一步想到这种灾祸可能会对欧洲的商业和全世界正常的贸易往来产生的影响。而一旦做完所有这些精细的设想，一旦充分表达完所有这些慈悲的感想，他就会一如既往地悠闲平静地继续从事他的生意，追求他的享受，寻求休息和消遣娱乐，好像不曾有这种不幸的事件发生。那种可能降临到他头上的哪怕是微小的灾难也会给他带来某种更为现实的不安。假如他知道自己明天要失去一个小指，他今晚肯定就会寝食难安。不过，假若他从来没有见到过中国的亿万生灵，他在知道了他们毁灭的消息后依然会怀着绝对的安全感酣然入睡。同他自己微不足道的不幸相比，亿万人的毁灭对他来说显然是更加无足轻重的事情。那么，为了防止他自身那些微不足道的不幸发生，一个有人性的人，就情愿牺牲亿万人的生命吗，即便他从来没有见过他们？想到这一点，人类的天性就会惊愕不已，世界腐败堕落到最低点，也决不会出现一个能够干出这种事情的恶棍。但是，是什么造成了这种差异的呢？既然我们消极的感情通常是如此肮脏和自私，积极的道义怎么会如此慷慨和崇高呢？既然我们总是深深地为任何与自己有关的事情所触动而不为任何与他人有关的事情所触动，那么是什么东西促使高尚的人在一切场合和普通人在许多场合可以牺牲自己的利益来保全他人更大的利益呢？这并非人性温和的力量，并非造物主在人类心中所点燃的微弱的仁爱之火，就能够抑制最强烈的自爱的欲望之火。它是一种在这种情形下自我发挥作用的更为猛烈的力量，更加有力的动机。它是理性、道义、良心、内心中的那个居民、内心的那个人、判断我们行为的伟大法官和仲裁者。无论何时，当我们将要采取的行动会影响到他人的幸福时，他就会用一种足以威震我们心中最冲动的激情的声音向我们高喊：我们仅仅是芸芸众生中的一粒微尘，并不比任何人高贵一丝一毫；如果我们如此可耻地看重自己而盲目地看轻别人，就会成为愤恨、厌恶和诅咒的合宜对象。我们只有从他那里才知道自己以及与自己有关的事的确是微不足道的，而且我们要想纠正自爱之心的天然曲解，也必须借助公正的旁观者的判断。正是他向我们指出慷慨行为的合宜性和不义行为的丑恶；指出牺牲自己最大的利益来换取他人更大的利益是合宜的做法；指出以伤害他人——哪怕是最低程度的——为代价来获得自己的利益，是卑劣的恶行。在许多场合，并非我们对周围人的爱，也并非对人类的爱，促使我们去实践神那般的美德。它通常是在这样的情形下产生的一种更强烈的爱，一种更有力的温情，一种对光荣而又崇高的东西的敬爱，一种对伟大和尊严的敬爱，一种对自己品质中那些优点的热爱。

当他人的幸福或者痛苦在各方面都取决于我们的行为时，我们恐怕不敢按自爱之心的暗示来行动，不会把一个人的利益看得高过众人的利益。我们内心的那个人会马上提醒我们：太看重自己而过度轻视别人，就会把自己变成同胞们蔑视和愤慨的合宜对象。心胸宽厚和品德极为高尚的人不会受这种情感的支配。每一个比较优秀的军人，都会受这种想法的深刻影响。他感到，如果别人认为他有可能在危险面前退缩，或在尽一个军人之职时需要他作出牺牲为国捐躯时有可能犹豫不前，战友们肯定会看不起他。

个人绝不应当把自己看得比其他任何人更为重要，以致为了私利而伤害或损害他人，即使得到利益的人可能得到的好处比受到伤害或损害的人失去的大得多。穷人也绝不应当诈骗和偷窃富人的东西，即使所得之物给得利者带来的利益比失物者受到的损害大得多。在以上所述行为发生的情况下，内心的那个人也会马上提醒他：他并不比他周围的人更重要，而且由于他那非正当的偏爱，人们会对他表示轻视和愤慨，而那种轻视和愤慨还必定会带来其他的惩罚，因为他这样的做法违背了人类社会的全部安全与和平赖以存在的神圣规则。一般说来，诚实正直的人害怕的不是自己没有任何过失的情况下无缘无故可能降临在自己头上的最大灾难，而是这种行为给内心带来的耻辱感。这种耻辱如同洗不掉的污点一样，会一直铭刻在他心灵上，不可清除。他的内心会感受到那条斯多葛学派伟大格言所表达的真理，即：对一个人来说，以不正当的方式夺取另一个人的任何东西，或者不正当地以他人的损失或失利来增进自己的利益，是违背天性的，比起从肉体或从外部环境来影响他的死亡、贫穷、痛苦和所有的不幸，更严重地违背天性。

当别人的幸福和不幸都不取决于我们的行为时，当我们的利益完全同他们的利益既无联系又无竞争，两者之间完全没有关系，不相牵连时，我们并不总是认为，对我们自己事情天生的或许是不合宜的焦虑的抑制，或者是对他人事情天生的或许是不合宜的漠视之情的抑制，是很有必要的。最普遍通俗的教育教导我们，在一切重大的场合，要按照某种介于自己和他人之间的公正的原则来做事，甚至平常的世界贸易也可以调整我们行为的原则，使它们具有某种程度的合宜性。但是，据说要纠正我们消极感情中的不恰当之处，只有通过不自然的、极为讲究的教育。此外，我们还必须求助于极为严谨和深奥的哲学。

所有道德课程中这一最难学的部分有两类不同的哲学家试图向我们传输。一类哲学家试图增强我们对别人利益的感受，另一类哲学家则试图减少我们对自己利益的感受。前一类使我们同情别人的利益就好像同情自己的利益一样，后一类使我们从同情别人的利益的角度来同情自己的利益。两类哲学家或许都使自己的教义远远地超越了自然和合理的公正标准。

前一类是那些啜啜泣泣和情绪忧郁的道德学家，他们不断地指责我们,在这么多的同胞处于不幸境地时却还愉快地生活[①]。他们认为：世界上有许多的不幸者，无时无刻不在各种灾难之中挣扎，无时无刻不在贫困之中煎熬，无时无刻不在忍受疾病的折磨，无时无刻不在恐惧死亡的到来，无时无刻不在遭受敌人的欺侮和压迫，而我们却对自己的幸运自然地满怀着欣喜的心情，丝毫没有想到别人的不幸，这样是非常邪恶的。他们认为，自己的幸运

① 见汤姆的《四季》,《冬季》：
“啊！少来些轻浮放荡的自鸣得意。”等。

带来的欢乐，应当被因为那些虽然从没有见到过或听说过、但可以确信无时无刻不在侵扰这些同胞的不幸所产生的同情所抑制，而且，我们应当对所有的人表示出某种日常习惯的忧郁沮丧之情。但是，第一，对自己一无所知的不幸表示过分的同情，似乎全然是荒唐和不合常理的。你会发现，对全世界的人来说，平均起来，如果有一个人在遭受痛苦或不幸的话，那么就有 20 个人正处在幸运和喜悦之中，或者起码处在过得去的境况之中。因此，如果我们为一个人哭泣而不为 20 个人感到欢喜，这似乎确实是没有道理的。第二，这种虚情假意的同情不仅是荒唐的，而且好像也是全然做不到的。那些装做具有这种品质的人，实际上并没有什么东西，除了某种一定程度矫揉造作的、故作多情的悲痛之外。而这种悲痛也并不能触动人心，只能使脸色和谈话不合时宜地变得阴沉，使心情变得不愉快。最后，这种心愿即使能够实现，也是完全没有意义的，而且只能使具有这种心愿的人感到痛苦。我们不管怎么关心那些与自己不熟悉和没有关系的人、那些处于自己的全部活动范围之外的人，都只能给自己带来烦恼焦虑而不能给他们带来任何益处。我们为了什么目的要为遥不可及的月球世界来烦恼自己呢？所有的人，即使是那些离我们最远的人，有资格得到我们良好的祝愿，毫无疑问的，我们自然地都会给予他们良好的祝愿。但是，假如他们遭遇了不幸，我们还是会照常生活，为此而给自己带来烦恼似乎不是我们的职责。因此，我们只是稍微关心那些我们无法帮助到也无法伤害到的人的命运，那些各方面都同我们没有什么关系的人的命运，这似乎是造物主明智的安排；如果我们原始的天性有可能在这方面改变的话，这种变化并不能使我们得到什么。

对我们来说，对成功者的高兴不给予同情并不是什么问题。只要我们对成功者产生的好感不受妒忌的阻碍，我们对成功的喜悦之情就容易变得非常强烈。有些道学家责备我们对不幸者缺乏足够同情，同时也责备我们对幸运者、权贵和富人极其容易草率地表示出钦佩和崇拜。

另外一类道德学家则通过降低我们对特别同自己有关事物的关注，努力纠正我们消极感情中的天生的不平等之处。我们可以列举出所有古代哲学家派别，他们都坚持这样的观点，这其中以斯多葛学派为代表。根据斯多葛学派的理论，人不应该把自己看做与别人无关的某一脱离群体的、孤立的个人，而应该把自己看做世界中的众多公民的一员，看做自然界巨大的国民总体中的一个成员。为了这个大团体的利益，他应当时刻准备着，心甘情愿地牺牲他自己的微小利益。他应该做到为同自己有关的事情所动的程度，而为同这个巨大体系的其他任何同等重要部分有关的事情所动的程度都应与此相同。我们看待自己不应当带着一种自私激情，用自己置身于其中的眼光，而应当以这个世界上任何其他公民都会用来看待我们的那种眼光来看待自己。我们应该把降临到自己头上的事看做降临在邻人头上的事，或者，换句话说，像邻人看待落到我们头上的事那样。爱比克泰德说，“当我们的邻人遭遇丧妻或丧子的不幸时，没有人不认为这是一种人间灾难，但大家也都会认为这是一种完全按照事物的日常进程发生的无法避免的自然事件。然而，如果我们遇到相同的事情，我们就会号啕大哭，似乎遭受到了最可怕的不幸。然而，我们应当记住，如果这个偶然事故发生在他人身上，我们会受到什么样的影响，他人之情况对我们的影响，也就应当是我们自己的情况对我们自己产生的影响。”

有两类不同的个人的不幸，我们对其具有的感受力容易超过合宜的界限。第一类不幸会首先影响与我们特别亲近的人，诸如我们的父母、孩子、兄弟姐妹或最亲密无间的朋友，等等，然后才间接地影响到我们；第二类不幸则立即直接地影响我们自身的肉体、命运或者名誉，诸如疼痛、疾病、即将到来的死亡、贫困、耻辱，等等。

如果处于第一种不幸之中，我们的情绪毫无疑问地会大大超过确切的合宜性所容许的程度；但是，它们也可能达不到这种程度，并且经常这样。一个人如果对自己的父亲或儿子的死亡或痛苦一点都不表示同情，如同遭受死亡或痛苦的是别人的父亲或儿子，这样的人显然不是一个好儿子、好父亲。这样的冷漠之情违反人性，绝不会获得我们的赞许，只会引起我们极为强烈的非难。然而，在容易使人感到不快的家庭的感情中，有些是因为它的过分，另外一些则因为它的不足。在绝大部分人或许是一切人心中，父母之爱较之儿女的孝顺虔诚更为强烈，这或许是造物主极为明智的安排。种族的延续和繁衍之所以得以维系，依靠的是父母之爱，而不是孝顺尊敬。在一般情况下，子女全靠父母的关怀照顾得以生存。而父母的生存则很少靠子女的照顾。因此，造物主使前一种感情那么强烈，以致它通常不需要激发而是需要节制；道德学家们很少教导我们如何纵容子女，而通常是尽力教导我们如何抑制自己对子女过度的宠爱和过分的关怀——如果是对待别人的孩子，我们绝对不会给予如此多的关切。与此相对，道德学家告诫我们，要满怀深情地关心自己的父母，在他们年老时，应该好好地报答他们，因为在我们年幼时和年青时他们曾经给予我们无私的哺育之恩。基督教的“十诫”要求我们尊敬自己的父母，而没有提到对自己子女的爱。造物主预先已为我们履行这后一种责任做了充分的准备。人们如果装得比他们实际上更宠爱子女，他几乎不会受到指责。但是有时人们怀疑表面上过于显示自己对父母虔诚的孝敬的人。由于同样的理由，寡妇夸张虚饰的悲痛，也会被怀疑不是出于真心。在可以相信它是出自真心的情况下，我们会尊重它，不管这种感情是否过于强烈；尽管我们可能不完全赞同它，但是我们也不会严厉地谴责它。这种感情似乎值得加以称赞，至少那些假装具有这种感情的人如此认为，上面所述的装腔作势的人就是一个明证。

即使就那种因其过分而非常容易使人感到不愉快的感情来说，虽然它的过分似乎会受到责备，但从来不会令人讨厌。尽管我们可能会稍加责备父母的过分宠爱和焦虑——因为这可能最终会证明这对子女是有害的，同时，对父母也是极为不利的——但我们大半会无疑地原谅它，从来不去怀着讨厌和憎恨的感情来看待它。而如果一个人通常是过分感情不足的话，则似乎总是特别让人憎恶。如果一个人对自己的亲生儿女显得没有一点儿感情，在一切场合总抱着不应有的严厉和苛刻态度对待他们，很可能会被认为是所有残暴的人当中最可憎恶的。合宜的感情，决不要求我们完全消除自己对最亲近的人的不幸必然怀有的那种超乎寻常的感情，感情不足总是比情感过分更加令人不悦。因此，斯多葛学派的无感情从来是不受人欢迎的，用一切形而上学的诡辩来维护的这种冷漠，不会有什么作用，除了把虚浮的冷酷心肠放大到十倍于其天生的傲慢无礼之外。拉辛、伏尔泰、理查森、马利佛、里科波尼等，这些最出色地描写了高尚微妙的爱情、友谊和其他一切个人和家庭感情的诗人和浪漫的小说家们，都是比齐诺、克里西波斯或者爱比克泰德更好的教员。

对别人的不幸怀有的那种有节制的情感不会阻碍我们去履行任何责任。忧郁而又深情地回忆已故的朋友——正如格雷所说的那样，因亲爱的人内心悲伤而感到悲痛——决不是一种不愉快的感觉。虽然它们表面上具有痛苦和悲伤的特征，但实质上全都烙上了美德和自我满意等崇高品质的印记。

但那些立即和直接影响我们的身体、命运或名誉的不幸，却是另外一回事。相对于感情的缺乏，我们感情的过度更容易伤害合宜性。只有在极其少数的场合，我们才能极其接近于斯多葛学派的冷漠和冷淡。

前面已经提到，我们很少对因肉体而产生的任何激情怀有同感。由于类似割伤或划破肌肉这样的偶然事件引起的疼痛，或许是旁观者最能有切身感受的肉体痛苦。濒于死亡的邻居也是一样，很少不使旁观者深为感伤。然而，在这两个场合，旁观者的感受同当事者相比则显得十分微弱，因而后者决不会因前者对他遭受的痛苦依然能够十分安逸地表现而感到不快。

仅仅是缺乏财富，仅仅是贫穷，激不起多少同情之心。为此抱怨，不会成为人们同情的对象，而非常容易成为轻视的对象。如果一个乞丐纠缠不休，他可能会从我们身上逼索一些施舍物，但是我们会瞧不起他，他从来不是我们会认真对待的怜悯对象。从富裕沦为贫困，常常使受害者遭受极为真实的痛苦，所以旁观者很少不抱有极为真诚的怜悯。虽然在当前社会状况下，这种不幸通常是因为某种不端行为而发生的，并且受害者身上必然也有某种值得注意的不端行为，但是，人们通常还是非常怜悯他，决不会看着他陷落到极端贫困的状态而不管。朋友会给予资助，即便债权人，常常有很多理由抱怨他的轻率行为，也会给他提供虽然微小、平常但多少是体面的帮助。或许，对处在这种不幸之中的人，我们会轻易地原谅他身上的某种程度的弱点。但与此同时，如果有人能带着最坚定镇静的面容，并不因为生活的改变而感到羞辱，而是极其安心地使自己适应新的环境，不以自己的财富而是以自己的品质与行为来赢得自己的社会地位，这样的人总是被人们深深赞许，并且肯定会获得人们最高度的和最为深切的钦慕。

名誉上不应有的损害，应当是可能立即和直接的影响某个无辜者的一切外来的不幸之中最大的不幸。所以，如果无辜者对可能带来这种巨大不幸的任何事情颇为敏感，人们也不会认为这没有风度或不讨人喜欢。如果对于一个对加到自己品质或名誉上的任何不正确的指责表示愤慨的年轻人，尽管有时他的愤慨有些过分，我们也常常对他更为尊重。一个因为也许已经流传的有关她行为的没有根据的猜疑之词而感到苦恼的天真无邪的年轻女士，往往使人们十分同情。上了一定年纪的人因长期体验人世间的荒唐和不公正，已经学会对责难或称赞不那么注意，对大声的谩骂无视和轻视，甚至不屑于屈尊对轻浮的人们大发脾气。这种冷淡建立的基础，是人们经过多次检验而完全树立起来的某一种坚定信念。如果一个年轻人，既不可能也不应该具有这种信念，但是却表现得如此冷淡，人们通常都不会喜欢。年轻人身上的这种冷淡，有可能被认为是一种预兆，预示他们在成长的岁月中会对真正的荣誉和坏名声产生一种极不合宜的麻木不仁的感情。

对其他一切立即和直接的影响我们自己的个人不幸，我们几乎不可能显得无动于衷而使人感到不悦。回想起对他人不幸的感受时，我们常常带着愉快和轻松的心情。但回想自己不幸的感受时，我们几乎总是带着一定程度的羞耻和惭愧的心情。

如果我们考察一下意志薄弱和自我控制的细微差别和逐渐变化，如同日常生活中所遇到的那样，我们就很容易使自己满足：对自己必然习得的对消极感情的控制，不是因为某种支吾搪塞、诡辩的深奥的演绎推理，而是由于造物主为了使人获得这种和其他各种美德而明确建立起来的一条重要戒律：即尊重自己行为的真实或假设的旁观者的情感。

一个非常年幼而缺乏自我控制的能力的孩子，无论他的哪种情绪，或者是恐惧，或者是伤心，或者是愤怒等什么东西，总是力图以大声喊叫的方式，尽可能地引起保姆或父母对他的注意。当他仍处在偏爱他的这些保护者的监护之下时，他首要的或许也是唯一的一种被告诫要加以节制的激情，就是他的愤怒。为了自己的安闲自在，这些监护人经常不得不用大声斥责和威胁来吓唬孩子，使孩子不敢发脾气。告诫孩子要注意自己安全的想法克制了孩子身上这种会引起大人指责的情绪。当孩子年龄长大到能够上学或与同龄的孩子交往时，他马上会发现，别的孩子对他没有父母或保姆那样的溺爱偏袒。为了避免被别的孩子憎恨或轻视，他自然地想得到他们的好感。甚至，对自己安全的考虑也教导他要这样做。并且不久，他就发现：要做到这一点，除了不仅把自己的愤怒，而且把自己的其他一切激情压抑到小朋友和小伙伴大概乐意接受的程度而外，没有其他办法。这样，他就进入了自我克制的大学校，越来越努力地学习控制自己，开始约束对自己的感情，但十全十美地约束自己的感情并不可能实现，即便经过最长期的生活实践也不能。

如果一个人处在各种个人不幸之中，处于痛苦、疾病或悲伤等软弱的状态中，当他的朋友甚或一个陌生人来拜访时，他立即会想到来访者见到他的处境时很可能持有的看法。他们的看法使他对自己处境的注意力从他对自己的看法中转移出来，在他们来到他跟前的片刻，他的心在某种程度上会多少平静一些。这种效果是在刹那间、并且可以说是无意识地产生的，但是，对一个软弱者来讲，这种效果不会持续很长时间。他对自己处境的看法马上会重新涌上心头。他会继续沉缅于哀叹、流泪和恸哭之中，就好像以前一样。并且他还会像一个未上学的小孩，一味强求旁观者的同情，以使自己的悲伤同旁观者的同情之间产生某种一致，而不是通过节制自己的悲伤来做到这一点。

对一个意志稍微坚定一些的人来说，上述效果较为持久。他尽可能努力地把自己集中注意力放在思考同伴们对他的处境很可能持有的看法上。同时，当他因此保持平静时，而且当他虽然承受着眼前巨大灾难的压力，但是看来他对自己的同情并没有超过同伴们对他真诚的同情时，他会感受到同伴们对他怀有的自然的尊重和满意之情。因为能感受到同伴们的满意之情，他会因此自我赞许，由此得到的快乐支撑着他并使他能够比较轻松地继续努力保持自己的情绪。在大多数情况下，他对自己的不幸避而不谈。他的同伴们，如果很有教养的话，也会小心谨慎地不讲能使他想起自己不幸的话。他尽量努力像平常一样地用各种话题来取悦同伴们，或者，如果他感到自己坚强到足够有勇气提到自己的不幸，他就会提到那些不幸。而这过程中他流露的情绪是自己所设想的同伴们可能拥有的情绪，他甚至尽量努力使他的感受不超过他们对它可能具有的感受。然而，如果他还未能够养成严格的自我控制的良好习惯，他不久就会厌倦这种约束感。长时间的访问会使他感到疲倦。在访问接近结束时，他随时都有可能使自己沉迷于过分悲痛的所有软弱状态，这是访问一旦结束他肯定会做出来的事情。现在流行的风俗对人类的软弱极其宽容，在某些时候，一些陌生的客人不被允许去访问家中遇到重大不幸的人，而只有那些最亲近的亲戚和最密切的朋友才能够去。人们认为，受害者在后者的面前比在前者的面前可以少受一些约束；朋友和亲戚所能够给予的同情更加宽容，更加深切，受害者能够更加容易地适应。隐秘的敌人以为自己隐藏得很好，并不为人所知，他们常常喜欢像最亲密的朋友那样尽可能早地进行那些“善意”的访问。面对这样的情况，世界上最软弱的人，也会尽力保持男子汉的镇静，并且，出于对来访者恶意的愤慨和蔑视，尽可能在举手投足之间显示出愉悦和轻松的样子。

真正坚强和坚定的人，受过彻底严格的自我控制训练的聪明而正直的人，在纷繁忙碌的世事之中，也许会面临派系斗争的暴力和不正义，也许会面临战争的困苦和危险，但是不管遇到什么，不管独自面对还是与其他人在一起，他都始终能控制自己的激情，带着同样镇定的表情、同样的态度，接受发生的一切。在取得成功的时候和遭受挫折的时候，在顺境之中和逆境之中，在朋友面前和敌人面前，他都有必要保持这种勇气。公正的旁观者对他的行为和感情所作的评价，他从来不敢有丝毫时间疏忽忘掉。他从来不敢让自己有片刻时间放松对内心这个人的注意。用这个同他的内心共处的人的眼光来观察和自己有关的事物，这已经是他的习惯。这种习惯对他来说是再熟悉不过的了。他处于持续不断的实践之中，而且，实实在在地，他不得不从外部的行为举止上，而且尽可能从内心的情感和感觉上来，经常以这个威严而又可尊敬的法官为模范，塑造或尽力塑造自己。他不仅倾向于公正的旁观者的情感，而且真正地接受它们。他几乎以为自己就是那个公正的旁观者，几乎把自己变成了那个公正的旁观者，并且除了自己行为的那个伟大的仲裁者指示他应当有所感受的东西之外，他很少能感觉到其他的东西的存在。

在如此的情况下，每个人用以审视自己行为的自我满意的程度，是较高还是较低，恰好与为获得这种自我满意所必需的自我控制的程度成正比。在几乎不需要自我控制的地方，自我满意也几乎不存在。如果一个人仅仅擦伤了手指，那他不会记着这种微小的疼痛很长时间，同时也不会对自己大加赞赏。而如果一个人在一次炮击中失去了一条腿，而若他进行尽可能高的程度的自我控制，他才可能片刻之后使谈吐举止就会保持平常的冷静和镇定，也因此他自然地会感到更高程度的自我满意。对大多数人来说，在这种偶发事件中，他们对自己的不幸天然产生的看法，就像完全忘却有关其他各种看法的一切思想那样，将带着这么鲜明强烈的色彩，强行出现在他们的心目中。除了自己的痛苦和恐惧，他们不会感受到其他的东西，他们不可能注意到其他什么东西。他们不仅完全忽视和不去注意内心这个被想象出来的人的评价，而且可能刚好在场的现实的旁观者们的评价也会被他们忽视。

造物主对处在不幸之中的人的高尚行为给予的回报，就这样取决于那种高尚行为的程度。她对痛苦和悲伤的辛酸所能给予的唯一补偿，也这样在同高尚行为的程度相等的程度上，刚好同痛苦和悲痛的程度相适应。为克服我们天生的情感所必需的自我控制的程度愈高，由此获得的快乐和自豪也就愈大，并且这种快乐和自豪也决不会给充分享受它们的人带来不悦的感觉。一个人的心中如果充满着自我满足之情，不幸和悲惨决不会光临。斯多葛学派说，在上面提到的那种不幸事件中，一个聪明人，不管面对何种情况，他感受的幸福都应该始终相同。虽然这样说也许太过分了，然而，至少得承认，对自己所遭受的苦难的感觉，虽然不会因为这种自我赞扬之中的全部快乐享受而完全消除，但一定会在很大程度上减轻。

在痛苦如此突然来临时——如果我可以这样提到它们的话——在我看来，为了保持自己的镇定，最明智和最坚定的人必须作出某种重大的甚至是痛苦的努力。他纠结于对自己的痛苦自然产生的感觉和对自己的处境自然具有的看法之中，除非他能作出极大的努力，否则，他就无法把自己的注意力集中在公正的旁观者所会具有的感觉和看法上。两种想法同时浮现在他眼前。他的荣誉感，他的自尊，引导他把自己的所有的注意力集中到一种看法上。而他那天生的、自发的和任性的感情，却不断地吸引他的所有注意力转移到另一种看法上。在这种情况下，他并没有把自己看成同想象中的内心那个人完全一致的人，也没有使自己成为自己行为的公正的旁观者。他心中存在的这两种性质不同的看法彼此分离相互区分，并且两种看法会导致的行为彼此也会有明显区别。当他按照荣誉和尊严向他指出的看法去想时，造物主确实不会不给他某种报答。他会因此感到自己全部的自我满意之情，以及受到每一个正直而公正的旁观者的赞扬。但是，根据造物主亘古不变的规则，他仍然要遭受痛苦。造物主给予的酬报虽然很大，但那些规则所带来的痛苦并不会因此而完全消除。这种补偿同他所应得到的并不相适应。如果这种补偿确实完全补偿了他的痛苦，他决不会为了私利而回避某种不幸事件，虽然这种不幸事件不可避免地会减少他对自己和社会的效用。而且造物主出于他对两者父母般的关爱，本来就应该料到他会忧虑不安地回避所有这样的不幸事件。因此，他遭受痛苦，并且，虽然他处在突如其来的极度痛苦之中，他必须竭尽全力和不辞辛劳，才能不仅保持镇定，而且仍能沉着和清醒地作出自己的判断。

然而，按照人类本来的天性，极度的痛苦从来不会持续很久。因而，如果他能够经受得住这阵突然来临的痛苦，无须努力，他不久就会恢复通常的平静。毫无疑问，一个忍受着装着一条木制假腿而产生的痛苦的人，肯定完全能够预想到这条假腿会给他今后的生活带来某种很大的不便，他得继续忍受这痛苦。然而不久，他就完全只把这条假腿看成某种普通的不便，这和每个公正的旁观者的看法一样。而在这种不便之中，他还是能够享受到平常那种独处和与人交往的全部情趣。他不久就把自己看成同想象中的内心那个人一致的人；他不久就把自己看成是自己处境的公正的旁观者。他不再像一个软弱的人最初有时会显示出来的那样，为自己的木腿而哭泣、伤感和悲痛。他已经充分习惯于这个公正的旁观者的看法，因而他无须再作出尝试和努力，就不会心存用任何其他看法来看待自己的不幸的想法。

或迟或早地，所有的人都必然会适应自己的长期处境，我们或许会因此认为：至少到此为止，斯多葛学派是非常接近于正确方面的。在一种长期处境和另一种长期处境之间，就真正的幸福而言，没有本质的差别。如果存在什么差别，那么，它只不过足以把某些处境变成简单的选择或优先选择的对象，但不足以把它们变成任何真正的或强烈的欲望对象。只足以把另外一些处境变成简单的抛弃对象，人们会把它们放在一边，尽量回避，但还不至于把它们变成任何真正的或强烈的嫌恶对象。幸福存在于平静和享受之中。没有平静就不会有享受。哪里有理想的平静，哪里就肯定会有能带来乐趣的东西。长期处境基本上都没有希望加以改变，面对这样的情况，在或长或短的时间内，每个人的心情都会重新恢复到它那自然和平常的平静状态。在顺境中，经过一段时间，心情就会降低到那种状态；在逆境中，经过一段时间，心情就会提高到那种状态。时髦而轻佻的洛赞伯爵（后为公爵），在巴士底狱中过了一段囚禁生活后，心情恢复平静，以至于达到了能以喂蜘蛛自娱的状态。或许，一个人越稳重，他就能越快地恢复平静，越快地在自己的想法中找到好得多的乐趣。

人类生活的不幸和混乱的主要原因，似乎是在于过高估计了一种长期处境和另一种长期处境之间的差别。贪婪对贫穷和富裕之间的差别估计过高；野心对个人地位和公众地位之间的差别估计过高；虚荣对默默无闻和远近闻名之间的差别估计过高。受到那些过分激情影响的人，不仅在他的现实处境中是可怜的，而且往往容易为达到他愚蠢地羡慕的处境而给社会的和平带来困扰。然而，他只要哪怕随便稍微观察一下也会确信，一个人如果能够很好地处理自己的心情，那么他在人类生活的各种平常环境中，都能始终保持同样的平静，同样的高兴，同样的满意。有些处境无疑比另一些处境值得偏爱，但是没有一种处境值得怀着那样一种激情去追求。这种激情会驱使我们违反慎重或正义的法则，以致将来，我们回想起自己的愚蠢行为时会感到羞耻，或者因厌恶自己的不公正行为而心生懊悔，这都会破坏我们内心的平静。若没有谨慎的指导，正义也未容许我们改变自己处境的努力。那个的确想这样做的人，就会玩弄各种最不合适的危险游戏，赔上所有的东西而毫无所得。伊庇鲁斯国王的亲信对他主人说的话，对处于人类生活的各种平常处境中的人同样很适用。国王按照合适的顺序向亲信列举了自己打算进行的征服之举，当亲信听完最后一项的时候，便问道:“陛下接下去计划做什么呢？”国王回答说：“那时打算同朋友们一起享受快乐，并且努力成为好酒友。”这个亲信接着问道:“那么现在还有什么东西使陛下无法这样做呢？”在我们的痴心妄想所能展示的最光彩耀眼的和令人得意的处境之中，我们打算从中得到真正幸福的快乐，通常和那些按照我们实际的虽然是低下的地位能得到的快乐相同，这些快乐一直就在我们身边，在我们可得的能力范围内。除了虚荣和优越那种微不足道的快乐之外，我们能够从只剩下个人的自由的最为低下的地位中，找到最高贵的地位所能提供的一切快乐；而虚荣和优越那种快乐几乎同完美的平静，与所有真心的和令人满意的享受的原则和基础不相一致。如下一点也不是必然的，即：在我们所预期的美妙处境中，享受那些真正的和令人满意的快乐，可以同带有那些我们是那么急切想要抛弃的低微处境的相同的安全感一起进行。查阅一下历史文献，收集一下在你自己经历的范围内发生过的事情，集中注意力想一想你或许读过的、听到的或回想起的个人或公众生活中的几乎所有非常不幸的作为是些什么，你就会发现，其中的绝大部分的不幸都是因为当事人对自己的处境不知足，不明白自己完全应该安安静静地坐下来，感到心满意足。一个体质本来还算不错的人，却力图用药物来进一步增强，但最终他的墓碑上的铭文是:“我过去身体很好，我希望使身体更好，但现在我躺在了这里。”这一碑文通常可以非常恰当地用以形容那些因为贪心和野心未得到满足而产生痛苦的人。

一个或许会被认为是有异议的，但我相信是正确的看法是：处在某些还能被挽救的不幸之中的人，有很大一部分并不像处在显然无法挽救的不幸之中的人那样，如此乐意和如此普遍地接受眼前的不幸，恢复到自己天然的和习以为常的平静中去。在后一种不幸之中，明智的人和软弱的人之间的情感和行为上的各种可感觉到的差别，主要体现在那些突如其来的不幸之中，或者在其首次被不幸袭击之时。但最后，时间这个伟大而又普通的安慰者，逐渐使软弱者平静下来，变得与明智的人因对自己的尊严和男子汉气概的尊重一开始就努力显示出的那种平静的程度。安装假腿者的事例就是这样一个明显的例子。甚至在遭受孩子、朋友和亲戚的逝世所造成的无可挽救的不幸时，一个明智的人也会在一段时间内听任自己沉浸在某种程度上有节制的悲伤之中。而一位感情丰富而软弱的妇人，在这种情况下几乎常常会完全失常。然而，经过或长或短的时间，这最软弱的妇人的心情也会恢复平静，平静到和最坚强的男人的心情相同的程度。在所有的那些立即和直接的影响人们的无法补救的灾难之中，一个明智的人从一开始就会预见经历几个月或几年他最终必定会恢复平静，他会因此努力先行，期望和享受那种平静。

某些不幸按理来讲可以补救，或看来可以补救，但对其适用的补救方法不在受难者力所能及的范围内。他的那些试图使自己恢复到原先那种处境的徒劳和无效的尝试，他对那些尝试能否成功的长期持续的焦虑，他在那些尝试遭到失败后反反复复感到的失望，都是妨碍他恢复自己自然的平静的主要因素。而且，在他的一生中，总是要面对频繁到来的悲痛，但是对这个人来说，这些不幸中，某种更大的、显然无法补救的不幸，不会给他带来持续两个星期的不安。在从受到皇上的恩宠变为失宠，从显赫下降到卑微，从富裕变为贫困，从自由变为身陷囹圄，从身强力壮变为疾病纠缠的、慢性的或许是无可救药的绝症的情况下，一个挣扎反抗无力、极其容易和非常乐意默认屈从自己所遇命运的人，很快就会恢复到自己通常的而又自然的平静，就会用相同的眼光来看待自己实际处境中的那些最难应付的情况，或者也许是某种更为适宜的眼光，或者是最冷漠的旁观者看待自己处境时所易于采用的那种眼光。派系斗争、阴谋诡计和阴谋小集团，会扰乱倒霉的政治家的平静。破产者若过度醉心于金矿的规划和发现，便会寝食难安。囚犯若总是想越狱便不可能享受即使一所监狱也能向他提供的无忧无虑的安全。医生开的药常常是患有难以治愈的病的病人看到就感到痛苦的东西。在卡斯蒂利亚的国王菲利普逝世后，有个僧侣为了安慰国王的妻子约翰娜，便告诉她说，某个国王死了 14 年之后，由于他那受尽折磨的王后的祈祷而重新恢复了生命。但僧侣那神奇的传说，不见得会使那个不幸的伤透了心的王妃恢复平静。她尽力反复进行同样的祈祷以期望国王菲利普能够复活，阻止下葬她的丈夫持续好长一段时间。葬后不久，再把她丈夫的遗体从墓中抬出来后，她几乎一动也不动地陪伴在他尸体旁并注视着他，怀着炽热而急切的心情期待其所热爱的菲利普的复活，等待着这样幸福时刻的到来，等待着她的愿望得到满足。①

我们对别人感情的感受，并非跟自我控制这种男子汉气概不相一致，它正是那种男子汉气概赖以产生的天性。当邻居遇

① 见罗伯森的《查理五世》第 2 卷，第 14—15 页，第 1 版。

到不幸时，正是这种天性或本能，促使我们体恤同情他的悲痛；而当我们自己遇到不幸时，也正是这种天性和本能，促使我们去抑制自己的哀伤和痛苦。在他人得到幸运和成功时，是这种天性和本能，促使我们去祝贺他的极大喜悦；在我们自己得到幸运和成功时，也正是这种天性和本能，促使我们节制自己的狂喜。在这两种情况中，我们自己的情感和感觉的合宜程度，似乎恰好同我们用以理解和想象他人的情感和感受的主动程度和用力程度相一致。

既能最充分地控制自己原始的、自私的感情，又能最敏锐地感受他人原始的、富于同情心的感情，如果一个人能够做到这些，我们会觉得他具备了最完美的德行，而自然对其产生热爱和尊重。那个把温和、仁慈和优雅等各种美德同伟大、庄重和大方等各种美德结合起来的人，一定是我们最为热爱和最为钦佩的自然而又合宜的对象。

因天性而最宜于获得那两种美德中的前一种美德的人也最宜于获得后一种美德。对别人的快乐和悲痛最为同情的人，是最宜于获得对自己的快乐和悲痛的非常充分的控制力的人。具有最强烈人性的人，自然是最有可能获得最高度的自我控制力的人。然而，他或许不可能总是获得这种美德，而且他也常常会得不到这种美德。他安闲而平静地生活了太久。他可能从来没有遭遇过激烈的派系斗争或严酷和危险的战争。他可能没有体验过上司的傲慢、同僚们的猜忌和怀有恶意的妒忌，或者没有体验过下属们暗地里施行的不义行为。当他迈入老年之时，当命运的某些突然变化将所有一切都暴露在他面前要他面对时，它们都给他留下非常深刻的印象。他具有使自己获得最完善的自我控制力的倾向，但是他从来没有机会得到它。锻炼和实践始终是必需的；任何一种习惯都只有通过锻炼和实践才能养成。困难、危险、伤害、不幸是能教会我们实践这种美德的最好老师，但是没有一个人愿意向这些老师求教。

能够最快乐地培养高尚的人类美德的环境，和最适宜形成严格的自我控制美德的环境并不相同。自己处在安闲中的人能够充分注意别人的痛苦。自己面临苦难的人会立即将注意力转移到自己的痛苦中去，并且控制自己的感情。在恬静安宁、温和宜人的阳光下，在悠闲自在幽静的环境中，人类的温和美德最能显现出来，并能得到最高度的完善。但是，在这种处境中，就几乎没有什么最伟大和最可贵的自我控制的锻炼了。在战争和派系斗争的狂风骤雨中，在公众骚乱闹事的动乱中，坚定严格的自我控制最为盛行，且能极为顺利地形成。但是在这种环境中，人性最有力的启示常常受抑制或被忽视，而任何这样的忽视都必然使人性一步一步走向泯灭。由于战士的职责通常不包含宽容，所以不宽贷人命有时也成为战士的职责。而好几次不得不执行这种令人不愉快的职责，这样的经历肯定会很大程度地削弱其人性。为了使自己安心，他很容易学会对自己常常不得不遭遇的不幸采取轻视的态度。这样的环境虽然会使人具有最高尚的自我控制能力，但由于财产或生命是正义和人性的基础，这样的环境中偶尔造成的对旁人的财产或生命的侵犯，肯定会削弱、甚至完全消除应该存在的敬畏。所以，我们会经常发现，在世界上具有伟大人性但是却缺乏自我控制的人，在追求最高荣誉时一旦碰到困难和危险，就懒惰、犹豫，容易沮丧；相反，我们也常常发现能够完善地进行自我控制的人，没有任何困难可以吓倒他们的勇气，没有任何危险能够使他们惊骇，他们随时准备着从事最具有冒险性和最险恶的事业。但是，同时，他们对有关正义或人性的全部感觉却似乎无动于衷。

在孤独时，我们往往能够非常强烈地感觉到同自己有关的东西，往往会对自己可能做出的善行和可能遭受到的伤害估计过高。我们往往因自己交好运而过度兴奋，往往因自己的厄运而过度沮丧。和一位朋友的谈话使我们的心情好转一点，而和一位陌生人的谈话使我们的心情更好一些。我们常常需要通过真实的旁观者才能意识到自己内心的那个人，我们感情和行为抽象的和想象的旁观者。往往正是从那个旁观者，那个我们能够预期给予我们最少的同情和宽容的人，会教会我们最完善的自我控制这一课。

你处在痛苦之中吗？不要一个人独自黯然伤心，不要按照你亲密的朋友宽容的同情来调节自己的痛苦，你要将自己的心情尽可能快地调整回到那个光明的世界和社会中去。与那些陌生人、那些不了解你或者不关心你不幸遭遇的人生活在一起，甚至不要回避与敌人共处。他们的存在，会使你认识到灾难带给你的影响是多么微小，以及你面对灾难的心情应该是那么的轻松。这样才能够抑制他们的幸灾乐祸，而使自己心情保持舒畅。

你处在成功之中吗？不要把自己的幸运所带来的高兴限制在自己的心房里，不要限制在自己的朋友圈里，或者是奉承你的人中间，不要限制在把改善自己命运的希望寄托在你的幸运之上的那些人中间。你要经常与之相处的人，应该是那些和你没有什么关系的人，那些只根据你的品质和行为而不是根据你的命运来评价你的人。对于那些地位曾经比你高的人，不要寻求也不要回避，不要强迫自己也不要躲避和他们的交往，他们在发现你的地位同他们相等，甚或比他们高时，会使他们感到受刺激，感到不痛快。因为他们的傲慢无礼，同他们在一起时，你或许会感到十分不愉快。但如果情况不是这样，就可以相信这是你可能与其保持交往关系的最好伙伴。如果你能凭借自己坦率质朴和不摆架子的品行赢得他们的好感和喜欢，你就可以满意地相信，你是十分谦虚适度的，并且幸运并没有冲昏你的头脑。

我们道德情感的合宜性决不那么容易因宽容而又不公平的旁观者近在眼前，中立而又公正的旁观者远在天边而被贬损。

关于一个独立国家对别国采取的行动，中立国是唯一的不偏袒而公正的旁观者。然而，它们相距如此遥远以致几乎在视线之外。当两个国家发生争论时，外国人对其行为可能持有的看法很少会引起人们的注意。国家的全部奢望就是获得自己同胞的赞同，而当他们因激励它的相同的敌对激情而精神振奋时，它要想取悦民众就只能依靠激怒和冒犯他的敌国。不公平的旁观者近在眼前，公正的旁观者远在天边。因此，在战争和谈判中正义的法则很少被人遵守。真理和公平处理几乎全然被人忽视。条约被违背和违反，而且这种违反如果能带来某种利益，违约者就不会感到有什么不光彩的地方。那个大使即便欺骗外国大臣，也会受到人们的钦佩和赞赏。那个不屑于猎取利益也不屑于给人好处，但认为给人好处要比猎取利益光彩一点的正直的人，即在所有私人事务中可能最为人热爱和尊敬的人，在那些公共事务中却不被理解，只是被人认为是一个傻瓜、白痴和不识时务者，自己同胞也会看不起、甚至是嫌恶他。在战争中，不仅人们常常违犯所谓的国际法，但通常同胞不会因此对违法者产生什么歧视（违法者只考虑同胞们的判断）；而且，就这些国际法本身来说，其大部分在制定之时就几乎没有将最简单、最明白的正义法则纳入考虑范围。尽管无法避免地同罪犯可能有某种联系或依赖关系，那些无辜者不应该因此为罪犯受苦或受惩罚，这是正义法则中最简单明白的一条。在最不正义的战争中，通常只有君主或统治者才是罪魁祸首，国民们几乎总是完全无辜的。然而，无论什么时候，公共的敌国认为时机合宜，就在海上和陆上劫掠平民百姓的货物。人民的土地被任意地丢弃任其荒芜，房子被任意地烧毁，如果胆敢反抗，他们就会被杀害，至少也是监禁。所有这些做法，都是同所谓的国际法完全一致的。

无论是在平民百姓中还是在基督教会中，敌对派别之间的仇恨常常要比敌对国家之间的仇恨更为剧烈，他们对付对方的行为也往往更为残暴。即便非常严谨的人，在制定可以称为派别法规的东西时，常常都会比所谓国际法的制定者更少注意到正义法则。最激进的爱国主义者从来不认为是否应该对国家的敌人保持信任是一个严重的问题。但是，是否应该对反叛者保持信任，是否应该对异教徒保持信任，却常常是民间和基督教会中最著名的学者们争论得最激烈的问题。不用评说，我认为，反叛者和异教徒都是这样一些不幸的人，当事情激化到一定程度时，他们作为弱者的一方都不会有好运。毫无疑问，当一个国家由于派系纷争而发生混乱时，总会有一些人，他们虽然通常为数不多，但是不受环境影响而保持着清醒的判断。他们只不过是这里一些那里一些，作为孤立的个体而存在且彼此互不影响的个人，因为自己的坦率公正而不受任何一个政党的信任。并且，虽然他可能是一个最聪明的人，但因为上面所述原因必然成为这个社会里最无足轻重的人。所有诸如此类的人都会引起两个政党内狂热的党徒们的轻视、嘲笑和常常会有的那种嫌恶。一个真正的党徒仇恨和轻视坦率正直，因而纯真的美德实际上是一种最有效地使他失去党徒资格的罪恶。所以，真实的、可尊敬的和公正的旁观者，只能远离而非是处于敌对政党残暴激烈斗争的旋涡之中。可以说，对斗争的双方来说，这样一个旁观者在世界上的几乎任何一个地方都不可能找到。他们甚至认为自己的所有偏见都是由于宇宙的伟大的最高审判者，并且常常认为神圣的神受到自己所有复仇的和毫不留情的激情的激励。因此，在败坏道德情感的所有破坏者中，党派性和狂热性总是最大的败坏者。

关于自我控制这个问题，我只想进一步指出，那些在最深重和最难以预料的不幸之中继续百折不挠、坚毅顽强地斗争的人，总会得到我们的钦佩。这些顽强的斗争总是意味着他能够非常强烈地感受到那些不幸，他需要作出非常大的努力才能征服或控制这强烈的感觉。一个人若对肉体痛苦全然没有什么感受，也便不会因坚韧不拔和镇定沉着地忍受折磨而得到赞扬。天生对死亡就不曾有过什么恐惧的人，不需要在最让人吓破胆的危险中保持自己的冷静和沉着的美德。塞内加的说法可能有些言过其实，他说，在这一方面，斯多葛学派的哲人甚至超过了神。神能够安全免受苦难完全是自然的恩惠，而哲人的安全则是完全由于自己的各种努力，由于自己的恩惠。

但是，对于立即产生影响的某些事物的感觉，某些人有时是如此强烈，以至于一切自我控制都失去了可能。一个意志软弱的人在危险逼近时要晕倒过去或陷入惊厥的恐惧心理，不会因为荣誉感而消解。这种神经质的软弱，是否像人们所认为的那样，经过逐步的锻炼和适当的训导会有所好转，或许是值得怀疑的。有一点似乎是值得肯定的，那就是：这种胆怯软弱的意志不坚定的人决不应该得到信任或重用。

## 第四章　论自我欺骗的天性和论一般准则的来源和用途

为了防止涉及我们自身对自己行为合宜性判断的公正性的曲解，并不总是需要那个真实而又公正无私的旁观者远离我们的身边。当他在近你身边或眼前之时，我们自己的强烈和偏激的自私激情，有时也完全能够使得自己内心的那个人提出远远不同于真实情况所能允许的看法。

在两种不同的场合，我们考察自己的行为，并且尽力用公正的旁观者可能用的眼光来看待它：第一种场合是我们打算行动的时候；第二种是在我们行动之后。在这两种场合，我们的看法往往有不公正的倾向。而且，当我们的看法最应该公正的时候，它们往往最不公正。

当我们准备行动时，因为急切的激情，所以我们往往无法以某个公正的人的坦率去看待自己正在做的事情。在那个时候，这种强烈的情绪使得我们激动不已，影响了我们对事物的看法，甚至当我们努力去置身于他人的地位，尽力用他人无偏私的眼光来看待吸引我们的对象时，我们也会经常被强烈激情不断地拉回到自身的位置。在这个位置上，自爱之心几乎将一切事情都夸大和曲解了。对于他人眼中那些对象所呈现的样子，以及他对于那些事物所采取的看法，如果可以这样说的话，我们只是在转瞬之间隐约地感觉到，它立即就会消失，并不会持久。即便在它们持续的时候，也不完全是公正的。在那段时间内，我们也不能够完全摆脱因为那种特殊处境而产生的热烈而激越的感情，也不可能从那个毫无偏见的公正的法官般的角度来考虑自己打算做什么。因此，正如马勒伯朗士神父所说的那样，依据此种考虑，各种激情都证明自己是正当的，并且只要我们继续感觉到它们，对它们的对象来说，就似乎都是合理而又合宜的。

的确，在行动结束之后，激起这种行动的激情平息，我们便能够更为冷静地去体会那个公正的旁观者的情感。我们会如同那个旁观者一样，将以前吸引我们的东西看成几乎成了同我们无关的事物，并且现在我们能够从他直率和公正的角度来考察自己的行为。他昨天被心烦意乱的那种激情所扰乱，不会干扰他今天的心情；当爆发的痛苦感觉渐渐平息时，当情绪的激发完全平复时，我们就会如同那个内心中想象的人一样，用最公正的旁观者所具有的那种严格的眼光，来认识自己，评判自己的品质。如同在前一种情况下看待自己的处境一样，在另一种情况下看待自己的行为。但是，同以前的判断相比，我们现在的判断常常无足轻重，而它所能产生的不过是徒劳的懊丧和无用的忏悔，而没有什么好处，未必能保证我们将来不再犯类似的错误。而且，即使在这种场合，上述判断也很少是十分公正的。我们对自己品质的鉴定完全取决于我们对自己过去行为的判断。想到自己的不幸总是让人觉得很不愉快，因而我们常常将视线从可能导致令人不利的判断的那些情况上移开。人们认为，一个为自己动手术而手不发抖的外科医生，必然十分勇敢；人们也常常认为，一个毫不犹豫地揭开自我欺骗这层遮蔽、观察自己行为中缺陷的神秘面纱的人，同样是个勇敢的人。我们也常常十分愚蠢而软弱地努力，想要重新激起当初把我们引入错误中去的那些不正当的激情；我们千方百计地力图唤起过去的憎恶，以及几乎已经忘却的愤恨；我们甚至会全力以赴地想实现为了这种可怜的目的。我们会因为不愿意在一种很不愉快的情形下正视自己的行为，羞于和担心看到自己曾是施行不义、有过恶行的人，而支持不公正的行为。

在行动之时和行动之后，人类对自己行为合宜性的看法总是非常片面。对他们来说，要用任何一个中立的旁观者所会用的那种眼光来看待自己的行为又是多么的不容易。但是，如果人们具有某种特殊的能力可以判断自己行为，假定道德感能够使人如此，如果他们赋有某种特殊的感受能力能够区分激情和感情的美与丑，这种能力能够快速地识别判断他们自己的激情，那么人们在判断自己的行为时便能比判断别人的行为更为精确，因为别人的行为只是零散地显示出来。

这种自我欺骗，是人类的致命弱点。人类生活之所以混乱，有一部分就根源于此。如果我们在看待自己的时候，采用他人看待我们的那种眼光，或者用他们如果了解一切就会用的那种眼光，通常总是不可避免地要对这种立场作出某种改进。否则，我们忍受不了这种眼光。

然而，对于如此严重的弱点，造物主并没有全然放任不管、不加以补救，她也没有完全听任我们身受自爱的欺骗。我们不断地观察他人的行为，会不知不觉地引导我们为自己订立某些一般准则。这些准则告诉我们什么事情适宜而应该做，或什么事情不适宜所以需要避免做。别人的某些行为震撼了我们的一切天然情感。我们发现周围每个人对那些行为表现出相同的憎恶，这就进一步巩固、甚至激化了我们对那些行为的缺陷的天然感觉。我们感到满意的是，我们会在别人用合宜的眼光看待它们时，用相同的眼光看待它们。我们决意不重犯相同的罪恶，也不因任何原因，以这种方式让人们普遍对我们产生不满。这样，我们就会自然而然地为自己规定一条一般的行为准则，即避免以上所有的行为。因为如果我们有这样的行为，就会变得可憎、可鄙或该受惩罚，成为所有那些我们最害怕和最讨厌的情感的对象。相反的，其他一些行为会引起我们的赞同，并且，我们还发现周围每个人都对它们给予同样的好评，每个人都急切地赞赏和回报这些行为。它们激起我们心中对于人类的热爱、感谢和赞美，这些是我们生来最强烈奢望获得的情感。我们开始期望实践同样的行为。这样，我们因此就自然而然地为自己规定了另外一条法则，即以这种方式用心地寻找一切行动的机会。

正是这样，由于我们在各个场合凭借分辨是非的能力和对事物的优点和合宜性所具有的自然感觉而赞同什么或反对什么的经验，一般的道德准则就得以形成。我们最初赞同或者责备某些特别的行为，并不是因为经过考察，我们认为它们似乎符合或不符合某一条一般准则。相反的，一般行为准则的形成，取决于根据我们从经验中发现的某种行为或在某种情况下做出的行为是否为人们所赞同。如果有这样一桩谋杀案：在被害者还热爱和信任那个凶手的情况下，凶手因贪婪、妒忌或非正当的愤恨凶残地伤害被害者，如果一个人看到临死的人最后的痛苦挣扎，听到他临终前抱怨较多的是自己不忠实的朋友的背信弃义和忘恩负义，而不是他所犯下的暴行，这个人完全不必仔细考虑，就能理解以上所述行为是如何恐怖。禁止夺走一个无辜者的生命是一条非常神圣的法则，而这种行为明显地违背了那一条准则，因而应该受到谴责。很明显地，他对这种罪行的憎恶会在顷刻间产生，并且产生在他为自己订立任何这样的一般准则之前。相反的，他今后可能订立的一般准则，大致是建立在他见到这种行为和其他任何同类行为时，心中必然产生的憎恶感之上。

当我们读到历史或传奇有关高尚或卑劣行为的描述时，我们对高尚行为所抱有的赞美之情和对卑劣行为所抱有的鄙视之情，都不是因为存在某些一般准则，这种准则表明应当赞美一切高尚的行为，而鄙视一切卑劣的行为。相反的，那些一般准则的形成，全是以我们对各种不同的行为在自己身上自然而然地产生的作用所具有的经验为基础的。

一个和蔼可亲的举动，一个值得尊敬的行为，一个恐怖的行动，都是自然而然地使旁观者对行为者产生喜爱、尊敬或恐惧。要想决定什么行为是、什么行为不是每一情感对象的一般准则，只能通过实际观察什么行为真正在事实上激起那些情感而实现。

的确，如果这些一般行为准则已经形成，如果人们怀着同样的情感普遍承认它们，并且确立通行的一般行为准则，如同求助于判断的标准一样，在争辩某些性质复杂而不确定的行为该得到何种程度的赞扬或责备时，我们就会常常求助于这些一般准则。在这些场合，它们普遍地被当做决定人类行为中哪些是正义的、哪些是不义的基本根据。一些非常著名的作家似乎被这个事实引入了歧途，他们用这样一种方式来描述自己的理论体系，似乎认为人类在判断正确和错误行为时，就如同法院的法官一样，是通过首先考虑某个一般准则，然后再考虑某一特定行为是否符合这一准则而形成的。

由于习惯性的反应，那些一般行为准则会在我们头脑里固定下来。出于自爱之心，在判断自己特定的处境中什么行为是适宜和应该做时，我们会产生曲解，这些一般性准则会很大程度上纠正这些曲解。一个怒气冲天的人，如果听从那种激情的牵引，或许会把他的敌人的死亡看做仅仅是对他认为自己受到的冤枉的一个小小的补偿，而他的冤枉可能只是一件微不足道的事情。但是，通过观察别人的行为，他会意识到，这种残忍的报复是非常可怕的。除非他所受的教育非常单一，在所有的场合，他会把避免做出这种残忍的报复确定为自己的一条不可违反的准则。这一准则对他保持着权威，防止他再犯这种残暴的罪行。然而，他的脾气可能非常火暴，以致如果这是他第一次有这种念头，他无疑会把它断定为非常正确和合适的，会认为每个公正的旁观者都会赞同他的行为。但是，过去的烙印在他心上的经历使他怀有的对这一准则的尊重，会阻止他的激情的过度冲动，并且自爱之心本来就在这种情况下暗示的过于偏激的看法也会得到一定程度的纠正。然而，如果他任由自己的心情极度激动，以致违背这一准则，即使在这种情况下，他也不能全然放弃自己对这一准则的习以为常的敬畏和尊重。正是在采取行动的时刻，正是在激情达到最高点的那一时刻，他犹犹豫豫和胆战心惊地想到他打算去做的事。他暗自意识到，自己将要破坏那些在他冷静的时候曾下决心永不违反的行为准则。而且他也意识到，过去每一个违反这些准则的人，都引起了极大不满。他在内心预感到，如果自己违反了它们，便也会成为人们不满的对象。在最终下定重大决心之前，他一直忍受迟疑不决这种极度痛苦的煎熬。他一想到自己要违反这一神圣的准则就惊愕不已，同时，他又受到违反它的强烈欲望的推动和煽动。他无时无刻不在改变自己的决心；有时他下定决心坚持自己的原则，不被可怕的激情左右，这种激情极有可能以可怕的羞愧和悔恨心理败坏他以后的生活；当他这样下定决心不让自己经受住某种相反的行为所具有的危险时，想到他将实现享受到的安全和平静的期望，他的内心感觉到一种瞬间的安宁。但是，很快激情会重新被点燃，更加猛烈地驱使他去做片刻之前他决心放弃的事情。翻来覆去斗争的决心会把他搞得疲倦不堪，心烦意乱，最后，他会出于某种绝望的心理，作出最后的事关重大而又无法挽回的一步决定。但是，他怀着一种恐怖和惊愕的心情，这和心情就如同某人为逃离一个敌人，而慌不择路地来到一个悬崖绝壁之上时所怀有的恐怖和惊愕的心情。身后追逐他的东西虽然可怕，但是他确信在那里会遭遇到更加毁灭性的东西。甚至在行动时，他也会有这样的恐怖和惊愕。虽然比起以后来，他在那时肯定较少感到自己的行为不合宜。但是，当他的激情发泄得到满足和变得无味的时候，他开始用他人会用的眼光来看待自己所做过的事情，并且真正感受到后悔和懊悔的刺痛在开始不安和折磨自己，这是他以前没有预见到的。

## 第五章　论被视为造物主法则的道德一般准则的影响和权威

对一般行为准则的尊重，被恰当地称为责任感。这条原则在人类生活中具有最重要意义，并且大部分人在生活中运用这条原则来指导自己的行为。许多人的行为是非常得体的，在整个的一生中，他们始终避免受到任何重大的责备。然而，他们也许从未感受到过别人对他们行为的合宜性的赞美之情。对于他们自己认为已经确立的一些行为准则，他们非常尊重，并仅仅依据这些行为准则行事。一个从别人那里受过巨大恩惠的人，由于他天生性情冷漠，可能只怀有一丁点儿的感激之情。然而，如果他富有道德修养，他就会常常注意到，一个人的行为若是缺乏感激之情，是多么令人讨厌，而相反的行为又显得多么可爱。因此，即使他的心里并未洋溢着任何感激之情，他也仍将努力地表现得如同心里充满感激一样，并将尽力对自己的恩人表示关心和关注，就好像有深切的感激之情的人都会做的那样。他将定期去拜访他的恩人；对他的恩人，他会表现得十分恭敬；他谈到恩人时，必定会用表达高度敬意的言辞，必定提到其所得到的种种恩惠，而且，他将小心地抓住一切可能来适当地回报过去所受的恩惠。他做的这一切，可能不包含任何虚伪和该受谴责的做作，不怀任何获得新的恩惠的自私意图，没有任何欺骗他的恩人或公众的意图。他之所以如此行为，可能只是出于一种对已经确立的责任准则所表示的尊重，是一种在各方面都按感恩规则行事的认真而迫切的愿望。同样，妻子有时对她的丈夫不怀有那种适合于他（她）俩之间现存关系的柔情。然而，如果妻子富有道德修养，她将尽力像她具有这种感情那样，对她的丈夫关心体贴，殷勤照顾，忠贞不二和真诚相待，并且只要是基于夫妻感情而要求她的种种表现，她也会表现得没有半点瑕疵。这样的一个朋友，这样的一个妻子，无疑都不是最好的朋友或妻子。虽然他俩都可能带有履行自己的各种责任的认真而迫切的愿望，但是在许多方面，他（她）们达不到体贴入微的要求，他（她）们将错过许多能显示其体贴关心彼此心情的机会。如果他（她）们具有同自己的地位相符的感情，就绝不应该忽视这些机会。不过，他（她）们虽然算是朋友或妻子的第一人选,也许仍排得上第二。如果如果他(她)们非常坚持、非常明了地遵循一般行为准则，那么，在主要责任方面，他(她)们中谁都不会有所疏忽。只有那种最幸运的类型的人，才能使他(她)们的感情和行为同他(她)们的地位的最微小变化完全相适应，才能在所有的场合做到应付自如，恰到好处。人类的大多数由粗糙的黏土捏成，无法形成如此完美的类型。然而，如果通过训练、教育和示范，几乎任何人都会对一般准则留下非常深刻的印象，以致在几乎一切场合都能表现得比较得体，并且在他的整个一生中都能避免受到任何重大的责备。

如果一个人对于一般准则没有这种神圣的尊重，那么，他的行为就很不值得信赖。正是这种尊重，为有道义情操的正直的人和卑劣者作了最本质的区别。在各种情况下，前者都坚定果断地执行他所信奉的准则，并且在他的一生中保持稳定的行为趋向。后者的行为则因为其主导作用的心情、欲望或兴趣变化而变化，令人捉摸不定。不仅如此，实际上，每个人的心情都很容易发生这样的变化，因此，如果没有尊重一般准则这条原则，在头脑冷静时能够很好地坚持行为的合宜性的人，也往往会在最不经意的场合做出荒唐的行为，而几乎找不到任何他那时为什么要这样做的严肃认真的动机。你的朋友刚好赶上你不愿接待他的心境时来拜访你，按照你当时的心情，他的造访很可能被你看成是无礼貌的闯入。如果你让步于那时产生的看法，那么，虽然你是想以礼待人，但是你的举止却会流露出对他的冷淡和不尊重。你使自己表现出最低限度的礼貌，不至于野蛮，并不是出于什么特别的原因，只是因为尊重礼貌和好客的一般准则不允许你表现得野蛮。由于过去的经验，你会习惯性地对这些准则尊重，使你的举止能够在所有这样的场合做到大体上相当的得体，并且不让自己的行为受到所有的人都容易发生的那些心情变化的影响。但是，如果没有对这些一般准则的尊重，尽管人们不会怀着某种严肃认真的动机去违反，像讲究礼貌这样一种容易做到的行为，也会经常受到妨害。然而那些公正、诚实、贞节、忠诚等品性，本就往往很难被做到。而有些责任，人们或许会抱着很强烈的动机违反它们，岂非更是如此？人类社会的存在依赖于人们较好地遵守这些责任。如果人类没有普遍地铭记尊重那些重要的行为准则，人类社会就会瓦解。

许多人保持这些尊重，是由于以下的看法：这些重要的道德准则是造物主的指令和戒律，那些顺从的人会得到造物主的奖励，而违反本分的人，则会遭到造物主的惩罚。这种看法起初只是一种出于本性的模糊观念，其后为推理和哲理所证实而进一步加强。

我认为，这种看法或理解最初似乎是受到本性的影响。由于人的天性的引导，人们认为自己的各种感情和激情产生于某种神秘的存在物。无论这存在物是什么，在任何国家都被宗教信徒当成了敬畏的对象。人们没有其他什么东西能够创造出感情，而且也想不出其他什么东西成为其创造者。对于那些想象出来而无法见到的不可知的神，人们必然会将其塑造成某种同他们对其有所经历感受的神明有点相似的形象。在信奉异教的愚昧和无知的时期，人们形成他们关于神明的想法似乎是极为粗糙的，以致不分差别地把人类所有的自然感情都说成是神所具有的，连那些并不能给人类增光添彩的感情，例如色欲、食欲、贪婪、妒忌和报复等也包括在内。因此，人们必然会把最能为人类增光的那些感情和品质说成是神所具有的，因为他们还是十分佩服神卓越的本性。

而那些感情和品质，即热爱美德和仁慈，憎恶罪恶和不义，似乎能把人类提高到类似神明的完美境地。受到伤害的人祈求朱庇特为他所受的冤屈作证，他深信这位神会因为他的冤屈而产生一种义愤，最平凡的人目睹不公正的行为发生时也会油然而生这种义愤。那个伤害别人的人感到自己成了人类憎恶和愤恨的合宜对象，天然的恐惧感导致他认为这些感情产生的原因是那些令人畏惧的神的旨意。他无法回避这些神,对它们的威力无力抵抗。这些希望、恐惧和猜疑自然而生，凭借人们的同情感而广为传播，通过教育而得到加强。人们普遍地讲述和相信众神会报答善良和仁慈的人，报复背信和不正义的人。因此，早在精于推论和哲理的时代到来之前，还处于非常原始状态的宗教，就已经对各种道德准则表示认可。宗教所引起的恐惧心理，可以强迫人们按天然的责任感来行事。这对人类的幸福来说太重要了，因而人的天性没有将人类的幸福寄托于哲学研究上——它发展过于缓慢，而且也不可靠。

然而，这些哲学研究一旦开始，就证实了人们的天性中所具有的那些最初的预感。无论我们认为自己的是非之心建立的基础是什么，是建立在某种有节制的理性之上，还是建立在某种被称做道德观念的原始天性之上，或者是建立在其他我们所具有的某种天性之上，不容置疑的是，上天为了指导我们这一生的行为，才赋予我们这种是非之心。这种是非之心具有极为明显的权威的特性，这些特性表明，为了充当我们全部行为的最高仲裁者，以便监督我们的意识、感情和欲望，并对它们该放纵或抑制到何种程度作出判断，它们才在我们内心树立起来。我们的是非之心决不像一些人所号称的那样，和我们天性中的其他一些官能和欲望处于同等地位，前者也不比后者更加有权限制对方。没有其他官能或行为的本性能评判任何其他官能。爱并不评判恨，恨也并不评判爱。尽管这是两种相互对立的感情，但把它们说成相互赞成或反对还是很不合适的。但是，对我们其他一切天然本性做出评判，并给予责难或赞许，是我们此刻正在考察的那些官能所具有的特殊功能。可以把它们看做其他那些本性是其评判的对象的某种感官。每种感官都高于它所感受的对象——眼睛不要求色彩的美丽，耳朵不要求声音的和谐，舌头也不要求味道的鲜美。对于自己所感受的对象，这些感官是至高的权威。凡是香甜可口的就是醇美的，赏心悦目的就是华美的，悦耳动听的就是和谐的。上述各种特性的实质在于它能使感受它的感官感到愉悦。同样，什么时候我们的耳朵应该感受到悦耳动听的声音，什么时候我们的眼睛应该纵情观看，什么时候我们的味觉应该得到满足，应该在什么时候在何种程度上放纵或限制我们的其他天然本性，这些都是由我们的是非之心来决定的。只要是我们的是非之心所赞成的事，都是恰当的、正确的，并且是应该做的；凡是是非之心不赞成的事，就是错误的、不恰当的，并且是不该做的。是非之心所赞成的感情是优雅的和合适的，所反对的感情就是粗野的和不恰当的。正确、错误，恰当、不恰当，优雅、粗野，这些词本身只表示使是非之心感到愉快或不愉快的那些事物。

显然，上述是非之心在人类天性中起到支配作用，所以，它们所规定的准则，就应该认为是神的指令和戒律，由神安置在我们内心的那些代理人颁布。所有的一般规则通常都被称为法则。例如，物体在运动时所遵守的一般规则，就叫运动法则。但是，在赞成或谴责任何有待审察的感情或行为时，我们的是非之心所遵循的那些一般准则，用下面的名称可能更为恰当。它们更类似那些叫做法律的东西——君主制定出来指导其臣民的行为的那些一般准则。同法律一样，它们是指导人们自由行动的准则；毫无疑问，它们是由一个合法的上级批准制定的，并且还附有赏罚分明的条款。对于那些违背准则的人，神安置在我们内心的代理人必定用内心的羞愧和自责来折磨他们；而对于那些遵守准则的人，则总是用心灵的安宁、满足和自我满意来报答他们。

还有无数的其他的考虑可以用以证实这些同样的结论。当造物主创造人和所有其他有理性的生物之时，其本意似乎是给他（她）们带来幸福。除了幸福之外，其他的目的似乎并不值得我们认为无比贤明和非常仁慈的造物主必须抱有。造物主无限完美这种想象使我们得出的上述这些结论，通过对造物主行为的观察，我们会进一步肯定这种结论。在我们看来，接近幸福，防止不幸，是造物主行事的全部目的。但是，在依照是非之心的支配下行事时，我们必然会寻求促进人类幸福的最有效的手段。因此，在某种意义上可以说，我们同造物主合作，并且尽可能地依靠我们的力量促进其计划的实现。相反，如果依照其他方法行事，我们就似乎在某种程度上对造物主为世界人类的幸福和完善而制定的计划起阻碍作用，并且表明自己在某种程度上与造物主为敌。因此，在前一种情况下，我们自然会信心十足地向造物主祈求，希望他能够赐予我们特殊的恩惠和报答，而在后一种情况下，我们则对造物主可能施加的报复和惩罚十分担心。

此外，还有其他许多道理、其他许多天然的本性，有助于证实和阐明灌输同一有益的教诲。如果我们考虑一下通常决定芸芸众生处境顺逆的那些一般准则，我们就会发现：尽管世界万物看起来混乱无序，但是，每一种美德都必然会得到适当的报答，同时这种补偿最能鼓舞激励这种美德、推动促进美德的发展。而且结果也确实如此，只有各种异常情况同时发生，才会使人们的期望变成失望。用什么报答鼓励勤劳、节俭、谨慎最恰当呢？让拥有美德的人取得每项事业的成功。这些美德是不是有可能在人的整个一生中始终得不到报答呢？财富和外来的尊敬可以恰如其分地补偿这些美德，而这种补偿是不大可能得不到的。什么报答最能促使人们做到诚实、公正和仁慈呢？我们与周围那些人的彼此信任、尊重和热爱。许多人并不追求显赫地位，但是希望得到被爱。诚实和公正的人不会因得到财富而欣喜，但被人信赖则会让他感到欣喜，这是那些美德通常会得到的补偿。但是，可能由于某种意外的不幸事件，人们会怀疑一个好人犯有某种他根本不可能犯的罪行。因此他在后半生可能一直蒙受这种不白之冤，遭到人们的憎恶和反感。可以说，尽管他是个诚实和正直的人，却因为这样一桩意外事件而失去了所有。同样，作为一个小心谨慎的人，尽管他谨小慎微，仍然可能由于地震或洪水等不可抗力而死亡。然而,与第二种意外事件相比,第一种意外事件也许更为少见。而为人诚实、公正和仁慈是获得我们周围那些人的信任和珍爱确实有效和万无一失的办法，这一点仍然是正确的。而信任和珍爱是上述美德首先想得到的东西。一个人的某个行为很容易被人误解，但是，他的行为的总体趋向不大可能被人误解。人们可能会认为一个清白的人干了坏事，然而这种情况是罕见的。相反，由于人们对他清白的举止持有习惯的看法，往往他真正犯了罪，我们也会为他开脱，尽管根据已知的事实已经可以非常明显地得到他确实已经犯罪的结论。同样，一个无赖如果在人们并不了解他的品行时做出了某一流氓行为，也许可以免受责难，甚或得到他人的赞许。但是，对于一个长期以来一直做坏事的人，肯定众所周知他是个坏人，而且即便在他确实无罪的时候，也经常受人怀疑。人们的感情和看法会给予罪恶和美德相应程度的惩罚或报答，根据事物的一般进程，两者所得到的待遇已超过了恰如其分和不偏不倚的限度。

虽然用这种冷静的哲学眼光来看，一般准则能够决定芸芸众生处境顺逆，似乎应该完全适用于世人所处的境地，但是，它们和我们的某些天然感情并不一致。出于对某些美德天然持有的敬爱和赞美之情，我们总希望把各种荣誉和酬报都归于它们，甚至我们自己明知适合于回报其他一些品质的荣誉和报偿，也会被我们归于这些美德，尽管这些美德往往不具备这些品质。相反的，由于我们对某些罪恶的嫌恶，我们总是希望它们遭受各种各样的耻辱和不幸，自然包括某些属于其他品质的耻辱和不幸。我们如此深切真挚地钦佩宽宏大量、慷慨和正直，以致我们希望看到由于这些美德还能获得财富、权力和各种荣誉，尽管这些荣誉同上述美德并无密切联系，而是如节俭、勤劳和勤奋这样一些品质的必然结果。另一方面，欺诈、虚伪、残忍和狂暴会在每个人的心中激起轻蔑和憎恶，因此，如果我们看到它们得到某些好处便会感到气愤，尽管在某种意义上可以说，由于它们有时具备勤奋和勤劳的品质，这些好处是它们应得的。勤劳地耕种土地的坏蛋，懒惰地任土地荒芜的好人，谁该收获庄稼呢？谁该挨饿，谁该富足呢？事物的自然进程有利于坏蛋，而人们的天然具有的感情则倾向于具有美德的人。人们认为，前者因其上述的有利条件会带给他的好处而过分地得到了补偿，而后者则因其懈怠必然会带给他的痛苦而受到了比应受的要严重得多的惩罚。人类的法律是人类感情的产物，剥夺勤劳和谨慎的叛国分子的生命和没收其财产作为惩罚，而以特殊的回报来酬答不注意节约、疏忽大意但忠诚而热心公益事业的好公民。这样，人就在造物主的指引下，对物的分配进行本来造物主自己会作出的某种程度的调整。与造物主促使人们为达到这一目的而遵循的各种准则相比，造物主自己所遵循的那些准则有些不同。大自然给予每一种美德和罪恶的那种报答或惩罚，最能鼓励美德或约束罪恶。她单纯考虑这一点，而很少注意到，在人们的思想感情和激情中，那些优良品质往往还包含不同程度的优点，而不良品德中似乎也具有不同程度的缺点。相反的，人只注意到这一点，因而力求自己心中能对每种美德做到恰如其分的敬爱和尊重，并对每种罪恶给予恰如其分的轻视和憎恶。对造物主自己来说，她所遵循的准则是合理的；对人类自身来讲，人类所遵循的准则也是合理的。而两者都抱着同一个伟大的目标，即人世间的安定，人性的完美和幸福。

虽然人对自然发展所造成的物的分配情况总是力图改变，虽然像诗人所描述的神那样，人不断地用特殊的手段来干预美德和罪恶，以支持美德和反对罪恶，并且像神那样力求为正直的人挡住射向他头部的箭，而促使那把已经举起的利剑迅速砍向邪恶者，但是，他并不能完全按照自己的想法和愿望来决定两者的命运。事物的自然进程不能被人的有限的努力所完全控制住，这一进程太快太猛，不是人力所能阻止的。虽然似乎是为了最明智和最高尚的目的才制定指引这一进程的规则的，但是这些规则有时却会产生使人的全部天然感情激动不已的后果。人的大的联合力量压倒小的联合力量；有远见卓识并做好一切必要准备的追求一番事业的人胜过那些反对他们而既无远见又无准备的人。每一种目的只能以造物主规定的那种方法来实现，这一切似乎不仅是一种必然和不可避免的规则，而且对人来说是一种激励人们勤劳和一心一意的有用和合宜的规则。此外，由于这种规则，在暴虐和诡计居然胜过真诚和正义时，每个有人性有同情心的旁观者有哪个心中会激起多么强烈的义愤呢？人们会因为无辜者所受的痛苦多么悲痛和怜悯呢？会因为剥削者所获得的成功而产生多么强烈的愤恨呢？我们对冤屈感到伤心和愤怒，但是，我们常常发现自己完全无力加以修正。因此，当我们丧失信心，不再认为在这个世界上能找到一种可以阻止非正义的行为取得成功的力量时，我们自然而然地会向上天呼吁，并希望我们天性的伟大创造者，来生能够亲自做我们今生在努力做的事情，这些事情是他为指导我们的行为而制定的各种原则促使我们而为的。希望他亲自完成他教导我们着手执行的计划，并希望在来生，每个人都能因为今生的所作所为而得到报答。这样，我们就会变得相信来生，这不仅是由于我们的弱点，不仅是出于人类天性的希望和担心，而且也是人类天性中最高尚和最真诚的本性使然，是对美德的热爱、对罪恶和非正义的憎恶使然。

“这与神的伟大相称吗？”能言善辩而富于哲理性的克莱蒙大主教以丰富的想象力充满激情而夸大其词地说，尽管有时听起来似乎不够风雅：“任凭自己创造的世界普遍处在混乱之中，这与神的伟大相称吗？任凭正直的人总是败于邪恶的人之手；任凭无辜的君王被篡位者废黜；任凭野心勃勃的逆子杀害亲生父亲；任凭丈夫因受凶悍不贞的妻子的打击而死亡，这与神的伟大相称吗？难道神处于显贵地位，只是像观看某种新奇的游戏那样，对这些令人伤感的事件无动于衷，而不承担任何责任吗？因为神是伟大的，他就应当在这些事件面前表现出软弱、不公正或者是残暴吗？因为人是渺小的，就应当听任他们胡作非为而不予惩罚，或者为人正直而不给报偿吗？啊，上帝！如果你的脾性就是如此，如果这就是我们如此敬畏崇拜的上帝，我就不再承认：你是我的天父，是我的保护者，会在我悲伤时给我安慰，在我软弱时给我支持，会对我的一片忠诚给予报答。你不过是一个慵懒而古怪的暴君，为了自己狂妄的虚荣心而牺牲人类的幸福，把人类带到这个世界上来，只是为了把他们作为闲暇时的消遣品或由他任意摆弄的玩物。”

就这样，判断行为功过的那些一般准则，逐渐被看做是某个无所不能的神的规则，这个神在观察我们的行为，并会在来生报答遵守这些规则的人，惩罚违反规则的人。由于这种考虑，上述规则因而会具有新的神圣的意义。尊重造物主的意志，这应当是我们行为的最高准则，对于这一点只要是相信神存在的人都决不会怀疑。违抗神的意志这一想法本身，似乎就意味着大逆不道。具有无穷智慧和无限权力的神给一个人下了命令，而他却反对或无视这命令，那这人该是多么的自负，多么的荒唐！造物主出于无限仁爱给一个人规定了一些戒律，而他却不尊重这些戒律，这个人又该是多么的不合人情，多么令人讨厌！一个人对自己行为是否得体的感觉，在此也得到自身利益这种强烈动机的充分支持。我们知道，虽然我们可以躲开他人的注意，逃脱世人的惩罚，但我们总是逃不脱造物主的眼睛，如果做出不正当行为就会受到他的惩罚。这是对最不受束缚的激情的一种限制，至少对某些人是这样，他们由于经常反省，已经非常熟悉这个想法了。

正是这样，宗教加强了天生的责任感，因此，对于那些似乎深受宗教思想影响的人，人们总是会愿意相信他们是诚实正直的。

在人们心目中，除了受到对别人行为同样起调节作用的准则的约束外，这些人的行为另外还有一种约束力。人们认为，不但重视名誉，也重视行为的合宜性，不但重视他人的赞许，也重视自己的赞许，这样的动机对世俗的人有影响，对信仰宗教的人同样有影响。但是信仰宗教的人还有一种约束，这就是，他不做则已，一做起来就要非常审慎，如同那位至尊无上的神正在观察他一样，这位神最终会根据他的实际行动对他给予补偿。因此，对他的循规蹈矩和一丝不苟的行为，人们会颇为信赖。无论什么地方，只要那里的宗教的固有原则，没有因为某个卑鄙的宗教小集团而宗派和派性的狂热而破坏，只要各种道德责任是宗教所要求履行的首要责任，只要那里琐屑的宗教仪式没有被看成是比正义和慈善的行为更直接的责任，只要没有人真的相信通过献祭、宗教仪式和愚蠢的祈祷就可以在神的允许下从事欺诈、叛变和暴行，那么，毫无疑问，世人在这方面的判断必然是正确的，并且完全有理由对笃信宗教的人行为的正直给予加倍的信任。

## 第六章　责任感成为我们行为唯一原则的情况及其与其他动机共同发生作用的情况

宗教赋予美德的实践这样强烈的动机，并且通过非常强有力的力量克制来自罪恶的诱惑来保护我们，以致许多人误以为宗教原则是唯一值得称赞的行为的动机。他们说：我们既不应该因感激而报答，也不应该因憎恨而惩罚；我们既不应该根据天性来保护自己不能自助的孩子，也不应该凭此赡养自己老弱多病的父母。要从自己的心中根除干净对特定事物产生的所有感情，以一种伟大的感情来取而代之，那就是对造物主的挚爱，那就是使我们自己变成造物主所喜欢的人的愿望，那就是根据造物主的意志来指导我们自己每一个行动的愿望。我们不应该因感激而感谢，我们不应该因仁爱而仁慈，我们不应该因对自己祖国的热爱而热心公益，也不应该因对人类之爱而慷慨大方和正义。当履行所有那些不同的责任时，造物主要求我们去履行它们的责任感，应该是我们的行动的唯一原则和动机。我现在不准备花时间详细地考察这种看法，我只是要指出，我们不要期望看到任何宣称信奉以下这样一种宗教的人能接受这种观点。在这种宗教中，第一条戒律是，要以我们自己的全部心意、全部灵魂和全部精力去敬爱我们的造物主。第二条戒律是，像热爱我们自己那样去热爱自己周围的人。实际上，我们热爱自己必定是为了我们自己的缘故，而并不仅仅因为我们被要求才去这样做。责任感该当成是我们行动的唯一原则，基督教的戒律中是没有这样的原则的，但是，的确，正如哲学甚至常识告诉我们的那样，责任感应当是某种指导性的和决定性的原则。然而，可能会出现这样一个问题：在什么情形下我们的行动应该主要地或完全地由某种责任感来决定，或者是出自对一般准则的尊重；在什么情形下某些其他的情感或感情应该共同发生作用，并产生主要的影响。

任何一种非常准确的方式或许都不能得出这个问题的答案，但是通常，这个答案将依照两种不同的情境而定：第一，取决于促使我们完全不顾一般准则而行动的那种情感或者感情是天然令人喜欢的还是天然令人讨厌的；第二，取决于一般准则本身是精确无误还是含混不清。

Ⅰ. 首先，我要说，我们的行为在多大程度上应该来自天然使人喜欢或天然使人讨厌的情感和感情，或者完全地来自对一般准则的尊重，都将取决于这种情感和感情自身。

亲切的感情可能促使我们去做的所有那些得体的和令人钦佩的行为，应该来自对一般行为准则的尊重，同样也应该来自激情本身。一个施恩人为一个受恩人做了好事，如果受恩人给予报答只是出于冷淡的责任感而不带有感情，施恩人就会认为自己没有得到应得的报答。当一位丈夫认为非常顺从自己的妻子除了考虑到妻子的地位必须维持的某种关系，而没有其他的动因才使自己的行为充满生机时，他是不会对她感到满意的。虽然儿子竭尽作为子女的孝道，然而，如果缺乏他应当充分感受到的那种充满感情的对父母亲的尊敬，那么父母抱怨他态度冷漠也是公正的。同样，一个父亲对待孩子只是为了履行父亲的责任而不是出于对父亲的爱，作为儿子的也是不会对这样的父亲感到满意的。对于所有这样的和蔼可亲的、具有社会性的感情，使人更感到愉快的是，看到责任感是用来抑制它们而不是增进它们，是用来阻止我们做得过度而不是促使我们做应该做的事情。看到一位父亲迫使自己抑制的对儿子的溺爱，看到一位朋友迫使自己约束出于本性的慷慨行为，看到一位受到某种恩惠的人迫使自己控制自己的过分的感激心情，这些都给我们带来愉快的感觉。

对于恶意的和非社会性的激情，具有相反的原则。我们应当怀着出自内心的感激和慷慨的态度，不带任何不情愿地给予报答，不必对报答是否适宜顾虑过多。但是，如果我们不得已施加惩罚，应该更多地是出于施加惩罚是否合适的感觉，而不应是出于任何强烈的报复倾向。再也没有什么比这样一个人的行为更为得体：他对极为严重的伤害的憎恨，不是来自他自己的那种极不愉快的激情的愤怒的感觉，而是更多地来自它们应当憎恨并且是合宜的憎恨对象的感觉。他像一个法官那样，仅仅考虑一条一般准则，那就是判定每种特定的冒犯应当受到哪种报复。他在执行这条准则时，同情冒犯者将要受到的痛苦的程度多于自己所受的痛苦。他虽然愤怒但不忘仁慈，倾向于用最温和的及最有利的方式去解释这条准则，对冒犯者给予极其正直的仁爱天性的人们能够始终如一地通情达理容许的各种减缓。

根据前面的评述，因自私的激情在其他方面处于中间的位置，介于社会性的和非社会性的感情之间，所以，在这一点上，它们也是相似的。在所有平常的、不重要的和普通的情况下，以私人利益作为追求的目标的行为，应当来自对指导这种行为的一般准则的尊重，而非来自这些目标本身所引起的任何激情。但是，在更为重要的和非常的场合，如果目标自身看来并没有以很值得重视的激情来鼓舞我们，我们就会变得反应迟钝、单调平淡而没有风度。一个人，若为了赚到或节省一个先令的钱而忧虑不安或终日耍小聪明，在他周围所有人看来，他必定会堕落为一个极为粗俗的零售商。因为这些事情本身的缘故，他必须在自己的行动中表现出：任由自己的经济境况一直如此差劲，无意为钱财本身而斤斤计较。他的经济境况也许要求他必须非常的节俭，十分的勤勉，但是，那种节俭和勤勉的每个超常的努力必须出自对极其严格地给他规定这种行为趋向的那条一般准则的尊重，而非由于关心个人的节俭或收益。现今，他的极度节俭不应当是由于他奢望由此节省那三便士；他在自己的店里照管，也不应当是为了获得那十便士的激情：两桩事情都完全只应当出于对一般准则的尊重，这条一般准则极其严格地规定了他在自己生活方式上对待一切人的行为方案。这构成了吝啬鬼与真正节省和勤勉的人之间在品质上的区别。吝啬鬼为了自身利益中少数的钱财而心神不安；节俭勤勉的人则只是因为他给自己订下了生活计划的缘故才去关心它们。

对于有关私人利益的很特别和很重要的目标来说，情况就全然不同。一个人不去为了这些目标本身而相当诚挚认真地追求它们，就显得平庸。一个君王不为征服或保卫某一领地而焦虑，我们会轻视他。一个平民的绅士，在他可以用正当的手段去获得一份财产或者甚至一个比较重要的官职时不尽力而为，也肯定引不起我们的尊重。一个国会议员对自己的竞选显得毫不热情，他的朋友就会认为他完全不值得拥护而抛弃他。甚至一个零售商不尽力去争取人们认为非凡的一笔生意或者一些不寻常的利润，也会被他周围的人看成是一个胆怯的家伙。这种勇气和热情就是有事业心的人和碌碌无为的人之间的区别。私人利益的那些可以很大程度上改变一个人地位的重大目标，成为恰当地被称做抱负的激情的目标。当一种激情保持在谨慎和正义的范围之内时，总是受到世人的赞美，即使超越了这两种美德的范围甚至是不正义或过度的时候,有时也显得极度的巨大,会引起人们无限的联想。因此，人们普遍钦佩英雄和征服者，甚至也钦佩政治家，他们的事业虽然缺乏正义，但是非常大胆和宏伟。黎塞留主教和雷斯主教的那些事业就是这样。贪婪和野心这两种目标的不一致的地方仅仅在于它们是否伟大。一个吝啬鬼对于半便士的热烈兴奋的程度同一个具有野心的人征服一个王国的意图的狂热一样。

Ⅱ. 其次，我要说，我们的行为应该在多大程度上出自对一般准则的尊重，将部分地依准则本身精确无误还是含混不清而定。

几乎所有有关美德的一般准则，决定谨慎、宽厚、慷慨、感激和友谊的功能是什么的一般准则，在许多方面都是含混不清的，允许有许多的例外，需要作出非常多的修正，以致很少有可能完全通过对它们的尊重来规范我们的行为。一些常见的以普遍经验为基础的有关谨慎的谚语式的格言，或许是对行为所能给出的最好的一般准则。然而，非常呆板和严格求实地信奉这些格言，显然是极其荒唐可笑的拘泥于形式的行为。在我刚才提到的所有美德中间，感激或许是含义最清楚精确、最少例外的一般准则。要是尽力而为，我们就应当对自己所得到的帮助作出同等的回报，如果有可能的话，还应当作出大于所得的回报。这条准则似乎非常一目了然，并且几乎不会有任何例外。然而，根据最肤浅的考察，这条准则好像是极其含混不清的，而且允许有一万种例外。如果你的恩人在你生病时照顾了你，你就也应当在他生病时照顾他吗？或者，你可以通过某种不同的报答方式来偿还自己欠下的人情吗？如果你应当去照顾他，那么你应当照顾他多长时间呢？你照顾他的时间和他照顾你的时间相同，还是应当更长些？那么应当长多久呢？如果你的朋友在你贫困时借钱给你，你就也应当在他贫困时借钱给他吗？你应当借给他多少钱呢？你应当在什么情形下借给他呢？是现在，或者明天，还是下个月？借多久呢？很明显地，没有可能规定任何一条在所有情形下都能对这些问题给出准确答案的一般准则。他和你的品质之间的差别，他和你的处境之间的相异，诸如此类的差异，都有可能使你非常感激他但是又正当地拒绝借给他半个便士。相反地，也有可能使你即便愿意借钱给他，甚至借给他的钱是他借给你十倍之多，也被指责为极为邪恶的忘恩负义之流，都没有办法完成其所承担的义务的百分之一。然而，由于有关感激的各种本分或许是所有那些要求我们实践的善良美德之中最受尊敬的，所以，如我前面所述，决定它们的一般准则是最准确的。确定友谊、仁慈、殷勤、慷慨等所要求做出的行为的那些一般准则，更不用说是很模糊和不确定的。

然而，有一种美德，一般准则对它要求做出的每一种外在的行为做了最大程度精确地规定，这种美德就是正义。正义准则规定得极其精确，除了可以像准则自身那样准确地确定，并且通常确实出自与它们一样的原则者外，不允许有任何例外和修改。举个例子来说，假如我欠某个人十镑钱，不管是在约定归还之日还是在他需要这笔钱之时，正义都要求我要原数归还。我应当做什么，我应当做多少，我应当在什么时候和什么地方做，所有确定的行为的特性和详情，都已精确地确定和决定。纵然过于死板地信奉有关谨慎或慷慨的普遍准则可能是笨拙的和呆板的，但是，对正义准则的忠实遵守却没有任何迂腐可言。相反的，我们对他们应当给予最神圣的尊重。并且，这种美德所要求做出的行为，从来不像当实践它们的主要动机那样，是对要求做出这种行为的那些一般准则的出于虔诚的神圣的尊重时一样尽善尽美。在实践其他方面的美德时，指导我们行为的，与其说是对任何精确格言或准则的尊重，不如说是对某种有一定合宜性的想法的尊重，是对某一特定行为方式的某种偏好。我们应当更多地考虑的是这一一般准则所要达到的最终结果和基础，而不是准则本身。但是，对正义来说情况就全然不是如此：一丝不苟并且坚定不移地坚持一般正义准则本身的人，是最值得赞美和最可信赖的。正义准则所要达到的目的是避免我们伤害自己周围的人，违反它们常常可能是一种罪行，尽管我们可以寻找某种借口声称这种违反不会造成任何伤害。一个人，常常在用这种方式开始行骗的这一刻，甚至在自己内心中滋生行骗的行为念头时，就变成了一个恶棍。一旦他想背弃那些不可违背的戒律要求他非常坚定和积极地坚持的东西，他就成为不再值得信赖的人，没有人可以说他不会堕落到某种程度的罪恶之渊。窃贼妄想，如果他从富人那里偷窃他设想他们也许容易失去以及他们也许从来不知道失窃的东西，就并不算犯罪。通奸者幻想，如果他诱奸其朋友的妻子而能瞒住其阴谋，那个丈夫不会猜疑，就没有破坏那个家庭的安宁，他就没有犯罪。一旦我们开始陷进这种精心设计的骗局，就没有什么卑劣的大罪我们不可能犯下了。

可以把正义准则比做语法规则，有关其他美德的准则可以比做评论家们鉴定文学作品是否杰出或优秀时订立的准则。前者是一丝不苟的、精确的、不可缺少的，后者是不严谨的、含糊不清的、不明确的，而且告诉我们的与其说是如何尽善尽美的绝对无疑的指导，还不如说是有关我们应该希望接近完美的一般设想。一个人可以根据绝对可靠的语法规则来写作，因而，或许他可以学会公正行事。但是，却没有任何一种准则能绝对可靠地引导我们写出杰出或优秀的文学作品来，尽管有些文学评判准则可以在某种程度上帮助我们纠正和弄清楚我们对完美可能抱有的其他一些模糊想法。同样，虽然某些准则能帮助我们在某些方面纠正和弄清楚我们对美德可能抱有的一些不完善的想法，但却没有任何一种准则可以绝对无误地来教会我们在一切场合谨慎、非常宽宏大量或十分仁慈地行动。

有时会发生这样的情况：由于非常认真和真诚急切地想使自己的行为得到人们的赞同，我们可能因此误解恰当的行为准则，因而被本来应当用来指导我们行动的原则引入歧途。在这种情况下，指望人们完全赞成我们的行为是徒劳的。他们无法理解影响我们行为的那种荒诞的责任观念，也不会对随之而来的任何行为持赞同意见。然而，一个人虽然由于存在错误的责任感或所谓错误的道德心而受骗犯罪，他的品质和行为仍然有某些值得尊敬的地方。无论他因此而如何不幸地被误入歧途，由于他具有高尚而富有人性的东西，更多的是仍被人们看做同情的对象，而不是憎恶或愤恨的对象。人们对人类天性中存在的弱点深感惋惜，这种弱点使我们如此不幸地受到迷惑，即使在我们非常真诚地努力追求完美时，并且努力遵照能够合理地指导我们的最好的原则行动时，也是如此。不正确的宗教观念几乎是以这种方式把我们的天然情感导入歧途的唯一原因；那种给予责任准则极大权威的原则，只能在相当大的程度上扭曲我们对它们的想法。在其他一切场合，常识即便无法足够地指导我们极为合宜的行为，也能以距离最为合宜的行为最近的方式指导我们的行为。假如我们迫切地希望做得好些，那么，我们的行为整体上总是值得称赞的。所有的人都一致赞同：敬重造物主的意志是首要的责任法则。但是，对可能会强加在我们头上的特定的戒律而言，它们之间就大大不同。因此，这时相互间就应当最大限度地克制和容忍。虽然需要通过惩罚各种罪行来维护社会的安定，而不论它们产生的动机是什么，但是，如果它们明显地来自宗教责任的错误观念，那么一个善良的人总是会比较不情愿地对其加以惩罚。他决不会对他所判处的那些人感到他对其他罪犯感到的那种义愤，而且在他惩罚他们的罪行的时刻，他会对他们那不幸的坚定和宽宏大量感到惋惜，有时甚至感到钦佩。伏尔泰先生最好的一出悲剧《穆罕默德》，很好地表现我们对产生于错误的宗教观念的罪行所应当具有的情感。在那一出悲剧中，一对青年男女，具有极其纯洁和善良的性情，没有其他任何弱点，除了彼此过于钟爱这种使我们更加喜爱他们的弱点。但他们由于受到某种最强烈的错误的宗教动机的教唆煽动，犯下了可怕的杀人罪，使所有的人的天性原则受到冲击。一位德高望重的老人，是他们俩宗教上的死对头，但对他俩显示极为亲切温柔的感情。尽管他是他俩宗教上公开承认的敌人，他们对他也曾怀有非常恭敬和敬重的心情。这位老人实际上是他们的父亲，虽然他们不知道这件事。但是，造物主显然要借助于他们的手来把这位老人作为牺牲，并且命令他们去杀死这位老人。在他们准备实施这一罪行时，他们忍受强烈的思想斗争，一方面是不可推卸的宗教责任，另一方面是对这位老人的怜悯、感激和敬重，以及对他们将要杀死的这个人的仁爱和善行所产生的敬爱，双方面的斗争令他们极度痛苦。这样的表现显示了所有的戏剧中所表现过的最吸引人的或许还是最有教育意义的一个场面。然而最终，责任感战胜了人类天性中所有可爱的弱点。他们实施了强加于他们头上的罪行，但是他们马上发现了自己的错误，以及他们受到的欺骗，因而被恐怖、自责、愤怒等折磨得剧烈不安。如果我们确信正是宗教把一个受害者引入歧途，而非以宗教为托词来掩盖某些最坏的人类激情，我们就应该如同对不幸的赛伊德和帕尔米拉所怀有的情感那样，对每一个这样被宗教引入歧途的受害者都报以同情。

因为一个人可能会依据某种错误的责任感做出某种错误的行为，所以天性有时也有可能占据优势，并且以与其相反的方向引导他做出正确的行为。在这种情况下，我们看到那种动机占据我们认为应该占据的优势不会不感到愉悦，尽管那个人自己很软弱因而不去那样想。然而，由于是软弱而不是因为原则造成了他的行为，所以我们决不会给予其比较满意的赞许。一个固执的罗马天主教徒，在圣·巴多罗买大残杀中，为怜悯心所征服，以致挽救出了一些他曾经奉命去屠杀的不幸的新教徒。这似乎不值得获得我们可能给予他的那种高度的赞许，他做出上述宽厚行为只是带着完全的自我赞同之心。我们也许会为他带有仁慈的性情欢呼，但是，我们仍然会带着某种惋惜的心情去看待他，这完全不同于应当对完善的美德表示的钦佩。对于所有其他激情来说，情况不再相同。我们在见到它们恰当地自我发挥作用时不会感到不高兴，甚至当某种错误的责任观念指导这个人抑制它们的时候也是如此。一个非常虔诚的贵格会教徒在被人打了一巴掌时，不是若无其事地容忍，而是忘记了他自己对我们救世主的格言所作的文字上的解释，适当地惩戒那个侮辱了他的暴徒，当然不会使我们感到不愉快。我们会对他的这种精神感到愉快，甚至发出满意的笑声，并且会因此而更加喜欢他。但是，我们决不会用那样一种尊重和敬意来对待他，这种尊重和敬意是应该给予另一类人，那些人在同样情况下根据什么是应该做的这种正义感来采取合宜行动。任何带有自我赞同情感的行为都不适合叫做美德。

# 第四卷　论效用对赞同情感的影响

## 第一章　论效用的形态给予一切艺术品的美及这种美的广泛影响

已为每个或多或少考虑过何种东西构成美的本质的人所注意到的是，效用是美的主要来源之一。一座房子所具备的便利正如它合乎规格一样给观看者带来愉悦，而当他看到相反的缺陷时，会感到不快，就如同看到了位置对称的窗子拥有不同的形状，或者门不开在建筑物的正中位置那样。任何设备或机器只要能产生预期的结果，都赋予整体一定的合适感和美感，并使人们一想到它就感到愉悦。这一切清晰明白，没有人会忽略它。

最近，一个富有独创性并较受欢迎的哲学家，也指出了效用使人感到愉悦的缘由。这位哲学家，拥有极为深刻的思想和极强的表达能力，他能够非凡而又巧妙地用非常清晰的语言和极为生动的口才来探讨最深奥的课题。按照这位哲学家的说法，任何物体的效用，通过不断给其拥有者带来它所宜于增进的愉悦或便利而使拥有者感到高兴。拥有者一看到它，就会沉浸于这种愉悦之中。这一物体就以这样的方式成为给拥有者带来满足和欢快持续不绝的源泉。旁观者由于同情而理解那个拥有者的情感，并且观察这一物体时，必然用同样愉悦的目光。如果我们参观伟人的恢宏大厦，就会情不自禁地想象，假如自己拥有这种大厦，并且拥有这么多巧妙的、精心设计制造的器具该会如何心满意足。他还提出相似的理由来阐释，为何任意物体外观上的不便均会使其拥有者和旁观者感到不快。

然而，任何艺术品所具备的这种适宜性及巧妙的设计，比人们指望它达到的目的常常更受重视。采用和变换方法来获得便利或愉悦，常常比便利或愉悦本身更被人们所看重，好像设法获取便利或愉悦的过程才是全部价值之所在。据我所知，这没有任何人对这个情况给予足够的重视。但是，这种情况是经常出现的，可以在与人类生活相关的成千上万个最重要或最不重要的例子中观察到。

一个人走进自己的房间，如果他发现椅子都摆在房间的正中，他会因此向仆人发火，或者他可能愿意不厌其烦地自己动手，把它们重新背墙摆好，而不愿看到它们一直这么乱七八糟地放着。这种新的布置所具有的全部适宜性，是由于腾空了房间的地面所带来的更大的便利。为了获得这种便利，他甘愿受累，而不愿忍受由缺乏这种便利而可能感到的种种苦恼。因为最舒服的事情是一屁股坐在其中一把椅子上，这是他干完活以后极可能做的。所以，他所需要的似乎不是这种便利，而是可以提供这种便利的家具的布置。但是，正是这种便利最终促使他整理房间，并对此给予充分的合宜感和美感。

同样，一个对表讲究的人，会不看重一只每天慢两分多钟的表。他可能会以几个畿尼的价钱把表卖掉，而用五十个畿尼另买一只表，这只新表在两星期内慢不了一分钟。然而，表的唯一作用是告诉我们现在的时间，以使我们不致失约，或者由于忘了那个约定的时间而造成诸多麻烦。但是，这个讲究这种机械的人并不一定比别人更加严守时间，他似乎也没有比别人有更多的理由而想精确地知道每天的时刻。吸引他的，不是掌握时刻，而是有助于掌握时刻的机械的那种完美性。

有多少人玩物丧志把钱花在毫无效用的小器物上而毁掉自己呢？这些小器物吸引爱好者的不是它们的效用，而是那个小玩意儿能增进这种效用的精巧性。他们所有的口袋都塞满小小的便利器具。他们设计出新的别人的衣服上绝对不会出现的口袋，以便携带更多的东西。他们会带着大量小玩意儿散步，这些东西在重量上、有时在价值上，丝毫都不逊于犹太人常见的百宝箱。这种小玩意儿有一些也许有点用处，但任何时候都可以省略，它们的全部效用不值得如此忍受负荷的辛苦。

因此，这也不仅同这些这种本性影响我们行动的微小物体有关，它往往与个人和社会生活中最严肃、最重要事务的隐秘动机相关。

那个上天在发怒时极度想惩罚的穷孩子，当他开始体察自己时，他会羡慕富人的生活。他发现父亲的小屋太不便利了，因此幻想能舒适地住在一座宫殿里。由于不得不徒步行走或忍受骑在马背上的劳累，他十分不满。他看到富人们几乎都坐在马车里，因此幻想自己也能坐上马车享受舒适的旅行。他当然意识到自己的懒惰，因此愿意尽可能自食其力，并认为，一大批仆从可以使他免去诸多烦恼。他认定，如果自己得到了这些，就可以满意地坐下来，因幸福和宁静而陶醉。他沉浸在关于幸福的遐想之中，高阶层人的生活情景浮现在他的幻想中。为了挤进这些阶层，他开始追逐财富和显贵地位。为了获得这些带来的便利，第一年他受尽委屈，且在奋发向上的第一个月内含辛茹苦，费尽心思，他没有财富和地位时全部生涯中经历的所有痛苦都不及此。在某些吃力的职位上，他学习着去干得出众。他勤奋好强，夜以继日地辛苦工作，以获得赛过其他竞争者的才干。然后，他竭力向众人展示这种才干，以同样的勤奋乞求每一个工作的机遇。为了实现这一目标，他向所有人献殷勤，为那些自己痛恨的人效劳，并去讨好那些他看不起的人。他制定了某种不自然的、讲究的宁静生活的规划，然后用自己的一生来把它变成现实，希望能够享受到这种生活。为此，他牺牲了唾手可得的真正安逸，但实际上，他也许永远都不能实现这个计划。而且，如果他在耄耋之年最终获得它，他就会发现，无论在哪方面，它们比他已经放弃的那种卑微的安定和满足强不了多少。而在这个时候，他已时日无多，因为劳苦和病痛，他的身体已经虚弱不堪，他的内心由于无数次地回想自己经历的伤害和挫折而充满着羞辱和恼怒。他认为，是敌人的不义行为，或者是朋友的背叛和忘恩，给他带来了这些伤害和挫折。最后，他开始醒悟：财富和地位仅仅是毫无效用的小器物，它们同玩物爱好者的百宝箱一样，无法给我们带来肉体的舒适和心灵的平静；也同百宝箱一样，给带着它们的人带来的麻烦多于它们所能向他提供的各种方便。财物地位与百宝箱之间，除了前者所带来的便利比后者稍微突出之外，没有什么真正的区别。宫殿、花园、成套的装饰用具、大人物的仆从也都是物品，只不过其明显的便利给人留下的印象深刻而已。不需要它们的主人向我们指出哪一方面构成它们的效用，我们很容易理解它们的效用，并由于向往这种享受而称赞它们所能向其主人提供的满足。但是，一根牙签、一支挖耳勺、一把指甲刀或类似的一些小器物，它们的独特性就没有这样清楚。它们带来的便利可能同样大，但却并不那么引人注意。并且，对于拥有这些东西的人所感到的满足，我们不会很快就能体会。因而，它们与豪富和显贵不同，它们无法像豪富和显贵那样，可以成为虚荣心所追求的对象——其实，这不过是豪富和显贵的唯一益处。但它们能更有效地满足人类的独特的爱好。如果一个人孤独地生活在一个荒岛上，对他来说，究竟是一座宫殿还是装在百宝箱里的那种提供微小便利的工具，哪一个用处更大，可能还是一个问题。如果这个人生活在社会现实中,确实无法作出比较。因为在这种情形下,同其他情况下一样，我们注意的并非当事人的感受，而是旁观者的感受，而且我们考虑的是当事人的处境在别人眼里的样子而不是在他自己眼里的样子。然而，如果我们考察一下，对于富人和显贵的生活条件，旁观者为什么会怀着这样的钦佩之情，我们就会发现，与其说是因为他们享受了常人无法享受的安逸和愉快，不如说是因为他们拥有无数为获得这种安逸和愉快提供了可能的雅致而精巧的设备。他甚至不认为，他们真比别人更幸福，但他认为他们拥有更多获得幸福的途径。这些途径能巧妙地达到预定的目的，这才是旁观者羡慕的。但是，在年老多病、衰弱无力之际，显赫地位带来的那些空乏和无聊的快乐也会随之消失。处于这种境遇的人，预期能够获得的这种空乏无聊的快乐，再也无法使他继续进行那些辛劳的追逐。他在内心深处咒骂野心，徒然想念年轻时的悠闲和懒散，怀念那一去不返的各种享受，后悔自己牺牲了它们，而为此追求的东西不过是些一旦获得之后即不能给他带来真正满足的东西。如果权贵因颓废或疾病而遭到罢黜，以一副可怜的样子出现在众人面前，他就会细心体察自己的境遇，并思虑他的幸福到底是由什么构成的。那时他们会明白，权力和财富像是为了给肉体带来微不足道的便利而设计出来的机械，由极精细和灵敏的发条组成，庞大而又费力地运作，必须极其细致周到才能保持它们的正常运行。而且不管我们怎样小心，它们依然随时都可能瞬间瓦解，并且给拥有者带来严重的打击。权力和财富是可以给人免除小小不便的巨大的建筑物，但它需要一生的努力去建造，而住在里面的人必须时刻面临它们突然坍塌把他们压死的危险。它们可以遮住夏季的阵雨，但是无法抵挡冬季的风暴，而且，住在里面的人和以前一样，有时甚至比以前更多地担心、恐惧和忧伤，更加经常地面临疾病、危险和死亡。

这种乖戾的哲理，如此全然地贬低那些人类欲望所追求的伟大目标，它们总是出现在一个人得病或情绪低落的时候，但是，如果我们身体健康，心情良好，看待那些目标时，一直都是站在更令人愉悦的视角的。在痛苦和悲伤时，我们的想象好像被禁锢和束缚在身体内部，而在悠闲和舒畅时，想象则可以扩展到周围的一切事物身上。于是，我们深深着迷于宫中那些便利的设施具有的美和显贵的铺排，艳羡它们的主人能够拥有所有的设备为自己提供舒适，防止匮乏，满足需要，在无聊之际消遣娱乐。如果我们思考这些东西所能提供的实际满足，仅考虑这种满足本身，而不去想用来增进这种满足的安排所具有的美感，它就会显得可鄙和无聊。但是，我们在评论看待它时很少采用这种抽象的、哲学的视角。在我们的想象中，我们会自然地把这种满足与宇宙的秩序、与宇宙和谐的律动、与产生这种满足的安排混淆在一起。如果用这样复杂的观点来考虑问题，财富和地位所带来的愉悦，就会被人们看成某种重要、美丽而高尚的东西，值得我们为获得它们而付出毕生精力。

同时，天性很可能以这种方式来欺骗我们。正是由于这种欺骗，人类勤劳的动机才得以维持。正是在这种欺骗的促使下，人类才去耕作土地，筑造房屋，建立城市和国家，在所有的科学和艺术领域中有所发现、取得进步。这些科学和艺术，提高了人类的生活水平，使人类的生活变得更加多姿多彩；这些科学和艺术，彻底地改变了世界面貌，将自然界的原始森林变成宜于耕作的平原，将沉寂荒凉的海洋变成新的粮仓，变成通往大陆上各个国家的通衢要道。因为人类的这些劳作，土地倍加肥沃，得以维持着无数人的生存。一个骄傲而冷酷的地主，遥望自己的大片土地时，却并未想到同胞们的需要，而只想独自消费从土地上得到的一切收获，这种想法是不可能实现的。眼睛大于肚子，这句朴实通俗的谚语，用到他身上最为适合。他的欲望是无边无际的，但他胃的容量能够容纳的东西，绝不会超过一个最普通的农民的胃。他不得不把自己消费不了的东西分发出去，给那些竭尽所能来烹制他享用的那点东西的人，给那些为他建造他用以消费自己的那一小部分收成的居所宫殿的人，给那些为显贵提供和整理各种不同的小玩意儿和小摆设的人。就这样，因为他生活奢华和他的怪癖，所有这部分人得以分到生活必需品。如果他们期待他由于友善和公平而进行这样的分配，是不可能的。在任何时候，土地产品供养的人数均接近于它所能供养的居民人数。面对大量的产品、富人只是能优先选用最珍贵和最满意的东西，他们的消费量远不及穷人多。尽管他们生来自私自利，贪得无厌，尽管他们只图自己的便利，尽管他们雇佣千百人来为自己劳作的目的只是为了满足自己无聊而又贪婪的欲望，但是最终，他们还是同穷人一起分享他们一切的成果。生活必需品的分配，与土地产品的分配近似，有一只看不见的手，指引他们平均分配给全体居民，从而不知不觉地增进了社会利益，并为不断增加的人口供给生活资料。当神把土地分给少数地主时，对那些在这种分配中好像被忽视了的人，他既没有忘记，也没有遗弃。后者也使用着他们在全部土地产品中所占有的份额。在组成人类生活的真正幸福之中，他们无论在哪方面都丝毫不逊色于那些好像大大超出他们的人。在肉体的安适和心灵的宁静上，所有不同阶层的人近乎处于同一水准，一个在大路旁晒太阳的乞丐享受的安全，与不断发动战争的国王们获得的安全，并没有本质区别。

人与人有着相似的本性，同样热爱秩序，同样重视条理美、艺术美和创造美，这样的相似足以使人们喜爱那些有助于提高社会福利的制度。当爱国者之所以为种种社会政治的改良废寝忘食，并不总是单纯由于关怀同情那些可以从改革中得到益处的那些人的福祉。一个热心公益的人赞助公路建设，通常也不是由于同情邮递员和车夫。当立法机关设立奖金及其他奖励去促进麻或呢的生产时，很少是由于单纯地同情穿着便宜或优质织物的人，由于同情制造厂和商人可能性则更小。完善政策，发展贸易和制造业，都是高尚和宏大的目标。我们对有关的这些规划感动兴奋，对任何有利于促进这些的事情也都抱有浓厚的兴趣。它们是构成政治制度的重要成分，由于它们，国家机器的齿轮运转得愈加和谐而轻快。看到这个这么美好和重要的制度完善起来，我们感到兴奋，而在清除任何可以给它的正常执行带来丝毫干扰和障碍之前，我们一直担忧不安。那些制度法规的唯一用途和目的，就是促进在它们的指引下生活的那些人的幸福，它能起得作用越大，就越是能够得到敬重。然而，出于某种制度的精神，出于某种对艺术和发明的热爱，我们有时似乎不重视结果，而过于重视手段。渴望增加我们同胞的幸福，与其说是由于同情同胞的痛苦或欢乐，不如说是为了改善某种美好的有规则的制度。有些拥有热心公益的崇高精神的人，在其他方面，很少表现出明显的仁慈的感情。相反，有些极为仁慈的人，却似乎没有任何热心公益的精神。每个人都可以在自己所熟悉的事例中发现这两类人。谁还能比俄国古代的那个著名的立法者更缺少有人性而更具有热心公益的精神呢？相反，和气仁慈的大不列颠国王詹姆斯一世，几乎丝毫都不关心自己国家的荣誉或利益。描述富人和权贵的幸福，他们通常不受日晒雨淋的折磨，少挨饿，少受冻，少疲倦，也从不缺少何种东西，以这种方式来唤起一个似乎毫无斗志的人的奋起之心，经常是徒劳的。这种意味深长的告诫对他基本不会有什么作用。如果你希望你的告诫成功，那么你应该向他描述富人和权贵们的高楼大厦不同房间里的便利设备及布置，向他们解释那些设备的合宜之处，向他指出他们可以拥有的全部随员侍从的数目、等级及其各自的职责。如果他能对什么事情产生印象，那么，就是这一切。然而，所有这些东西存在的效用，只是使他们免遭日晒雨淋、挨饿受冻，远离困顿和疲劳。同样，如果你想让那个不太关心国家利益的人心中树立起关心公益的美德，那么，告诉他一个治理有方的国家能给统治下的子民带来什么样的好处，告诉他这些子民衣食住行全都能够无忧无虞，也经常是没有意义的。这些道理一般无法给他留下深刻印象。但如果你向他描绘可以带来上述种种益处的伟大的社会政治制度，如果你向他解释其中各部门的联系和依存关系、从属关系，以及各部门对社会幸福的普遍有用性，如果你向他说明他的国家实际上可以引进这种制度，而当前是什么阻碍他的国家建立这种制度，用什么方法能够清除这些障碍，如何使国家机器的每个齿轮都和谐、平滑地运转，彼此间不产生摩擦或阻碍对方的运转，通过这些，你将有可能说服他。听到这样的谈论，一个人几乎不可能不激励出某种程度的热心公益的精神。起码，他会暂时产生一种愿望，想要清除那些障碍，让如此完美而正常的一架机器启动。研究政治，包括国民政府的种种制度以及各自的优劣，本国的体制及其面临的形势，国家的外交关系、商业贸易、国防军事，应对不利条件的措施，它可能遇到的危险，如何消除这种不利条件，以及使之不遭到危险等方面的问题，最有益于激发人们热心公益的热情。因此，各种政治研究，只要是正确合理而实用的，都是最有用的思辨工作。即便其中最没有说服力的，最拙劣的，也不是全然没有用的。至少它们可以促进激发人们热心公益的精神，并鼓励他们去寻找办法来增进社会的幸福。

## 第二章　论人的品质和行为因效用而产生的美及这种美的概念与原始的赞同原则的关联

同艺术的创造或国民政府的机构一样，人的品质，既可以用来增进个人和社会的幸福，也可以用来危害它们。谨慎、公正、积极、坚定和朴素的品质，都向这个人本身和每个与其有关的人展现了幸福美满的前景；反之，鲁莽、蛮横、懒惰、软弱和好酒色的品质，则预示着这个人的毁灭，以及所有同他相关的人的灾难。前者的内心起码拥有那些为了实现最令人愉悦的目标而创造出来的最完善的机械的美；后者的内心则顶多拥有那些最粗劣、最笨拙的装置的缺陷。何种政府机构能像智慧和美德的普及那样有益于增进人类的幸福呢？全部政府的作用，只是在一定程度上补救因为缺少智慧和美德而造成的不完美。因而，政府机构，从效用上讲，它的美可能属于国民政府，但在更大程度上，它必然是属于智慧和美德的。相反，何种国内政策能够产生像人的罪恶那样大的毁灭性和破坏性呢？拙劣的政府。因为它无法防止人类的邪恶所引起的危害，而面临悲惨的结局。

各种品质好像从它们的益处或不便之处获得美和丑。那些用抽象的和哲学的视角来考虑人类行动和行为的人，往往能够从一方面被这美丑所打动。当一个哲学家考察为何人们赞同人道而谴责残酷时，他并不总是以一种非常确定和清楚的方式来形成某种有关人道和残酷的行为的看法，而是通常对于这些品质的一般名称向他提示的那种模糊和不确定的思想感到满足。但是，只有在特殊情况下，人们才能够很明白地分辨行为的合宜与否，行为的优点或缺点。只有确定了某个特例，我们才能清楚地察觉到自己和行为者之间的感情是否一致，或者在前一场合感觉到对行为者产生的一种共同的感激，或者在后一场合感觉到的则是共同的愤恨。当我们用某种抽象和一般的方式来考虑美德、罪恶时，由其引起那些不同的情感的品质，似乎大都已消失，这些情感本身变得较为不明确、不清楚了。浮现在我们眼前的，是美德产生的幸福结果，和罪恶造成的灾难后果，并且似乎比上述两者所具有的其他品质更加突出和醒目。

那个具有创造性和受人欢迎的著述者，最早阐释了效用为何使人快乐的原因，自己被这种看法所打动，以致把我们之所以完全赞同美德的原因归结于我们对这种产生于效用的美的直觉。他说，一种品质，只有对那人自己或其他人都有用，才能够被当做美德来加以赞同，反之，一种品质对自己和其他人都有害，则其是一种邪恶之物应该加以反对。确实，从个人或社会的便利来看，天性似乎如此恰当地对我们关于赞同和反对的情感加以调整，以致我相信，如果经过最严格的考察，就会发现这是普遍的情况。但是，我仍然断定，对于这种效用或危害的看法，并不是我们持赞同或反对态度的首要原因或主要原因。毫无疑问，美或丑的直觉使这些情感得到增强和提高，这种对美或丑的直觉产生于它的效用或危害。但是，我仍要说，这些情感根本上和本质上与这种直觉截然不同。

首先，这是因为对于美德的赞赏，似乎不可能同我们对某种便利而设计良好的建筑物的赞赏相同。或者说，我们称赞一个人的原因不可能与称赞一个屉橱的原因相同。

其次，在考察的基础上我们可以发现，我们产生赞同感很少是以内心气质的有用性为最初根据的。赞同的情感总是包含有某种合宜性的感觉，这种感觉和对效用的直觉是完全不同的。在所有被认为是美德的品质中，我们都可以见到这种情况。根据这种分类，最初，我们认为那些品质对我们有用，所以就重视它们，认为它们对他人有用，就会尊重它们。

对我们自己最为有用的品质，首先是较高的理智和理解力，依靠它们，我们才能觉察到自己所有行为的长期后果，并且预见到从中可能产生的利益或害处；其次是自我控制，依靠它，我们才能放弃眼前的快乐，忍受眼前的痛苦，以便在未来某个时刻获得更多的快乐或避免更深的痛苦。而谨慎，由上述两种品质的结合构成，对个人来说，是所有美德中最有用的一种。

关于在前一个场合所考察的第一种品质，即那种较高的理智和理解力，人们赞同它，最初是因为正义、正当和精确，而不是仅仅因为有用或有利。人类理智的最伟大和最可钦佩的努力，正表现在深奥的科学中，尤其是在更高级的数学中。但是无论是对个人还是公众，那些科学的效用都不是非常清楚的，要去证实这种效用所需的论述，并不总是十分容易被人领会。因此，最初，并不是由于它们的效用才使它们受到公众钦佩。在有必要回答那些自己对这种卓越的发明毫无兴趣却竭力贬低其作用的人所提出的指责之前，这种品质很少为人所坚持。

同样，我们为了在另一场合得到更充分满足的那种自我控制，而克制自己当前的欲望。如同我们赞同这种自我控制的效用方面，我们也赞同其合宜性方面。当我们以这样的方式行动时，影响我们行为的情感，似乎确实和旁观者的那种情感相一致。旁观者并没有感受到目前诱惑我们的欲望，对他来说，我们希望在一个星期后或者一年后享受到的欢乐所具有的吸引力，和我们现在正在享受到的欢乐没有什么不同。因此，如果我们为了眼前的缘故而牺牲将来，他肯定认为我们的行动极其荒唐和放肆，也不能够理解是什么原则影响了这种行为。相反，当我们为了将来更大的快乐而放弃当前的快乐时，当我们的表现显示遥远的对象和即刻作用于感官的对象一样吸引我们时，我们的感情便和他的感情确实相一致，所以他不可能不对我们的行为持赞同态度。由于从经验中他可以知道，这种自我控制很少有人能做到，他在看待我们的行动时将怀着较大程度的惊奇和钦佩的心情。因此，尽管节俭、勤劳和不断努力的实践除了获得财富之外，没有指向其他目的，但所有的人依然自然而然地对这样的实践中表现出来的坚韧不拔的品质表示高度的尊重。一个人若以这种方式行动，为了获得某种遥远但是重大的利益，不仅放弃了所有眼前的欢乐，而且忍受着肉体和心灵上的巨大痛苦，他的坚定不移必然博得我们的赞同。他对自己的利益和幸福所具有的那种看法，似乎能够控制他的行动，确实同我们自然而然地形成的对他的看法相吻合。他的情感和我们自己的情感之间，存在着最完美的一致。同时，根据我们对人类天性的通常弱点的体验，这种一致是我们不可能合理地期待的。因此，对于他的行动，我们所持的态度不仅是赞同，而且在某种程度上还有钦佩，并认为他的行为值得高度赞赏。只有拥有这种值得赞同和尊敬的意识，才能够在这种行动的进程中给予那个行为者以支持。同我们今天能够享受的快乐相比，我们十年以后享受到的快乐，对我们的吸引力相当微小。同前者容易产生的强烈情绪相比，后者所激起的激情又天然地如此微弱，以致二者决不能等量齐观。除非后者为合宜感所证实，为我们通过以一种方式行动而应该得到每个人尊敬和赞同的意识所证实，以及为我们若以另一种方式行动就会成为人们轻视和嘲笑的合宜对象的意识所证实。

人道、公正、慷慨大方和热心公益的精神，都是对别人最有用的品质。前面已经讨论过了人道和公正的合宜性存在于什么地方这一问题，那段讨论表明我们对那些品质的尊敬和赞同，一定程度上是取决于行为者和旁观者感情之间的一致性。

慷慨大方和热心公益精神的合宜性，是建立在与正义的合宜性相同的基础之上。慷慨大方是与仁慈不同的。这两种品质，乍一看似乎如此地紧密相关，然而一个人永远无法同时具有这两种品质。仁慈是女性美德，慷慨大方则属于男性美德。妇女们普遍比我们拥有更多的柔弱性，因此很难具有如此多的慷慨大方。民法都注意到，妇女们很少做出重大的捐赠[①]。仁慈仅存在于高尚的同情之中。它是旁观者对那类原则上相关的人所持的情感，如此以至于因为他们承受的痛苦而感到悲伤，因为他们遭遇的伤害而感到愤怒，因为他们得到的幸运而感到高兴。最仁慈的行为不要求自我否定、自我控制，不需要巨大的努力来达到适宜感的要求。它们仅存在于我们处理事情的过程中，这些事是它们自身具有一致的高尚的同情的希望激发我们去做的。然而，慷慨大方则情况不同。我们从来不是慷慨大方的人，除非在某些方面我们宁愿先人后己，牺牲一些我们拥有的利益，从而来为一个朋友或者长辈换取相对等的利益。一个人如果认为他得到某个职位是由于别人的贡献，而非自己的努力，尽管这个职位是他的理想，他还是会放弃它；一个人若认为朋友的生命比自己的生命重要，那么他就会不惜牺牲自己的生命来保护朋友。他们这么做，并不是从人道出发来，也不是因为他们认为关心他人比关心自己更高尚。他们均考虑对立面的利益，不是从自然而然为自己的角度，而是从为他人的角度。对于每一个旁观者来说，他人的成功或者坚持不懈比起自己的相应方面来可能更为有吸引力，但是对于他们自身来讲，他们并不会如此地看待问题。因此，他们牺牲了自己的利益以保护他人的利益，他们把自己转变到旁观者的情感中，根据他们的角度来考虑问题。他们会觉得，任何一个人在这种情形下，都会作出相同的选择。为了保护长官牺牲自己生命的士兵，如果长官的死亡不是由于他的过错造成的，那么似乎他可能不会感到什么悲伤，一个非常小的降临到他自己身上的灾难可能激发起一

① Raro mulieres donare solent（妇女很少捐赠）。

个更强烈的悲伤。但是，如此努力的行动以至于获得了赞美，并使公正的旁观者理解他行动的准则时，他认为，对于除了他自己外的其他任何人来说，他的生命都是比长官的生命价值低的东西。当他为了长官而牺牲了自己的生命，他较为适当、得体的行动将会为每一个公正的旁观者所理解。

出于同样的原因，热心公益的精神可能作出更大努力。一个年轻的军官为了获得对于他的君主领土来说无足轻重的附加地而献出了自己的生命，他能够这样做不是因为要获得那片新的领土，比起他自身的生命的延续更值得追求。对于他来说，生命的价值远胜于那片领土被他所效力的王国所征服带来的价值。但是，当他用另外的目光来对这两个目的作比较，他不会以那些为了自己的利益的视角来看待它们，而是从自己为之战斗的整个国家和民族的利益来看它们。对于他们来说，最重要的是战斗的成功，而个体生命的牺牲无足轻重。当他从国家和民族的角度来看待问题时，如果能够实现如此有价值的目标时，如何的流血和牺牲都不过分。由于责任和适宜感这种最强烈的天然倾向，其行为中的英雄主义便体现在对自然情感的成功压制中。有许多可敬的英国人，如果只考虑自己的话，丢失一个畿尼，会比米诺卡岛的失陷更使他烦恼。然而，如果保护这个要塞是他们的职责的话，则他们宁愿自己牺牲一千次也要来保护那个要塞，不愿让它落入敌人的手里。当布鲁图一世因为他自己的儿子们阴谋反对罗马新兴的自由而将他们判处死刑时，如果他只顾及到自己的情感，那么他牺牲较强的情感是为了保留较弱的情感。比起罗马如果不作出这样一个重惩的警戒而可能遭受的苦难，自己儿子的死对布鲁托斯来讲，应该有着更多的痛苦。但是，他看待他们，并不是从一个父亲的眼光，而是以一个罗马公民的眼光。对于一个罗马公民来说，与罗马最小的利益相比，布鲁图的儿子似乎都是无足轻重的。他如此彻底地进入到后一种品质的情感，以致他无法顾及自己与他们的父子关系。在这些和在这类的其他例子中，我们之所以产生钦佩，与其说是因为专注于效用上，还不如说是因为这些行为出乎意料然而伟大、崇高、高尚的合宜性。当我们观察这种效用时，毫无疑问地，会发现效用给予这些行动的一种新的美，并由此使它们更进一步地博得我们的赞同。无论如何，人们需要经过深思熟虑才能感知这种美丽，这种美丽决不是一开始就使这些行动成为大多数人天然的情感欢迎的品质。

可以发现，就赞同的情感产生于效用的这类美的知觉作用来看，它与其他类的情感没有任何联系。因此，如果可能，一个人不需要与社会有任何联系，也可以长大成人，他自己的行为仍然会因为具有的使他自己获利或不利的倾向，而使他感到快乐或不快。他可能觉察到这种在谨慎、节制和良好的行为中的美丽，察觉到相反行为的瑕疵：看待自己的脾性和品质，他可能带着我们看一架设计合理的机器的那种满意；也可能带着我们看待一架迟钝和笨拙的设备的那种厌恶和不满。然而，由于这些概念仅涉及爱好问题，并且拥有这一概念种类中的所有脆弱性和微妙性，而所谓爱好正是建立在这类概念的适当性上，所以，一般处于孤独和不幸状态中的人不会重视这些。即使它们先于社会与他产生联系出现在他面前，他们也不可能由于那种联系而具有相同的结果。在想到这种不足时，他不会因内心羞愧而沮丧；在意识到相反的美时，他也不会因暗自得意而兴奋。在前一场合，他不会因想到自己应当得到回报而狂喜；在后一场合，他也不会因怀疑自己将会受到处罚而恐惧。所有这些情感都是一些别人的想法，他是感觉到这些情感的人的天生的法官。并且只有通过对他的行为的这种决断具有的同感，他才能够想象出自我赞赏带来的喜悦或自我谴责带来的羞耻。

# 第五卷　习惯和风气对有关道德赞同和不赞同情感的影响

## 第一章　论习惯和风气对我们审美观的影响

那些列举过的原则，对道德感有重大作用的，是流行于不同时期、不同国家的有关什么是应该责备或值得赞扬的许多不规则的、各不相同的观点的主要原因，此外，还存在其他一些原则。这些原则即为习惯和风气，它们是支配我们判断种种美时采用的原则。

如果人们经常同时看到两个对象，其想象就会习惯性地从一个联想到另一个上面。假如看到前者，我们就期待后者也出现。它们促使我们彼此联想，我们的注意力也容易随着它们变化而变化。二者间的联系并不存在真正的美，只是它们总是一起出现，我们习惯性地联想已经认为二者不应该分开，看到它们分开就会感到不适宜。如果前者出现时后者没有随之出现，我们就会困惑。我们没有看到我们期望的东西，自己习惯性的想法也由此被搅乱。例如，一套衣服，如果缺少通常搭配的小装饰物，比如说，少了一粒腰扣，似乎就少了一点东西，我们也会感到不适或别扭。如果在它们的联系中存在某种天然的合宜性，习惯就会使我们对它的感觉增强。一旦出现不同的安排，我们会更加不愉快。一个人，如果习惯了用高尚的情趣来看待事物，那么对任何平庸或难看的东西，他都比平常人更厌恶。在那种联系不合宜的地方，习惯可以减弱、甚至会消除我们的不合宜感。一个人，若习惯了不整洁和杂乱无序，便会对一切整洁或优雅都丧失感觉。某些家具和衣服的样式即便再可笑，对于习惯了的人来讲，也不会有丝毫反感。

确切地说，风气不完全等同于习惯，它是某种特殊的习惯。风气不是人人所呈现的，而是地位高或品质好的人所呈现的。大人物的优雅、安闲和威风凛凛，连同他们穿着的贵重豪华，赋予了他们偶然做出的姿态一种魅力。只要他们继续采取这种姿态，在我们的想象中，就会把它同我们在他们身上习惯见到的优雅和豪华联系起来。一旦他们改掉这种姿态，它就失去了此前具有的所有魅力。而且，如果这种姿态变成仅仅下等人在使用，便会因为他们的平庸和难看而显得平庸和难看。

一般都认为，衣服和家具完全受习惯和风气的支配。然而，那些原则的影响并不是只局限在这两个方面，而是扩展到音乐、诗歌、建筑等这些在各个方面都有情趣的对象之中。衣服和家具的样式正在不断地变化，5 年以前人们所欣赏的式样今天会显得可笑，经验使我们确信，这归因于习惯和风气的时效性。衣服和家具不是用结实的材料制成的。一件设计良好的外套花费了 12 个月才完工，它的款式就不能时髦地流传开来。相对于衣服款式的改变，家具式样的改变要慢一些，因为家具通常较为耐用。然而，它一般五六年也会更新换代一次，在一生中人人都会见到家具变换各种不同的流行式样。其他的一些艺术作品则更为经久不变，乐观地看的话，它们的风格能够持续很长的时期。一座精心设计的建筑可以持续存在几百年几千年；一首优美的歌曲即便只通过口头相传，也可以流传好几代；一首诗篇力作可以与世长存。

所有这些艺术品依据其特殊风格、特殊情趣或手法，持续流行多年。人们很少有机会在自己的一生中见到这些类型的艺术品的式样发生重大的变化。很少有人能够完全地了解不同年代、不同国家流行的各种样式，以致对它们表示完全满足，或者公正客观地比较它们和现时在本国流行的事物。因此，人们大都不会承认，习惯或风气对他们关于艺术品的美丑或者其他方面的判断具有很大的影响，而是认为，在观察它们时，他们应该都是以理智和本性，而不是以习惯或偏见为依据。可是，只要稍微留神一下，他们就会相信正好相反，并且确信习惯和风气像影响衣服和家具一样，影响着建筑学、诗歌和音乐。

例如，陶立克式（Doric）柱头的最佳高度大约是直径的八倍，爱奥尼亚式（Ionic）柱头的盘蜗要恰好是直径的九分之一，科林斯式（Corinthian）柱头的叶形装饰则正好是直径的十分之一。这些是通过什么确立的呢？这些建筑方法的合宜性所根据的只是风俗和习惯。眼睛看惯了装饰物的特定比例之后，如果看到不同的比例，就会感到不舒服。五种柱式都有各自特殊的装饰物，这些装饰换成其他任何装饰，洞察建筑学准则的人就会对此不满。确实，据某些建筑师说，这就是精确的判断，古人依此确定了每个柱头上的装饰。然而，这些样式虽然是适宜的，但是，很难使人想象它们是唯一合乎比例的样式。或者，要使人想象在习惯形成之前不曾有过 500 种同样合适的样式。不管怎样，在习惯形成了建筑物的特殊准则后，那么，想以其他一些同样适合的准则，甚至以看来比原有法则在高雅和优美上略胜一筹的其他法则去改动它们，是荒唐可笑的。一个人穿的衣服不同于他过去常穿的衣服，虽然新衣服本身非常雅致或合身，但是看到这衣服的公众会觉得他穿这套衣服显得滑稽可笑。与此相同，在习惯和风气已经确定之后，用不合习惯的方式去装饰房屋，即便新的装饰要胜于常见的装饰，但是这种新装饰在大多数人眼中也是荒唐可笑的。

据古代的一些修辞学家说，就像某种诗歌韵律只用来表达某种品质、情感或激情那样，实际上，它们自然也适用于各种写作。他们说，一种诗体适宜于严肃的作品，而另一种适宜于明快的作品，他们认为两者互换则具有最大的不合宜性。虽然这一原则看起来很有道理，然而，现代的经验似乎同这一原则相矛盾。英国的讽刺诗，在法国就是英雄诗。拉辛的悲剧和伏尔泰的《亨利亚德》有着同样的诗句，“让我把你的忠告当做一件大事”。与此相对，法国的讽刺诗和英国十音节的英雄诗一样美妙。习惯，使一个国家把严肃、庄重和认真的思想和某种韵律相联系，另一个国家则把这种韵律和愉快、轻松和可笑的东西相联系。在英国，再也没有什么比用法国亚历山大格式的诗写的悲剧更荒唐可笑的了；而在法国，如果用十音节的诗体写作悲剧简直是荒唐可笑到极点了。

一位著名的艺术家会给各种已确立的艺术形式带来重大的变化，并为写作、音乐、建筑等开创一种新的风气。因为受人欢迎的上层人士会使他的服装跟着受到欢迎，不久就成为人们羡慕和模仿的对象。所以杰出的大师会使他的特色受人欢迎，并使他的手法变成相关领域内流行一时的风格。在音乐和建筑学方面，由于模仿一些著名大师的特色，意大利人的情趣在那 50 年中发生了巨大的变化。昆体良指责塞尼加，说他破坏了罗马人的情趣，并且倡导一种轻浮的东西来取代庄严的理性和有力的雄辩。萨卢斯特和塔西佗同样受到他人类似的指责。他们要把虚假的荣誉授予的风格是这样的：虽然最为简洁、优美、富于表情、富有诗意，然而缺乏舒畅、质朴和自然，并且显然是最费力、最矫揉造作的产物。一个作家要使自己的缺陷变成受人欢迎的东西要具备多大的品质呢？除了对一个民族的情趣的改善给予的赞扬之外，说他破坏了这种情趣，也许是能给予任何一个作家的最高度的颂扬。在我们自己的语言中，蒲柏先生和斯威夫特博士各自在自己的韵文体作品中采用了一种不同以往的手法，前者将其应用于长诗，后者应用于短诗。巴特勒的离奇有趣被斯威夫特代替。德莱顿的散漫自由和艾迪生那表达正确但却冗长乏味使人厌倦的无病呻吟，不再成为模仿的对象，现在，人们写作所有的长诗时都模仿起蒲柏先生简练精确的手法来。

习惯和风气，不只支配性地影响艺术作品，它们同样影响我们对自然对象的审美的看法。在形态各异的事物中，有多少不同的和对立的形态被认为优美呢？一种动物所给予的赞扬的比例，完全不同于另一种动物给予尊重的比例。每一样东西都有它自己的特殊形态，这种形态受到人们的称赞，并且具有区别于其他任何东西的本色美。因此，博学的耶稣会会士比菲埃神父断定，一个对象的美，存在于它最常见的形态和颜色之中。这样，各种人的外形容貌的美都处于一种适中的状态，跟其他难看的外貌区别不大。例如，一个漂亮的鼻子，既不过长也不过短，既不太直也不太弯，在所有极端中居中间地位，并且和其中任何一种极端的差异，很少比那些极端相互之间的差异大。这个形状是造物主似乎计划造就的，但是，造物主很少能恰如其分地做到，总是偏离这一切。但是，对所有那些偏差来说，仍然具有十分相近之处。照着同一张图案描画出来的不同图画，虽然它们在某一方面可能都有所忽略，但所画图案同原样相似的程度都会多于它们彼此之间相似的程度；在所有的图画中都可以体现出原样的一般特征；最离奇古怪的图画当是那些非常离谱的图画；虽然很少有人精确地临摹这一图案，但是最精确的线条写生和最粗心的线条写生所具有的相像之处，会多于最粗心的线条写生之间的相像之处。同样，每一种生物中最漂亮的，都具有该类生物一般构造上最突出的特征，并且同大多数的个体十分相似。相反，怪物或完全变形的东西，总是最离奇古怪的，并且同它们所属的那类生物的大部分很少相似。由于能够精确地达到这种适中形状的个别东西很少，每种东西的美，在某种意义上，在所有的事物中就最为罕见，但是，在另一种意义上它又最为平常，因为所有和它相异的东西与之相似之处，都多于彼此之间的相似之处。所以，按照比菲埃神父的说法，在各种东西中，最普遍的的形状是最美的形状。因而，在我们还没有办法判断各种对象的美，或者了解既适中又最常见的形状存在于何种地方时，需要依靠一定的实践和经验来仔细观察它们。判断人种外形美的最佳方法，没有办法应用于去判断花、马或其他东西的美。同理，在不同的地方，会产生不同的习惯和生活方式，种种的生物也因其所处的环境不同而具有不同的形态，所以各地也就盛行着各种不同的美的理解。摩尔人的马的美和美国人的马的美的确不相同。在不同的国家中，形成了多少不同的关于人的形态的美的概念呢？在几内亚海岸，白皙的肤色是一种严重的丑陋，在那儿，厚嘴唇和塌鼻子是一种美。在一些国家里，垂肩长耳普遍为人羡慕。在中国，如果一位女士的脚大到能够轻松行走，她就会是一个丑八怪。在北美，有些野蛮民族的人们把四块板绑在自己孩子的头上，就这样在孩子的骨头柔软之时，把头挤压成几近四方的形状。对这种荒唐的习俗，欧洲人十分震惊，一些传教士认为这由于那些相应民族的无知愚昧。但是，在他们谴责那些野蛮民族时，他们并没有想到，欧洲的女士们一个世纪以来，一直努力把她们天生漂亮的圆形头颅挤压成同样一种四方的形状，这一习俗直到最近几年才终止。尽管已经知道这种习俗会引起不少痛苦和疾病，但是由于习惯，它们还是在一些最文明的国家里流行。

这就是这个博学而又机智的神父对于美的本性的理论；按照他的说法，美的全部魅力就似乎来自习惯给人们对于某一特定事物的想象留下了深刻印象。然而，我不能为此而相信，习惯也完全决定了我们对外表美的感觉。我们显然会因为某种形状的效能，因其对我们想要实现的某种功能的适用性，而接受欢迎这种形状，而不受习惯的影响。某种颜色比其他颜色更引人喜爱，一看到它，就会令人赏心悦目。迷人的外表比粗俗的外表更受人欢迎。多姿多彩比千篇一律更使人愉快。具有联系的各种变化——其中每个新变化似乎都是由在它之前发生的变化所引起，并且所有联系在一起的部分相互之间似乎具有某种天然联系——比没有联系的对象杂乱无章的集合更受人欢迎。虽然我无法接受习惯是美的唯一准则这一体系，但是我可以在以下程度上认同这一天才体系的真实性：任何外部形状，如果和习惯存在天壤之别，并且不同于我们通常看到的各种特殊事物，那么几乎没有一种会美得如此令人愉快；或者，任何外部形状，如果它同习惯相符，并且我们已习惯于在各类事物中看到它，那么这样的形状也不会丑得令人不快。

# 第二章　论习惯和风气对道德感的影响

由于习惯和风气严重地影响我们对各种美的情感，所以我们对行为的美感不能完全避免那些原则的支配。然而，在这方面的影响，它们似乎远远不及其在任何其他地方。或许，无论多么荒唐和奇异外界对象的形状，由于习惯的作用，我们都会渐渐地接受它，甚至可能会成为流行。但是，尼禄或克劳迪厄斯式的品质和行为，习惯永远不会使我们与其一致，风气永远不会使人们追求这样的品质。我们恐惧和仇恨尼禄式的品质，总是轻视和嘲笑克劳迪斯式的行为。我们产生美感所依赖的那些想象的原则，既美好而又脆弱，容易随着习惯和教育的变化而变化，但是，道德上的情感赞同与否，是以人类最强烈和最充沛的感情为基础的。尽管它们有可能发生一些偏差，但不可能被完全扭曲。

虽然习惯和风气对道德情感的影响并非如此重大，但是，同它在其他地方的影响相比，却非常相像。当习惯和风气符合我们关于正误的天然原则时，它们会使我们的情感更为敏锐，并促使我们更加厌恶一切与邪恶相近的东西。一个人的朋友若都是真正的良师益友，总是与这样的人相处，他们在这些自己尊敬的人们身上惯常见到的，只是正义、谦虚、人道和井井有条，而看到同这些美德所规定的准则相矛盾的东西，他们会极为愤怒。相反，一个人若不幸生活在强暴、放荡、虚伪和非正义之中，虽然他不会完全丧失对这种行为的不合宜的感觉，但是，却会完全丧失对这种暴行或者它应当受到的惩罚的感觉。从孩提时起，他们就对这种行为司空见惯，习惯已使他们对这种行为熟视无睹，并且很容易认为它就是所谓世之常情的东西——某些必然被我们实行，从而妨碍我们成为正直人的东西。

由于风气，有时一定程度的混乱会得到赞誉，而有些应当受到尊敬的品质有时则会受到冷遇。在查理二世在位时代，一定的放荡不羁被看成体现了自由主义教育的精神。在那个年代，这种放荡不羁是同慷慨大方、真诚、高尚和忠诚相连的。一个人，行事时采用这种态度，人们会认为他是个绅士，而不是个清教徒。另一方面，那时，完全不流行庄重的举止和正规的行为，在那个时代的想象中，和它们联系在一起的是欺骗、狡诈、伪善和下流。对浅薄的人来说，上层人士的缺陷似乎是可以赞同的。他们不仅把这些缺陷同好运联系起来，而且把它们同许多高尚的美德——他们认为这些美德的产生是由于上层人士的地位——联系起来，同自由、独立的精神、坦率、慷慨、仁慈和彬彬有礼联系起来。相反，极端节俭简朴、勤勉刻苦和严守准则，这些地位低的人具备的美德，在他们看来都是粗俗而讨厌的。他们把后者的美德同通常他们低下的地位联系起来，通常与同自己猜想的诸如卑鄙、怯懦、坏脾气、虚伪和小偷小摸等缺陷联系起来。

在不同的职业和生活状况中，由于人们所熟悉的对象很不同，因此会习惯于很不同的激情，自然地在他们之中形成了很不同的品质和行为方式。在每个阶层和种种职业中，我们希望我们能够通过经验在某种程度上获知我们属于这个阶层和这种职业的行为方式。但是因为在各种事物中，我们特别喜欢中间形态，所以在各个阶层中，或者，在各样的人中间，我们特别喜爱一些和他们特殊的生活条件和境遇相关的品质既不太多也不太少的人。我们说，一个人看上去应当与他的行业或职业符合，但如果故意卖弄某种职业，人们就不会欢迎。同理，不同的生活阶段具有不同的行为方式。我们期望在老年人身上看到的是庄严、稳重、衰弱多病，饱经风霜和衰退的感受能力使庄重显得自然而令人尊敬；在年轻人身上，我们期望看到敏锐、轻松愉快、生气勃勃，因为我们从经验中得知，年轻人幼稚无经验的感官总是容易受到任何有趣的事物影响。然而，那两个时期的每一个，都容易具有过多的属于这个时期的特点。年轻人的轻浮不定，老年人的顽固迟钝，同样是令人不快的。通常，如果年轻人的行为中具有老年人的某种行为方式，而老年人仍然保持年轻人的轻松活泼，都是令人愉快的。但是，两者都可能容易过多地具有对方的行为方式。老年的过分冷静和呆板拘谨，出现在年轻人身上就显得可笑。年青人的放纵轻浮、粗心和虚荣，会使具有它们的老年人受到蔑视。

我们因习惯产生的与各个阶层和职业相适应的品质和举止，有时具有跟习惯无关的适宜性。而且，如果我们考虑到生活状况不同的那些人所处的一切不同的环境，我们就应当为此赞同这种特殊的品质和举止。一个人行为的适宜性，不是依靠它与他所处的某一种环境相符，而是依靠它与他所处的一切环境相适应，我们认为，在我们设身处地地着想时，它们自然会引起他的关注。如果他看起来过分地被某一环境所吸引，像是把其他环境都忽略了，我们就像不能完全赞同某件事情那样不赞同他的行为，因为他不能恰当地适应自己所处的一切环境。然而，他对自己较为感兴趣的对象所表现的情感，在他不需要注意其他的对象时，或许并未超出我们会完全同情和赞成的范围。在生活中，一位父亲若失去了独生子，表现得悲痛和脆弱是无可指责的，但在一个将军身上，当他需要倾注心力去维护国家荣誉和公众安全的时候，这种悲痛和脆弱就是不可饶恕的了。因为在一般情况下，对象不同，被其吸引的人们的职业也就会不同，他们习惯怀有的感情应当是不同的激情。当我们在这一方面为他们的处境设身处地地思考时，我们必定明白，每件事情自然会按照它所激起的情绪与他们既定的习惯和心情是否一致而一定程度地影响他们。我们不可能期望一个牧师对生活乐趣和愉快的感觉表现得与一位官员相同。牧师的特殊职责，是记挂着世人的严峻的前程，预告对有关责任的准则的违背会导致何种不幸的后果，并且他自己要成为一个切实遵奉这些准则的楷模，他似乎是一个使者，负责传递上帝的音信，他无法通过轻率和冷漠来合宜地传递这种音信。我们可以设想，他的心一直充满了庄重而严肃的东西，不能腾出地方来容纳那些充塞于放荡和轻松愉快的人的头脑之中的琐屑事物的印象。因此，我们很快地感受到，存在某种不以习惯为转移的行为方式的合宜性，习惯已使其为这种职业所拥有。对一个牧师来讲，再也没有什么能够比庄重、严肃、一尘不染这些品质更加合适。上述看法是如此简单明了，不会有人不这样想，不以这种态度来说明他对牧师这种职业通常具有的品质的赞成。

其他一些职业通常具有的品质的基础，却不是如此简单明了，我们对这些品质的赞成全部根据习惯而来，而不必通过上述看法去确定和加深对它们的赞成。例如，我们习惯性地会把快活、轻浮、活泼、自由以及一定程度的放荡加到军人的性格上去。但是，如果我们思考这种职业最需要什么样的性情，也许我们就很容易得到结论：军人会一直暴露在异常的危险之下，因而会比其他人更经常地想到死亡，对这样的人来说，最需要的性情是严肃庄重、思虑周全。然而，可能也是由于军人的这种处境，相反的性情才在军人中间如此风行。如果我们观察得足够冷静、专心，就会看到，为了克服对死亡的恐惧，需要作出巨大的努力。那些面临死亡的人会发觉，暂时不考虑自己的安全，投身于娱乐、放荡之中，这样更容易忘掉对死亡的恐惧。一座军营不适合一个富有思想的人或一个沉思默想的人生活：那种人的确是很果断的，并且能够通过某一巨大的努力，坚定不移地面对几乎不能避免的死亡。但是面对持续的但不在眼前的危险而作出长期努力，这种努力会耗尽心力、压抑心情，使人再也不能感受到任何幸福和快乐。那些纵情享乐、毫无牵挂的人，根本没有必要作出任何努力，他们简直从不用心考虑它们，而只是在不断的享受和欢乐中将自己的一切忧虑抛在脑后。在这种境遇中，这些人更容易忍耐。无论什么时候，当一个军官不得不去思考正在遭受的异常的危险时，他很可能有失去欢乐而又放荡不羁的性格。一座城市的卫队长常常是同其他公民一样清醒、谨慎而又吝啬的生物。同样的原因，长期的和平非常容易使市民和军队性格之间的区别缩小。无论如何，从事这种职业的人的普遍处境，使欢乐和一定程度的放荡不羁成了他们的平常的品质中一个明显的标志。并且，在我们的想象中，习惯如此强有力地把这种品质与这种生活状况相联系，以致我们非常易于轻视无法从气质或处境中获得这种品质的人。我们嘲笑一个城市卫兵严肃而又小心仔细的面部表情，他和他的同事们的面容极为不一样。那些同事似乎常常因为自己一成不变的行为方式而感到耻辱，并且不是出自自己行业的风气，喜欢装出决非出乎本性的轻率的样子。我们习惯在某一可尊敬的人士身上看到任何的举止，在我们的想象中，这种举止是密切地同这个阶层相联系的，以致只要见到这个阶层的人士，我们就期待见到这种举止，而如果没看到便觉得不完整。我们为不知道如何去谈论那种品质而窘迫为难，它显然像是一种与我们曾经想加以区分的那些品质不同的品质。

同样，不同时代、不同国家的不同情况，容易造就出生活在其中的大多数人的不同的性格，人们怎样看各种品质，认为各种品质应在怎样的程度上受到责备或称赞，也随国家和时代的变化而变化。那种受到尊敬的礼貌，在俄罗斯或许被认为是女人气的谄媚奉承，在法国宫廷里则可能是粗野和鄙俗的风尚。那种计划和俭朴，如果出现在一个波兰贵族身上，则会被人认为过分节省，而如果出现在阿姆斯特丹的一个普通民众身上就是奢侈浪费了。每个时代、国家，把那种受人尊重的品质，看成是适中的特殊才能或美德。而且，当这种变化根据环境的不同使不同的品质一定程度地习惯于它们时，他们关于品质和行为完全合宜的情感也会随着发生变化。

在文明国家中，人道的美德比自我克制和对激情的控制的美德得到的培养更多。在野蛮和未开化的国家中，情况则完全相反，自我克制的美德得到的培养比人道的美德要多。文明和有教养的各个时代，歌舞升平和幸福安宁随处可见，人们很少有机会磨炼出对危险的重视和忍受劳累、饥饿、痛苦的耐心。贫困易于避免，因此，轻视贫困不再是一种美德。也没有多大的必要节制享乐，心儿可以随意放松，自己天性中的各种爱好都能得到各方面的满足。

情况在野蛮人和未开化的人中间完全相反。每个野蛮人都经受了某种斯巴达式的训练，并且，迫于环境的限制，能经受各种困苦艰难。他处在持续的危险之中：经常遭受极度饥饿，每每因生活资料不足而死亡。由于他的环境，他不仅习惯各种困苦，而且他还从中学会要向困苦所引起的各种痛苦屈服。他不可能期望他的同胞因这种弱点对他同情或纵容。在我们能更多地同情他人之前，我们自己必须处在一定程度的安闲舒适之中。如果我们自己正在经历极为严重的痛苦的折磨，我们就无暇顾及旁人的痛苦。未开化的人们还在为满足自己的欲求和所需而奔忙不已，就不会太多地注意他人的欲求和所需。因此，一个野蛮人，无论他的苦难的性质是什么，并不期望得到周围人的同情，因而他不愿暴露自己的一丁点弱点。无论它的激情多么狂暴和激烈，他决不会让自己的表情和举止露出丝毫的变化，他会始终保持平静镇定。据说，北美的野蛮人在一切场合都表现出满不在乎的样子，并且认为如果自己在任何方面表现出被爱情、悲痛或愤恨所控制，将有损自己的形象。在这一方面，他们的高尚行为和自我克制出乎欧洲人的意料。在一个所有人的地位和财产都平等的国家里，可以想到，双方结婚时唯一要考虑的事情就是彼此倾慕，他们可以不受任何约束地尽情享受彼此间的倾慕。然而，正是在这样的国度里，所有的婚姻都是由父母决定的，没有例外。而且，在这样的国家里，一个青年男子会认为，如果自己对某个女子流露出的感情稍微超过了对别的女子，或者对什么时候同谁结婚这些问题不是十足冷漠的话，那将是丢脸一辈子的事情。在富有人性和教养的时代，对爱情的向往则采取普遍纵容的态度。在野蛮人中间，这种向往则被看成是女人气质，不可原谅。即使在结婚以后，双方似乎也认为他们的结合的基础是卑鄙的，是可耻的。他们仍然住在各自父亲的家里，不住在一起，只是在暗中来往。公开的两性同居，在其他的所有国家里都被允许而不会受到责备，在这里被认为是最下流、淫荡的。在这种令人喜爱的激情上，野蛮人不仅发挥无限的自我控制能力，他们在众目睽睽下面对同伴诽谤、指责和最大的侮辱，始终极其冷漠地忍受，而不表示丝毫的愤慨。当一个野蛮人在战争中被人俘虏，并且听到他的征服者说将把他处死的消息时，他不动声色，而且在最可怕的折磨之后从不悲叹，或者说，除了对敌人的轻蔑之外，不显露别的表情。当他被敌人们吊到火上时，他依然嘲笑那些折磨他的人，并且告诉他们，如果他们之中有人落在他的手里，他折磨他的方式会更加别出心裁。在他最脆弱和最敏感的部位被灼痛、烧伤和划破达数小时后，为了延长他的痛苦，刑罚常常暂停一下，人们会把他从火刑柱上放下来。在这个间歇，他谈论各种无关紧要的事情，询问国家大事，似乎对自己的处境一点都不关心。在旁边观看的野蛮人无动于衷，似乎如此可怕的景象对他们没有什么影响。除了他们想要加剧俘虏的痛楚时，几乎不去看一下那个被俘的人。别的时候，他们吸着烟草，从普通事中来找乐子，似乎没有发生这种可怕的事情。从幼年时起，每个野蛮人，就知道要准备迎接这种可怕的结局。为了这个目的，他创作了他们的死亡之歌，这是一首在他落入敌人之手并且在敌人折磨他死去时所唱的歌曲。这首歌之中包含了对敌人的睥睨，并且表达了他们对死亡和痛苦的蔑视。他在一切重要场合唱这首歌，当他去打仗时，当他遇见敌人时，或者当他想表示自己已在思想上对这种可怕的不幸做好准备，并且他的决心和意志不会因为任何事情而发生改变动摇时，他都唱这首歌。在所有其他的野蛮民族之中，蔑视死亡和拷打都十分盛行。在这一方面，来自非洲海岸的全部黑人均具备一定程度的高尚品质，他那卑劣的主人常常无法想象到这种品质。命运女神对人类实行的绝对统治，从来不会残酷过这种情况：控制着那些英雄民族的，是欧洲监狱里放出来的残渣余孽，是那些既不具备自己祖国、也不具备征服国美德的坏人，这些人轻浮、残忍、卑鄙，他们受到被征服者的轻视，是十分显然的。

那种超人的、百折不回的坚定，是野蛮人国家的习惯和教育要求每个野蛮人都具备的，而文明社会里养育的那些人却并不要求具备。如果文明人抱怨痛苦，悲叹自己的贫困，任由爱情摆布自己、愤怒困扰自己，他们很容易得到别人的理解。这种软弱并不会影响他们的某些基本品质。只要他们不因为激动干出违反正义或人道的事，那么虽然他们多少干扰和破坏了面部表情的平静、谈吐和行为的镇定，失去的也只是一点声誉。一个对其他激情更敏感的富有人性的文明人，可能更容易对某种激昂振奋的行为产生同情，更容易对某种略微过火的行动产生谅解。当事人意识到这一点，确信自己的公正判断，从而强烈表露自己的激情，而对因表露自己强烈的情绪而遭到人们的轻视并不那么害怕。我们敢于在朋友面前表露强烈情绪，而在陌生人面前则不敢，是因为我们期待从朋友那里得到宽容，而不是从陌生人那里。同样，得体一类的准则在文明民族中容许比在野蛮民族中得到认可的更为激烈的行为。文明人更喜欢以熟人的坦白相聚交谈；野蛮人则喜欢以陌生人般的保留态度相聚交谈。法国和意大利这两个欧洲大陆上最文明的民族，在对一切都感到满意时所流露的那种情绪和高兴劲儿，使在他们中间旅行的陌生人感到惊讶——这些人在感觉比较迟钝的人中间接受教育，对这种热情的表现没有办法理解，因为在自己的国家里他们从未见过类似的表现。一个法国贵族青年在被拒绝编入一个军团时，会在全体朝臣面前哭泣起来。男修道院院长达·波斯（Dû Bos）说，一个意大利人被判罚款 20 先令时表现出的情绪，比一个英国人得知自己被判处死刑时的表现还要强烈。在罗马的优雅之风达到顶峰的时候，西塞罗会怀着满腹的忧愁当着全体人民的面哭泣起来，而不感到降尊俯贵——很明显，每次演说结束时，他都必须这样做。而按照罗马早期的行为方式，演说者或许不会表现出如此强烈的个人情绪。我想，如果西庇阿家族、莱列阿斯和老加图当众流露如此脆弱的感情，会被认为违反本性而不适宜。古代的那些武将能够显现自己的地位、庄重和良好的判断，但据说对那种卓越和热情洋溢的演说，他们却很陌生。这种演说是在西塞罗诞生之前不久由格拉古兄弟、克拉苏和苏尔皮西乌斯率先介绍到罗马来的。这种激动人心的演说，也在法国和意大利风行已久，只在最近才进入英国。各文明民族和野蛮民族实行的自我控制的程度差别极大，导致他们拥有判断行为合宜性的各自不同的标准。

这种差别引起了其他许多同样十分重要的差别。一个或多或少习惯于顺从天性的文明人会十分坦率、豪爽和真诚。相反，野蛮人由于被迫抑制和隐藏各种激情必然变得虚伪和掩饰。所有那些对亚洲、非洲或美洲的野蛮民族有所了解的人都注意到，他们都是非常难以理解的。如果他们故意隐瞒真相，没有哪种查询方法可以让他们讲出真相。那些巧题不会把他们诱入圈套。拷打他们也没有办法使他们供认任何一点儿他们不想讲的事情。一个野蛮人的情绪，即使他的愤怒已达到最强烈的程度，却从未通过任何外部表现出来，始终隐匿在心里。虽然他很少显示出任何愤怒的迹象，但是，当他终于控制不住自己的欲望开始复仇时，他的报复是残暴和可怕的。哪怕再小的侮辱都会使他陷入绝望。尽管他面部的表情和举止还是平静而从容自若的，但是他的行动常常是穷凶极恶的。北美那些最易动感情和比较胆怯的女性，在只受到母亲轻微的责怪时,除了说一句“你不会再有一个女儿了”以外，不表露出其他任何激情，也不再说别的什么就去跳水自尽的，非常之多。在文明民族中，一个男人的情感常常不是如此狂暴或猛烈。他们经常吵吵闹闹,但很少造成真正的伤害。他们之所以吵闹，通常只是希望获得旁观者的同情和赞同，使旁观者认为这样激动是正确的，这样他们就满意了。

然而，习惯和风气对人类道德感产生的这些影响，同它们对别的方面产生的影响相比，是微不足道的。那些原则所造成的判断的最大失误，和一般的品格和行为并没有什么关系，与之相关的是合宜或不合宜的特殊习惯。

在不同的职业和不同的生活状况中，习惯引导我们去赞同的种种行为方式，这并非至关紧要。我们期待，从老年人和青年人身上,从牧师和官员身上,看到正义和真理。在稍纵即逝的事情中，我们寻找他们品质中各自明显的特征。关于这些，如果我们留意，也常可看到我们没有关注到的情况，即有一种习惯已经教导我们赋予各种职业的品质的合宜性，独立于这种习惯之外。因此，在这种情况下，我们不得不承认，天然情感的反常是十分明显的。虽然不同民族的行为方式要求在值得尊敬的品质方面具备不同程度的同一品质，但是，甚至在这里也会发生最坏的事情。那就是，扩大某种美德的功能，以至对其他一些美德产生损害。盛行于波兰人中间的那种质朴的殷勤好客，或许会损害节约和良好的秩序。于荷兰人中得到尊重的节俭，或许会损害慷慨和亲密关系。野蛮人的勇气削弱了他们的人性。也许，文明民族的灵敏感觉也损坏了他们刚强的坚定性格。一般说来，在任何民族中产生的行为风格，在整体上常被认为是与那个民族的处境最相符的。勇气是最适合野蛮人的处境的品质；敏感最适合于非常文明的人的品质。因此，就是在这一点上，我们也没有理由抱怨人们的道德情感全面败坏。

因而，习惯所能许可的行为对自然合宜性的最大背离不是在一般行为方式方面。至于某些特殊的行为方式，习惯的影响是严重地损害良好的道德，它可能把严重违反了正确和错误的原则的各种特殊行为，判定为合法的和无可责备的。

例如，还有什么比伤害一个婴儿更残忍的行为呢？这个婴儿的幼小无助、天真无邪、惹人喜欢，甚至会引起敌人的怜悯，不宽恕这个婴儿的性命，是一个凶暴的人的最凶暴的行为。那么，一个父亲若伤害了即使凶暴的敌人也不想伤害的幼儿，那么我们会如何评价这样的父亲呢？然而，遗弃婴儿，也就是杀害新生婴儿，几乎在全希腊、甚至在最有教养和最文明的雅典人中间，都是允许去做的事。无论何时，由于环境原因，父母难以把这个婴儿养大，从而把他遗弃在外任其挨饿，或者被野兽吃掉，都不会受到责难。这种做法可能始于未开化的野蛮时代。在社会发展的最初阶段，人们就已熟悉了这种做法，始终如一地沿袭这种习惯做法，后代的人很难去觉察它的残暴。现在的研究发现，这种做法盛行于所有的野蛮民族，最原始、低级的社会肯定比其他的社会对这种做法更加宽容。一个野蛮人若极端贫困，他本人常处于极度的饥饿状态中，他常常会因为生活资料不足而死亡，对他来说不可能同时养活自己和孩子。因此，他在这种情况下抛弃自已的孩子，我们不会感到奇怪。一个人在逃离无法抵抗的敌人时，因为婴儿妨碍他逃命，他会丢下这个婴儿。人们肯定能够谅解这个人，因为，如果他企图救出这个婴儿，他所能得到的唯一安慰是和婴儿同归于尽。因而，在这样的社会条件下，对允许一个父亲去判断他能否把自己的孩子养大，我们不应当深感意外。然而，在希腊社会晚期，出于某种利益或便利上的考虑而允许发生这种事情，这是决不能饶恕的。延续下来的习惯在这个时候如此彻底地许可这种做法，不仅致使人们宽松的行为准则容忍这种特权的暴虐，甚至将本应很合理很精确的哲学家们的理论引入歧途。在这种情况下，不去加以谴责，反而根据公众利益和这种牵强附会的理由，去支持这种恶习。亚里士多德认为这种做法是地方长官在诸多场合应当加以鼓励的事情。仁慈的柏拉图也有相同的观点，似乎人类之爱虽然赋予了他的一切哲学著作以生命，但并没有在任何地方指明他不赞同这种做法。如果习惯能够认可如此可怕的违反人性的行为，我们就可推想，几乎没有什么粗野的行为不能够得到认可。这种对每天听到的人们在谈论的事情我们已经习以为常。人们也似乎认为，这是为那种本身是最不义和最无理性的行为进行的一种充分的辩解。

有一个浅显的理由可以说明，为何习惯从来没有使我们对人类行为和举止的一般风格和品质所怀有的情感，不会和我们对特殊习惯的合宜或非法所怀有的情感一样的失常。从来不会有任何这样的习惯。没有一个这样的死能够存在一分钟，在这个社会里，人们行为和举止中常见的倾向就是我刚才提到的那种可怕的习惯做法。

# 第六卷　论有关美德的品质

## 引　　言

当我们考虑任何个人的品质时，我们当然要从两个不同的角度来考察它：第一，它是如何影响那个人自身的幸福的；第二，它是如何影响他人的幸福的。

## 第一篇　论个人的品质对自己幸福的影响，或论谨慎

造物主首要规劝人们关注的对象，似乎就是身体的保养和健康状况。饥饿和口渴时的欲望，快乐和痛苦、热和冷等感觉，被认为可能是造物主本身给予人类的亲口训诫，它指导他为了上述目的应当如何选择和回避。一个人最初得到的训诫，来自在童年时代照管他的人。这种训诫大部分是为了达到和上述目的相同的目的。它们的共同目的，是教会他如何避免身体遭到伤害。

在他长大成人后，他很快就知道，为了满足那些与生俱来的欲望，为了得到快乐和避免痛苦，为了获得愉快的温度和避免不快的温度，某些小心、预见是达到这些目的必要手段。保持和增进他的物质财富的艺术，就包含在小心和预见的合宜的倾向之中。

虽然对我们来说，为肉体提供各种必需品和便利是物质财富

的首要用途，但如果我们未觉察到同等地位者对我们的尊重与否、我们的名誉和地位在很大程度上取决于我们所拥有的或者别人认为我们拥有的物质财富，那么我们在这个世界上就无法长久地生活。把自己变成得到这种尊重的合宜对象，应当在地位相当的人中间得到和实际获得这种名誉和地位，或许是我们最强烈的愿望。因而我们急于获取财富的想法，在很大程度上是由这种比提供肉体的各种必需品和便利这些容易满足的愿望更强烈的欲望激发出来的。

我们在同自己的地位相等的人中间的地位和名誉，在很大程度上也取决于自己的品质和行为——一个善良的人也许会认为这应该是全部的因素——或者，取决于这些品质和行为在同共处的人们中自然地激发出来的信任、尊敬和好意。

身体状况、财富、地位和名誉，一个人一生的舒适和幸福主要依赖它们，对它们的关心，被看成是谨慎的合宜职责。

我曾经说过，当我们从好处境落到差处境时，我们的痛苦比从差的处境上升到好的处境时所享受到的快乐要强烈得多。因此，安全是谨慎的首要和主要的对象。人们不会乐意把自己的健康、财产、地位或名誉孤注一掷地押出去。人们宁可小心谨慎以致不愿进取，人们更多地挂念的是如何保持自己已拥有的有利条件，而非进一步激励自己去获得更多的有利条件。我们所依靠的增进自己财富的主要方法都不致遭受损失或危险：行业中的真才实学，日常工作中的刻苦和勤勉，以及花费中的节约，甚至某种程度的吝啬。

谨慎的人总是认真地学习以了解他要了解的东西，他这样做，并不仅是为了使他人相信自己了解那些东西。虽然他的天资可能不是很高，但是，他掌握的是完美的真才实学。他既不会竭尽其能像一个狡猾的骗子那样用奸计来骗你，也不会像一个炫耀学问的自大之人那样用傲慢的气派来欺骗你，更不会像一个浅薄无知而又厚颜无耻的冒牌学者那样用过分自信的判断来欺骗你。他甚至不夸示自己的真正才能。他的谈吐既淳朴又谦虚，而且，他讨厌其他人那些为了骗取公众注意和信任而胡吹乱扯的伎俩。为了在自己的职业中获得信誉，他首先想到的是依赖自己真实的知识和本领。并且，他从来不想去谋求那些小团体和派系的支持，尽管在艺术和科学这样的高级领域，这些人时时把自己标榜为良好品质的裁判者，但他们不过是以此为业，相互称颂天才和美德，指责同他们竞争的任何东西。这个谨慎的人即便同任何这样的团体有过联系，那也仅仅出于自卫的需要，决不是为了欺骗公众，而是为了利用那些团体或其他一些同类团体的喧嚣责难、小道消息或阴谋诡计，来使公众避免上当。

谨慎的人总是真诚的，只要想到虚妄的暴露会带来的耻辱，他们就感到恐怖。可是，虽然他总是真诚的，但并不总是直言不讳；虽然他只说实话，但他并不认为自己有在不正当的要求下也要去吐露全部实情的义务。因为他的行动小心谨慎，所以他讲话时会有所保留，从不贸然地或不必要地强行对其他人和事作出自己的评价。

谨慎的人，虽不以最敏锐的感受力著称，但非常会交朋友。然而，他的友情并不是热烈的，而常是短暂的慈爱，这对于大度的年青人和无人生阅历的人来说，是十分合适的。对少数几个经过多次考验和精选的伙伴来说，这种友爱冷静、牢固而诚实。在对他们的选择中，他并不因为别人传言的他们的杰出才能，而是因为自己确实对他们的谦虚、谨慎和高尚行为产生了谨慎的尊重。他虽然很会交友，但并不喜欢一般的交际。他很少在那些以言谈的欢乐和愉悦出名的好宴饮的社交团体中露面。这些团体的生活方式可能会过多损害他那节制的习惯，可能会中断他那坚持不懈的勤劳努力，或者打断他严格实行的节约计划。

虽然他的谈吐并不非常活泼有趣，但人们不会有丝毫厌烦。他憎恶无礼、粗鲁的想法。他从来不采取超出别人的傲慢姿态，并且，在所有普通的场合，他宁愿把自己置于同等人之下而不是之上。在言行中，他都是一个恪守礼仪的人，并对所有那些已经确立的社交礼节都采取严谨的尊重态度。并且，在这方面，同那些才能和美德更突出的人相比，他树立了一个好榜样。那些人在各个时代，从苏格拉底和亚里斯提卜的时代到斯威夫特博士和伏尔泰的时代，从腓力二世和亚历山大大帝的时代到莫斯科维的沙皇彼得大帝时代，用最不合适的手段，甚至是粗野地轻视生活和言谈的全部通常礼仪，来过分突出地表现自己。因此，他们为那些愿意效仿他们的人树立了一个最差的榜样，效仿者过分地满足于模仿这些人身上的不良行为，甚至不想学习这些人身上的一些优点。

谨慎的人始终坚持着勤劳和俭朴，为了更遥远但是更为持久的舒适和享受而坚决牺牲眼前的利益，这样的精神总是因为公正的旁观者和这个公正的旁观者的代表——即内心的那个人——充分赞成，而得到支持和回报。这个公正的旁观者，既不会因为看到这些行动的人们当前的劳累而感到浑身无力，也不会因为看到他们对当前一些欲望缠绕不休的呼喊而受到迷惑。对他来说，他们将来会有的处境，和现在的处境是几乎一样的：他以几乎相等的距离来看待这两种处境，以几近相同的方式受到它们的影响。然而，他知道，它们对于那些当事人来讲绝不是相同的，两者对他们的影响定是截然不同的。因此，他对这种自我控制的合宜使用不由得产生赞同，甚至称赞，这种自我控制能使他们能够像这个公正的旁观者一样受他们现今和未来的处境的影响。

按照收入来安排生活的人对自己的处境必然是满意的，这种处境，通过虽然是小额的但却持续不断的积蓄，会一天比一天渐渐好起来。他可以逐渐地放松节约措施，放宽使用的东西的简朴程度。对这种逐步增加的舒适和享受，他感到加倍的满意，因为过去，他对追求舒适和享受时的那种艰难困苦有所经历。所以，对于目前还是如此令人满意的处境，他并不着急去改变，也不去开拓新的事业和冒险计划，它们可能会对他现在有保证的安定生活造成危害，而不是加以改善。只有经过充分的安排和准备，他才会从事任何新的项目或事业。他从来不会因为贫困的原因去从事这些项目和事业，而总是会对它们可能带来的后果进行长时间的冷静思考。

谨慎的人不愿意承担任何自己职责范围之外的责任。他不为身外的事务而奔忙；对他人的事情他不加干预；他不是一个乱提劝告的人，不会在没有人征询意见的情况下硬把自己的想法强加于人。他的事务都限制在职责所容许的范围，他对许多人想尽办法获取的显要地位没什么兴趣。他憎恨宗派集团，反对参与任何党派之间的争论，对有关宏图大略的陈说并不热心。虽然，在特殊的要求下，他不会拒绝为自己的国家效力，但他决不会耍弄阴谋诡计以让自己进入政界。并且，想到他自己管理公共事务可能遇到麻烦，需要承担责任，而如果得到他人出色的管理，他会感到更高兴。在心灵深处，他更喜欢的是有保障的安定生活中的那种没有受到干扰的乐趣，不仅不喜欢成功的野心表面的风光，而且不喜欢完成最伟大、最高尚的行动所带来的实际和可靠的光荣。

总之，在仅仅用来指导关心个人的健康、财富、地位和名声时，谨慎这种美德，虽然被认为是一种最值得尊重、有着某种程度的可爱的和受欢迎的品质，但是，它从来不被认为是最令人喜爱或者最高贵的美德。它所受到的只是某种轻微的尊敬，而似乎没有资格得到任何热烈的爱戴或赞美。

当明智和审慎的行为指向比关心个人的健康、财富、地位和名誉更为伟大和高尚的目标时，时常被合宜地称做谨慎。我们谈论一个大将军的谨慎，一个大政治家的谨慎，一个上层议员的谨慎。在所有这些场合，许多更伟大、更显著的美德，如英勇、广泛而又热心的善行、对于正义准则的神圣尊重，都同谨慎结合在一起，而所有这些的维持都是依靠恰当的自我控制。这种较高级的谨慎，如果扩大到最完美的程度，必然意味着艺术、才干以及在各种可能的环境和情况下最适宜的行为习惯或行为倾向。它必然意味着所有理智和美德的极善极美。这是最明智的头脑同最美好的心灵结合。这是最高智慧和最好美德之间的结合。它与学院派和逍遥学派（Peripatetic）中哲人的品质非常接近，正如较低级的谨慎和伊壁鸠鲁学派（Epicurean）哲人的品质非常接近。

单纯的不谨慎，或只是缺少照顾自己的能力，会获得宽宏大量和仁慈的人们的怜悯，而那些感情不细腻的人则会对此产生轻视。或者，在最不好的情形下，他们会对此产生蔑视，但是，却不会有人对这样的行为生出憎恶或愤恨之心。但是，如果它同其他一些坏品质相结合，则会使这些坏品质的臭名声和不光彩更加加重。一个狡猾的无赖，他的机敏和灵巧虽然无法使他避免强烈的猜疑，但却常常使他免遭惩罚和搜查，在这个世上受到他绝不应得到的宽容。由于缺少这种机敏、灵巧，一个笨拙和愚蠢的人，就被宣判有罪，遭到惩罚，这个人是万人憎恨、蔑视和嘲笑的对象。在一些国家，重大的罪行常可免遭处罚，人们已经渐渐习惯了最凶暴的行为，他们也不再对其有什么恐怖的情绪。而在切实公正的国家里，人人都会感到这种恐怖。在上述两种国家里，对不义的看法是相同的，但对不谨慎，却常有各自的看法。在后一种国家里，最大的罪行，显然是由于无知而进行的那些行为。但在前一种国家里，这些行为并不总是被看做无知的行为。16 世纪的意大利大部分时期，暗杀、谋杀、甚至受托谋杀在上层社会中似乎被习以为常。恺撒·博尔吉亚邀请邻国四个掌握着各小国的统治权和军权的君主到塞内加各利亚（Senigaglia）开一个友好的会议，当他们一到那里，他就把他们全部杀死。即使在那个罪恶的年代，也决不会有人赞同这种不光彩的行动，但似乎，恺撒·博尔吉亚的声誉只因此受到轻微的影响，并没有人因此迫使他下台。他的下台是几年后的事情，而且是由于其他的一些原因。在这个罪行发生时，马基雅维利（甚至在他那个时代他也不是一个最有道德的人）作为佛罗伦萨共和国的公使，正好驻在恺撒·博尔吉亚的宫廷里。他对此事作的说明非常奇特，并在说明中采用了不同于他其他作品的洗练、优雅和质朴的语言。他谈论这件事情时极其冷漠，为恺撒·博尔吉亚处事的本领感到高兴，对软弱被骗的受害者不屑一顾，对他们的不幸和过早的死亡没有半点同情，并且对谋害者的残酷和虚伪不表示愤慨。人们常常可笑而又荒唐地惊叹与赞美伟大的征服者的残暴和不义，而小偷、强盗和杀人犯的残暴和不义，无论何种场合，都会引起人们的轻视、憎恨甚至恐惧。虽然前者有着比后者大一百倍的危害和破坏性，但是，当他们得逞时，常被看成是一种英勇、高尚的行为。后者，则是愚蠢之举，是最低层的人犯下的罪行，总会遭到憎恨和厌恶。前者的不义不比后者大，也至少与后者一样大，而愚蠢和不谨慎相差也很少。一个邪恶和卑劣的聪明者常常能从世人那里得到比他应得的更多的信任。一个邪恶和卑劣的愚蠢者总是在所有人中显得最可恨、最可鄙。因为谨慎同其他美德结合在一起，构成了最高尚的品质，不谨慎同其他坏品质结合在一起，也构成了最卑劣的品质。

# 第二篇　论可能对别人的幸福产生影响的个人品质

## 引　言

每个人的品质都可能对别人的幸福发生影响，此种影响必定按其对别人有害或有益的倾向来发生。

从公正的旁观者的角度来看，人们对我们不义的企图或事实的罪行所产生的正当的愤恨，是能够从各方面证明我们危害或破坏邻人幸福的唯一动机。违犯了各种有关正义的法律的行为本身，则是使他愤恨的另一动机，因为这些法律的威力正是被用来约束或惩罚违法行为的。每个政府或国家都竭尽所能，也确实能做到的是，运用社会力量来规束这样一些人，使其慑于社会力量的威力而不敢相危害或破坏彼此的幸福。为此而制定的这些准则，最终构成了各个特定的政府或国家的民法和刑法。已经被或者应该被这些准则用做根据的那些原则，是一门特定的学科的研究对象，一门在所有的学科中最重要的学科的研究对象。但是直到今天，这门学科得到研究和发展或许是最少的。这便是自然法学。我们现在要做的，不是对这门学科作出细致的探讨。无论在哪方面，甚至在没有法律能提供合适的保护的情况下，不危害或不破坏我们邻人幸福的某种神圣的和虔诚的尊重，是构成最清白和最正直的人品的基础。如果此外，这种品质还表现出对他人一定程度的关怀，那么它就总会得到人们的高度尊重甚至崇敬，并且几乎总会伴有其他的众多美德，比如对他人的深切同情、伟大的人道精神和高尚的仁爱之心。这是人们非常熟悉的一种品质，不需要对它多加解说。人的天性里似乎已经描绘了那种区分我们的仁慈行为的次序，或区分对我们非常有限的善行所指向和作用的对象的次序。这种次序首先指向和作用于个人，其次指向和作用于社会。在这一篇中，我将尽力作出解释的，便是这种次序的根据。

我们会看到，约束天性在其他各方面的作为的那同一种万无一失、至高无上的智慧，在这一方面也指导着它所赋予的那种次序。这一智慧的强弱，常常同我们的善行的必要性的大小或有用性的多少成比例。

## 第一章　论我们因天性而关心和注意他人的次序

如同斯多葛学派的学者曾说过的，每个人首先和主要关心的是他自己。从所有方面来说，每个人当然都比他人更适宜也更能关心自己。每个人都能更敏锐地感觉到自己快乐和痛苦的感受，而不是他人快乐和痛苦的感受。前者是原始的感受，后者是因那些感受而产生的反射或同情的想象。或者可以说，前者是实体，而后者是影子。

一个人以他最热烈的感情所关心的仅次于他自己的对象，自然是他自己的家庭成员，那些通常和他住在同一所房子里的人，他的父母、他的孩子、他的兄弟姐妹。自然，他的行为会深刻地影响他们的幸福或痛苦，他清楚地知道每件事情会给他们造成怎样的影响，因此他更习惯于同情他们，并且相对于能对其他大部分人表示的同情，对家人的同情更为贴切和明确。对家人的同情更接近于他关心自己时的那些感受。

这种同情以及在这种同情的基础上产生的感情，会被天性导向他的孩子身上，其强度超过倾注在他父母身上的感情。并且，通常看来，比起他对父母的尊敬和感激来，他对子女的关怀体贴，似乎是一种更为主动的本性。我们都知道，按照事物的自然状态，在孩子出生之后的一段时间里，他的生存完全仰赖于父母的照顾。而父母的生存却并不一定全赖子女的照料。人的天性似乎认为孩子比老人要更重要，并且，小孩能够激起人们更强烈和更普遍的同情。这是理所当然的。孩子的身上蕴含着希望，我们可以将一切希望寄托在孩子身上。而在通常情况下，从老人身上所能期待或指望得到的东西都非常少。即便是最凶残和最冷酷的人，也会因看到软弱的幼儿而生出关切之心。只有具有美德和仁慈之心的人，才不会去轻视和厌恶老年的虚弱。通常的情况是，老人的故去并不使任何人感到十分惋惜。孩子的死却几乎总会给一些人带来撕心裂肺之痛。

最初的友谊，是兄弟姐妹之间的友谊，这种友谊是幼小的心灵在最容易有所感受时自然而然地建立起来的。当他们共处在一个屋檐之下时，相互之间的和睦相宜，是这个家庭保持安定和幸福的必要条件。他们能给彼此带来的快乐或痛苦，比他们能够给其他大部分人带来的快乐或痛苦要多。因为这种处境，他们之间的相互同情对他们的共同幸福来说就极端重要，并且，由于天性的智慧，同样的环境通过迫使他们相互照应，使这种同情更具有习惯性，因此它更为强烈、明白和确定。

这种友谊将兄弟姐妹们的孩子天然地联结在一起，当兄弟姐妹各自组建自己的小家庭之后，这种友谊仍继续存在于他们之中。而他们的孩子们之间情投意合，可以给这种友谊带来更多的愉快，孩子的不和则会干扰这种愉快。然而，虽然相比其他大部分人来讲，他们之间的相互同情很重要，但由于他们很少在同一个家庭中相处，因此，他们之间的同情同兄弟姐妹之间的同情相比的话，又显得很不重要。由于他们之间相互的同情不那么重要，所以不很惯常，从而他们之间的感情也相应地较为淡薄。

表兄弟姐妹或堂兄弟姐妹们的孩子的联系则更少，因此，他们之间的同情更不重要。感情的程度与亲属关系的远近成正比，亲属关系越疏远，感情就会越淡薄。

我们称做感情的东西，实际上不过是一种习惯性的同情。我们关心那些被自己看做情感对象的人的幸福或痛苦，我们希望能增进他们的幸福，防止他们的痛苦，这既是因为这种习惯性同情的具体感受，也是必然伴随这种感受而生的结果。由于所处的环境，亲属之间会自然产生这种习惯性同情，因而可以预想他们之间产生的感情的程度必然相当高。我们都能够实实在在地看到这种感情产生，因而，我们必然期待它的产生。因此，在任何场合，一旦我们发现并没有这种感情产生，就会十分诧异。由此我们可以得出这样一条一般准则：在某种程度上相互关联的人之间，总是应当存在一定的感情，如果不是这样，那一定是相当不合适的，有时甚至是某种不敬。不懂和蔼体贴的父母和缺乏应有的孝心的子女，就像是一种怪物，人们不仅憎恨这样的人，也会极端厌恶他们。

虽然在特殊情形下，由于如人们所说的某种偶然的原因，通常可能不存在天然感情得以产生的那些环境，但是，对于一般准则的尊重，常常会在某种程度上提供那种环境，并且，也会孕育出某些感情。这种感情与处于上述环境的感情不尽相同，但仍然同那些天然感情非常相似。一个父亲，因某种偶然因素，他的一个孩子在幼年时代就不同他生活在一起，回到他身边时，已经长大成人。他对于这个孩子的喜爱程度不会那么强烈，在他心里，对这个孩子可能没有那么多的父爱，而孩子对父亲的孝敬之情也容易减轻。如果兄弟姐妹们相隔遥远，在不同的国家受教育，同样会冲淡他们对彼此的感情。然而，倘若恭顺并且人道地考虑到上述一般准则，他们之间常常也会存在和那些天然感情决不相同但又非常相似的感情。父亲和孩子，兄弟姐妹，彼此之间的关怀也决不会因为天各一方而淡漠的。在他们心中，对方应该是给予某种感情的对象，取得某种感情的来源，并且，他们在生活中总是希望能时不时地在某种环境下享受那种朝夕相处的人们之间的天伦之乐。在相聚之前，他们心中最思念的人，常常是这个不在身边的儿子，这个不在身边的兄弟。他们之间不存在什么矛盾，如果有，那也是很久之前的事情，像孩子不值得记忆的玩具那样被遗忘了。每次从某些品质比较好的人那里听到任何一件关于彼此的事情，他们都会感到莫大的满足和快乐。和其他普通的儿子们和兄弟们不一样，这个不在身边的儿子，恰恰是十全十美的儿子，这个不在身边的兄弟，则是一个十全十美的兄弟。同他们保持友谊或谈话时所能享受的愉快，成为其所抱有的浪漫愿望。当他们相见时，他们常常会带着一种非常强烈的倾向，去设想那种构成家人之间感情的习惯性同情，以致他们非常容易认为自己确实怀有这种同情，并且对待彼此的行为也像真有这种同情时一样。

然而，我担心的是，他们的幻想常常会被时间和经历打破。在进一步相熟之后，他们常常发现，由于缺乏那种习惯性的同情，缺乏被称为家人感情的这种实际的动因和基础，而对方的性格、脾气和爱好，同自己所期待的并不一样。现在，他们再也不能和睦相处了。尽管现在，他们可能都真诚地希望能够和睦相处，但是由于一直以来，他们从未在必然促使他们和睦相处的环境之中生活过，到了现在，事实上他们能够和睦相处的可能性几乎没有了。他们很快就会觉得，日常谈话和交往变得十分乏味，无法继续进行下去了。可能，他们会继续生活在一起，互相关照，表面上客客气气，但是，和彼此长期和亲密地生活在一起的人不同，他们很难充分享受到相处时那种自然而然发自内心的愉快，那种可贵的同情，那种推心置腹的坦率和无拘无束。

然而，上述一般准则这种微弱的力量，只是对那些守本分和有道德的人才起作用。对那些胡闹、放荡和自负的人，它完全不起作用。他们对它极不尊重，即使偶尔提及，也是用最粗鄙的口气予以嘲弄。而且，由于他们少小时候的疏离和长期的分居异地，他们相互之间必然十分疏远。这种人对上述一般准则的尊重，充其量只能产生某种客套。这种客套冷淡和矫揉造作，与真正的尊重几乎不存在相似之处；而这客套，也常常因为最轻微的不和、利益上微不足道的对立而完全结束。

男孩在相隔很远的名校里接受教育，年青人去远方的大学求学，年轻女孩在遥远的修道院和寄宿学校里长大成人，这样的成长方式似乎损害了法国和英国上层家庭中的伦理道德的根基，从而也损害了家庭幸福。你是否愿意把你的孩子们教育得孝顺尊敬父母，并且爱戴他们的兄弟姐妹？你如果想要他们成为这样的人，你就必须在自己的家中教育他们。他们可以每天礼貌而懂规矩地离开家去公共学校上学，但一定要让他们经常待在家里。对你的敬重，必将非常有效地约束他们的行为；尊重他们，你自己的行为也会常常受到有益的限制。确实，所谓公共教育也有它的长处，但是这完全不能补偿这种教育几乎肯定和必然造成的损失。家庭教育是一种天然的教育方式，而公共教育则是一种人为规定的制度。当然，没有必要指出哪一种可能是最好的方法。

我们在一些悲剧和传奇故事中见到过许多美丽动人的场景，它们或基于所谓血缘关系的力量，或者基于一种奇妙的感情：人们认为，因为具有这种奇妙的感情，亲人们会彼此想念对方，即使在他们不知道彼此具有这种关系时也是如此。然而，我怀疑这种血缘关系的力量只存在于悲剧和传奇故事之中，在于其他任何地方都再找不到这种力量。即使在悲剧和传奇故事中，这种感情也只存在于同一个家庭的亲人之间：父母和子女之间、亲兄弟姐妹们之间。要是认为堂、表兄弟姐妹之间，甚或婶婶叔伯和侄子侄女等之间，也存在这种神秘的感情，实属异想天开。

在从事畜牧业的国家里，以及在所有那些法律的力量不足以彻底地保障每一个公民安全的国家里，同一家族不同分支的成员通常喜欢比邻而居。通常来说，他们的联合对他们共同自卫是必要的。所有的人，不论地位的高低，或多或少都有各自的价值。他们的和谐一致使他们联系得更加紧密，而他们之间的不和则总是削弱这种联系，甚至可能破坏这种关系。他们的相互来往比与任何其他家族成员的交往都更频繁。同一家族中即使关系最远的成员也依然存在某些联系，因而，若置于一切其他条件相同的处境下，其所期望得到的关注比不具备这种关系的那些人要多。没有多少年之前，苏格兰高原的酋长们对待自己部族中最穷的人，就好像是对待自己的堂表兄弟或亲戚一样亲切。据说鞑靼人、阿拉伯人和土库曼人也是如此广泛而亲密地关注同族人，并且，我认为，所有其他有着类似本世纪初的苏格兰高原部族的社会状况的民族中，也都存在这种情况。

在从事商业的国家中，法律的力量总是能够保护地位最低贱的公民。同一家庭的后代，若没有这种聚居的倾向，必然会因追求各自利益或爱好而散居异地。他们对彼此所具有的价值很快就会失去，并且，只需几代人的时间，他们就不仅丧失了相互间的一切关怀，而且会彻底忘记将他们的祖先紧密联系在一起的相通的血脉，而他们也本应由于这种血脉而联系在一起。在每一个国家，随着这种文明的历史越来越长久，文明自身越来越完善，人们便也越来越少地关心远亲。同苏格兰相比，英格兰的这种文明状态历史更为久远，也更为完善。相应地，远房的亲戚在苏格兰受到的重视当然甚于英格兰。不过随着文明的发展，在这一方面，这两个国家的差别在日益减小。当然，每一个国家的名门望族们确实以记得和承认彼此之间的关系为荣，不管这种关系是多么遥远。但他们之所以如此小心谨慎地保存这种记忆，不是由于家族感情或任何与之相似的心理，而是纯粹出于那种最无聊而幼稚的虚荣。对这些显赫亲戚的记忆，极大地显示了他们整个家族的荣耀。假如某一地位低贱但或许关系近得多的亲戚，敢于向这些大人物提醒注意他同他们家庭的关系，那么这些大人物多半会告诉他，他们并不擅长家系学，也不了解自己家庭的历史。在这方面，恐怕我们不应指望所谓天赋感情会有重大拓展。

我认为，所谓天赋感情更多的是父母和子女之间道德联系的结果，而不是像我们想象的那样是自然联系的结果。确实，一个小心眼的丈夫，常常心怀憎恨和厌恶来看待那个他怀疑是自己妻子不忠的产物的不幸的孩子，尽管他和这个孩子在伦理上还是父子关系，尽管这个孩子一直在他的家庭中受教育。对他来说，这个孩子永远都提醒着他那一次让他最不快的冒险，他蒙受的耻辱，他的家耻。

在好心的人们中间，为了相互协调的便利，常产生一种友谊，它和生为一家人的那些人之间的感情基本相同。工作同事，贸易伙伴，彼此间称兄道弟，并且常常感到彼此真如兄弟一般。他们之间的情投意合对各自都有利。而且，如果他们是明智的，他们自然倾向于和谐一致。我们认为他们这样做理所应当，而他们之间的不和是一桩小丑事。罗马人在表达这种依附关系时，使用的是“必要”（necessitudo）这个词，从词源学的角度来看，它似乎表示人们所处的环境迫使人们必须要相互依附。

即使是住在同一地域中的人们，由于生活细节，他们的道德也会受到某种相应的影响。对于一个天天见面的人，只要他从未冒犯我们，我们就不会跟他翻脸。邻居们可以给彼此带来很大的便利，同样也可以给对方带来很大的麻烦。如果他们都是品质良好的人，他们自然希望和谐一致地生活。我们料想他们是和谐一致的，我们认为一个不好的邻居是一个品行恶劣的人。因而，邻居之间存在着某种微小的恩惠，一般地说，总是没有任何邻居关系的人优先向别的邻居提供这种恩惠。

我们有尽量迁就他人和求得一致的这种自然倾向。有些人，我们必须与其共处，并交往密切，在这个过程中，我们会确立根深蒂固的情感、道义和感受，因此我们能够对好朋友和坏朋友产生有力的影响。一个人，如果他的朋友主要是智者和君子，就算他自己既不会成为智者，也不会成为君子，但是肯定会对智慧或美德怀有相当的敬意。而如果他的朋友主要是荒淫和放荡之徒，虽然他自己不会变得荒淫和放荡，但至少必然很快会对他原本憎恶的荒淫和放荡行为产生宽容。或许，我们经常看到的接连几代家庭成员身上所遗传的相似品质，或许可以部分地归因于一种倾向，这种倾向使我们同必须与其共处并经常交往的那些人趋同。然而，家庭成员品质的相似，似乎不应全部归因于道德方面的联系，而部分应当如同相貌一样归因于血统关系。家族相貌当然完全是来自于后一种联系。

但是，如果我们对一个人全部感情的基础，是对这个人高尚的行为举动所怀有的尊敬和赞同，并经过许多经验和长久的交往的考验证实，那么这便是最值得尊重的感情。这种友情不是源于一种勉强的同情，也不是源于一种貌似习以为常但实际上是为了便利而假意为之的同情，这种友情是来自一种自然的同情，来自这样一种自然而然的感情——我们的朋友，是我们依恋、尊敬和赞同的自然而又合适的对象。这种感情只能存在于具有美德的人身上，有美德之人会完全信任彼此的行为和举止。无论何时，我们可以确信的是，他们决不会相互冒犯。邪恶总是反复无常的，只有美德才是一以贯之和正常的。依恋之情，建立在对美德的热爱这个基础上，无疑是所有情感中最有品德的，所以也是最令人愉快、最持久与最牢靠的。可以肯定的是，这种友情并不只体现在某一个人身上，而是一切有智慧和有美德的人都具有的。这些人与我们长期交往并关系亲密，因此，对他们的智慧和美德，我们可以完全信赖。把这种友情局限在两个人身上的那些人，似乎把友情的明确无误同爱情的妒忌与放荡混淆起来了。年青人之间的亲昵行为有时有些轻率、多情或愚昧，通常是由于彼此之间某些性格上存在细小的相似之处，它们同高尚行为毫无联系可言。或者，是建立在对于相同的爱好上，如研究对象、娱乐活动和消遣方式等。再或者，建立在他们对某种未被普遍认同的奇特原则或观点的一致拥护上。那种反常的朝三暮四的亲昵行为，无论其存在时是多么令人愉快，也决不能够以神圣的和令人尊敬的友情来称呼它。

然而，在天性指定的理应得到我们的特殊恩惠的所有人中间，似乎已经给予过我们恩惠的人最适合得到我们的恩惠。为了自己的幸福，人们非常有必要彼此以仁相待，由于造物主把我们塑造成这样，每一个曾经对人们做过好事的人，就会成为人们特定的友好对象。纵然人们的感激并不总是与他的善行相称，但是，公正的旁观者对他那优良品德的看法，以及由于同感而生的感激，总会是同他的善行相称的。其他人对某些卑劣的不仁不义者的普遍愤慨，有时甚至会加深对他的优秀品质的全面认识。一个慷慨施舍的人永远不会落到全然得不到他那善行的报偿的境地。如果他并不总是从他应当得回报的人们那里取得它们，他就总是希望能从他人那里得到十倍于他的付出的回报。好有好报，如果我们企望达到的最大目的就是获得同道之人的热爱，那么，最可靠的方法就是用自己的行为表明自己是真正热爱他们。

有些人，不论什么原因成为了我们行善的对象，无论是因为其同我们的关系，还是因其个人品质，或者是因其过去对我们的帮助，他们从我们这里得到的感情并不是我们被称为友情的感情，而是我们仁慈的关怀和热情的帮助。这些人的特殊处境各不相同，有的幸福非常，而有的则不幸之至；有的富裕而有权力，而有的则贫穷而又可怜，因此而显得有所区别。地位、等级的区别，社会的稳定有序，在很大程度上取决于我们对前一种人怀有的自然的敬意。要减轻人类的不幸，使其得到慰藉，完全取决于我们对后一种人的怜悯。维护社会的安定有序，甚至比减轻不幸者的痛苦更为重要。我们对大人物的尊敬极易超过必要程度，从而使人感到不舒服；我们对不幸者的同情则极易不足，因此使人感到不舒服。伦理学家劝告我们要待人宽厚，要同情他人。他们警告我们不要受荣华富贵的迷惑。荣华富贵的迷惑力非常强烈，人们总是更愿意做富豪和大人物，而不是成为智者和君子。天性能够明智地判断出：相比智慧和美德的模糊不定的差别，以门第和财产泾渭分明的差别为基础来判断地位等级的区别、社会的稳定秩序是更加合适的。大部分人以其平凡的眼光也完全能够察觉后者之间的区别，而要辨识前一种差别，即使具有良好的辨别力的智者、君子也会有困难。在上述所有我们所关心的事物中，天性善良的智慧是同样明显的。

大概无需再作陈述，如果有两个或更多的激起善行的原因同时存在，善行也会因此增强。在没有妒忌的场合，我们对显贵必然会产生好感和偏爱，如果他还同时具有智慧和美德，我们的好感就会加深许多。即使大人物拥有智慧和美德，他仍有可能经历不幸、危险和痛苦。地位最高的人所受的影响往往最深，相比具有同样美德而地位较低的人，我们对他命运的深切关心会更深。具有美德和高尚品质的国王和王子们惨遭不幸，常常是悲剧和传奇故事中最具吸引力的主题。如果他们运用智慧和毅力，摆脱不幸，重新回到他们先前的那种优越和安全的地位，我们看待他们时就会不由自主地怀着最大的热情，甚至是过度的赞赏之情。我们为他们的痛苦悲伤不已，为他们的解脱感到喜不自胜，仿佛两者结合在一起，增强了我们心中本就因为偏心而对他们的地位和品质怀有的钦佩。

当那些不同的仁慈感情偶然呈现出不同的倾向时，我们或许完全不可能用任何一种精确的准则判断出什么情况下我们应当遵循某种感情而行，在什么情况下我们应当遵循另外一种感情；在什么情况下，友情应当让位于感激，或者感激应当让位于友情；在什么情况下，所有自然感情中最强烈的一种，应当让位于对那些地高位尊者的安全的重视——因为全社会的安定即仰赖于地高位尊者的安全；在什么情况下，天生感情可以正当地超越这种重视。决定权都在我们内心这个想象出来的公正的旁观者，这个我们行为的伟大的法官和裁决者手中。如果我们完全站在他的位置看待问题，如果我们真正用他的眼光并且像他看待我们那样来看待自己，如果我们专心致志地倾听他对我们的建议，他的意见就决不会失信于我们。无需用各种独断的准则来指导我们的行为。这些准则，常常无法使我们适应环境、品质和处境中的种种色调和层次，以及那些虽非难以觉察但因其本身的精妙而常常完全无法确定的各种差别和区分。在伏尔泰那出动人的悲剧《中国孤儿》中，我们在赞美赞姆蒂——他愿为保存故君和故主们的唯一幸存的弱小后代而牺牲自己孩子的生命——的高尚行为的同时，不仅原谅艾达姆（Idame），而且对其母爱感到赞赏：她冒着暴露丈夫重要的秘密的危险，从鞑靼人手中夺回自己的幼子，把他送到曾解救过他的人手中。

# 第二章　论我们因天性而关注支持的社会团体的次序

我们运用一些原则来指导把个人作为我们慈善对象的先后次序，这些原则同样指导着把社会团体作为我们慈善对象的先后次序。那些最重要的或者可能是最重要的社会团体，正是我们首先和主要的慈善对象。

在通常的情况下，我们的高尚或恶劣行为会影响一些社会团体的幸福或不幸，其中影响最大的最重要的社会团体，是我们在其中生长和受教育并且赖其保护而得以继续生活下去的政府或国家。于是，天性极为坚决地把它作为我们的慈善对象。不仅我们自己，而且，我们最仁慈的感情覆盖的所有人，我们的孩子、父母、亲戚、朋友和恩人，所有那些我们最为热爱和最为尊敬的人，通常都包含在国家中，而他们的幸福和安全都一定程度上仰赖于国家的繁荣和安全。因此，天性不仅通过我们身上所有的自私，而且通过我们身上所有的仁慈，使得我们热爱自己的祖国。由于同我们自己国家的联系，国家的繁荣似乎会给我们带来荣誉。当我们把它和别的国家进行比较时，会为它的优越而骄傲。如果它在某个方面显得不如这些国家，我们就会或多或少感到屈辱。自己的国家历史上所涌现的那些杰出人物（不同于当代那些杰出人物，出于妒忌我们有时带上些许偏见来看待他们），如勇士、政治家、诗人、哲学家、各种各样的文豪，我们倾向于给予他们带着极大偏向性的赞美，并且把他们列于（有时是最没有理由的）所有其他民族的杰出人物之上。为了国家的安全，甚至只是为了它的荣誉，而爱国者会献出自己的生命，我们会认为这是一种最合适的行为。他看待自己时，显然是用那公正的旁观者自然也必然用来看待他的眼光。按这个公正的旁观者的判断，所有大众都有义务在任何时候为了大多数人的安全、利益乃至荣誉而牺牲和贡献自己的生命，而自己只是其中普通的一员。虽然这种牺牲显得非常正当和合宜，但是，我们知道，作出这种牺牲是多么困难，而能够这样做的人更是少之又少的。因此，对于他的行为，我们不仅完全赞同，而且极其佩服和赞赏，并且认为这种行为基本上可以算做最高尚的德行，配得上所有赞扬。相反，在某种特殊情况下，幻想出卖祖国的利益给敌人以换取一己私利的卖国贼，无视内心的评判、用可耻和卑劣的手段追求私利而不顾那些同自己有血缘关系的人的利益的叛国者，显然是恶人当中最可恶者。

出于对祖国的热爱，我们看待任何一个邻国的繁荣强大时，常常怀着最坏的猜疑和妒忌心理。相互接壤的国家，由于没有一个双方认可的权威来裁决争端，彼此都生活在对邻国的持续不断的恐惧和猜疑之中。每个君主几乎都不能指望从他的邻国那里得到公正对待，致使他以同样方式对待他的邻国。对各国法律的所谓的尊重，或者对某些准则——一些独立国家声称它们在相互交往时有义务遵守的准则——的尊重，常常不过是虚张声势。每天我们都可以看到，各国由于最小的利害关系，动辄无耻或无情地逃避这些准则，甚或直接违反这些准则。每个国家都预料或自认为预料到，自己会被任何一个实力不断增长的寻求扩张的邻国征服。这种民族歧视的恶劣习惯依托在热爱祖国的这种高尚想法上。据说老加图每次在元老院讲话时，不管演讲的主题是什么，最后的结语总是：“同样，我认为：应当消灭迦太基。”这是一个感情强烈而粗野的人的爱国之心的自然流露，对于给自己国家带来众多苦难的某国，这个人恼怒得失去理智。据说，斯奇比奥·内西卡在他的一切演说结束时所说的一句话则更有人性：“这也是我的看法：迦太基不应当被消灭。”这句话是一个胸襟更为宽阔和开明的人慷慨的表露，他甚至也不反感一个宿敌的繁荣，如果它已衰落到不再能威胁罗马的地步。法国和英国或许都有一些理由因对方海军和陆军实力的增强而感到惧怕。但是，如果两国因为对方国内的繁荣昌盛、农业的发展、制造业的发达、商业的繁盛、港口海湾的安全和为数众多、一切文化和自然科学的进步这些理由而妒忌对方，无疑这两个伟大民族的尊严会因此受损。这些都是我们这个世界真正的进步。因为这些进步，人类受益匪浅，人的天性更加高贵。在这样的进步中，每个民族不仅应当尽力超越邻国，而且出于对人类之爱，还应当大力促进而不是阻碍邻国的进步。这些进步是国与国相互竞争的正当目标，却不是偏见和妒忌的目标。

对祖国的热爱似乎并不源于人类天性之爱。前者完全不受后者的支配，似乎有时甚至使我们的行动同后者大相径庭。或许法国的居民是大不列颠居民的近三倍。因此，在人类这个大家庭中，法国的繁荣比英国的繁荣似乎应当是一个更重要的目标。然而，正因此，若一位大不列颠的国民在一切场合不看重英国的繁荣，而更看重法国的繁荣，则不能说这是位好公民。我们热爱自己的国家并不只是由于它是人类大家庭的一个组成部分，还因为它是我们的祖国，而且这种热爱同前面的理由毫无关联。设计出人类感情体系的那种智慧，同样设计出了天性的一切其他方面的体系，而它似乎已经断定：若使每个人主要关注于人类大家庭的一个个人的能力和理解力所及的特定部分，则可极大促进人类大家庭的共同利益。

民族的偏见和仇恨很难不影响到邻近的民族。或许，把法国视为我们当然的敌人是怯懦而又愚蠢的。法国或许也同样怯懦而愚蠢地把我们看成是他们当然的敌人。自然，法国和我们都不会妒忌日本或中国的繁荣。然而，我们看待对方时，却很少能有效地运用我们这种对待这些遥远国家时的友好感情。

通常可以相当有效地实行的、最广泛的公益行为，是政治家们的善行。他们筹划并促成邻国或相距不远的国家结成同盟，以保持所谓实力均衡，或者在与其谈判的一些国家的范围内保持普遍的稳定平和。然而，政治家们谋划和执行这些条约的出发点，他们唯一考虑的因素是各自国家的利益，几乎不会有任何其他的东西。确实，有时他们的意图更为广大。阿沃(Avaux)伯爵，这个法国全权大使，在签订蒙斯特条约时，情愿按照不肯轻易相信他人的雷斯（Retz）红衣主教的要求，献出自己的生命，以便通过签订能够恢复欧洲普遍安定的条约。威廉三世国王也似乎真正热心于欧洲大部分主权国家的自由和独立，或许这种热忱在很大程度上是由他对法国特有的厌恶刺激出来的——在威廉三世时代，德国的自由独立几乎一直处于法国的威胁之中。安妮女王的首相，似乎也一定程度地受到同一种仇视法国的心情的感染。

每个独立的国家分化出许多不同的阶层和社会团体，各个阶层和社会团体都有相应特定的权力、特权和豁免权。自然，每个人同自己所属的阶层或社会团体的关系比他同其他阶层或社会团体的关系更为密切。他所属的阶层和社会团体的利益和声誉，会极大地影响他自身的利益和声誉以及他的朋友和同伴的利益和声誉。于是乎，他会雄心勃勃地扩展这个阶层或社会团体的特权和豁免权，热诚地维护这些权益，使它们不受其他阶层或社会团体的侵犯。

如何划分不同的阶层和社会团体，以及如何在它们之间分配权力、特权和豁免权，也就决定了一个国家的国体。

国体的稳固，取决于每个阶层或社会团体维护其权力、特权和豁免权免受侵犯的能力。无论何时，某个阶层的地位和状况比从前有所上升或下降，国体都必然随之或多或少地改变。

任何一个阶层和社会团体都依靠国家，从国家那里得到安全和保护。每个阶层或社会团体中最有偏见的成员也不得不承认：各个社会阶层或等级都从属于国家，唯有国家繁荣和得以生存，才有它们的立足之地。然而，往往很难让他接受减少他自己那个阶层或社会团体的权力、特权和豁免权以维持国家的繁荣和生存这样的事实。这种偏颇，虽然有时可能是不正当的，但是也许不是毫无用处的。它压制了创新精神，倾向于保持这个国家划分出来的各个不同的阶层和社会团体之间任何已经确立的平衡。如果说它有时似乎阻碍了当时也许是时髦和流行的政治体制的变更时，它实际上也促进维持了整个体制的巩固和稳定。

在一般情况下，对祖国的热爱，似乎牵涉到两条不同原则：一，对实际上已经确立的政治体制的结构或组织的一定程度的尊重；二，尽可能使同胞们得到安全、体面和幸福的诚挚的愿望。一个人，虽然可能不尊重法律，不服从领导，但他肯定并非不愿意为增进全社会同胞的福利做一切自己力所能及的事情。

在和平时期，这两个原则通常保持一致，并引出同样的行为。如果我们看到现有的政治体制实际上维护着同胞们的良好处境，那么，维持同胞们的安全、体面和幸福处境的最好办法，显然应该是支持这个政治体制。但是，在公众有不满情绪、发生纠纷和骚乱时，这两个不同的原则会引出不同的行为方式。就骚乱的现状而言，这个政治体制显然无法维持社会安定，即使是一个慎重的人，也会想到需要对这种政治体制的结构和组织进行某些改革。然而，在这种情况下，或许常常需要政治上的能人智士作出最大的努力去判断：一个真正的爱国者在什么时候应当努力恢复和维护旧体制的权威，什么时候应当顺从更大胆但也更危险的改革精神。

对外战争和国内的党派斗争，是热心公益的精神极好的表现机会。在对外战争中的英雄，因为成功地为自己的祖国做出了贡献，满足了全民族的愿望，并因此受到普遍的感激和赞美。然而，进行国内党派斗争的各党派的领袖们，虽然有半数同胞赞美他们，但常常还有另一半同胞咒骂他们。他们的品质和各自行为的是非，通常是不太明确的。因此，与从国内党派斗争中得到的荣誉相比，从对外战争中获得的荣誉，几乎总是更为纯洁和显著。

然而，取得政权的政党的领袖，如果他有足够的威信，来劝导他的朋友们以他自己常常没有的适当的心情和稳健的态度来行事，他由此对自己国家做出的贡献，有时就可能比从对外战争中取得的辉煌胜利和征服的范围广泛的领土更为实在，更为重要。他可以重新确立和改进国体，防范政党的领袖中态度暧昧的可疑分子。在一个伟大的国家所有改革者和立法者中，他是最优异和最卓越的人物，并且，他会用各种聪明的规定，来保证自己的同胞们在未来几代人的时期内都享受国家的安定和幸福。

在骚乱和混乱的党派斗争之中，某种体制的精神容易与热心公益的精神混合，后者的基础是人类之爱、是对自己的一些同胞可能遭受的不便和痛苦产生的真正同情。而这种体制的精神通常倾向于那种更高尚的热心公益的精神，总是激励它，常常为它煽风点火，甚至激励到狂热的程度。在野党的领袖们，常常会提出某种看起来很有道理的改革计划，他们自称这种计划不仅会消除人民的不便，减轻公众长期抱怨的痛苦，而且可以防止同样的不便和痛苦在将来反复。为此，他们常常提议改变国体，并且建议在某些最重要的方面变更政治体制，尽管一个大帝国的臣民们已经享受这个政体带来的和平、安定甚至荣耀好几个世纪之久。这个政党中的大部分成员，通常都因这种体制的虚构的完美而陶醉，虽然他们并未亲身经历这种体制，但是，他们的领袖们描述这种体制时的辩才却给它披上了极其完美的色彩。对这些领袖本身来说，虽然他们只是为了扩张自己的权势才提出这些体制的，但是他们中的许多人迟早都会被自己的雄辩术所迷惑，并且同他们那些又笨又蠢的追随者一样，渴望这种宏伟的改革。即使这些政党领袖通常能够做到保持清醒的头脑，没有盲从，但是他们始终都不敢让自己的追随者失望。即便违背他自己的原则和良心，他们也常常装做他所有的行动都是按照大家的共同设想。这种党派的狂热行为，拒绝一切温和的手段、一切调和的方法、一切合理的迁就变通，常常由于要求过高而一事无成。而那些不便和痛苦，本来稍加节制就大半可以消除或减轻，结果却完全没有缓解的希望了。

一个人若他热心公益的精神，完全是由人性和仁爱激发出来的，会对已确立的权力甚至个人的特权怀有尊重，更对这个国家划分出来的主要社会阶层和等级的权力和特权怀有尊重。虽然他会认为其中某些权力和特权被一定程度地滥用了，但是对那些不用强大的暴力便无法消除的权力和特权，他还是满足于调和这样温和的手段。对那些根深蒂固的偏见，当他无法用理性来劝说人们克服时，他也不会想到使用强力，他们会去虔诚地奉行柞拉图的那句话（西塞罗正确地认为这是神圣的箴言）："和不用暴力对待你的父母一样，同样，也决不用暴力对待你的国家。"他将尽可能使自己的政治计划与人们根深蒂固的习惯和偏见相适应，并且，将尽可能消除也许来自人们不愿服从的那些法规的要求的不便之处。如果不能树立正确的东西，他就去修正错误的东西。而当他无法建立最好的法律体系时，他将像梭伦那样尽力去建立为人们所接受的最完备的法律体系。

相反，一个人如果在政府中掌权，他很容易自作聪明，并常迷恋于自己所设想的政治计划的那种虚构的完美性，以致不能容忍它有任何偏差。他不断全面地推行这个计划，并且这个计划的各个部分中，他丝毫不会考虑任何可能妨碍这个计划实施的重大利益或强烈偏见。他似乎认为他能够轻易地摆布偌大一个社会中的各个成员，就如同信手摆布一盘棋子那样，但他没有考虑到：棋盘上的棋子除了棋手的作用之外，不存在别的行动原则，但是，在人类社会这个大棋盘上每个棋子都是独立的，都有它自己的行动原则，这原则完全不同于立法机关可能选用来指导它的那种行动原则。如果这两种原则一致、行动方向也相同，人类社会这盘棋就可以顺利地下下去，并且很可能得到良好的结局。如果这两种原则不一致，甚至彼此抵触，这盘棋就会下得很艰辛，而人类社会必然始终陷于极大的混乱之中。

某种一般的甚至是有系统的有关政策和法律的整体设想，很可能可以指导左右政治家的见解。但是坚决要求实现这个设想中要求的一切，甚至要求马上实现一切，而对所有的反对意见置之不理，通常必然是蛮横无理的。这样的行为，是想使他自己的判断成为辨别是非对错的最高标准。他会因此幻想自己成为全体国民中唯一有智慧的杰出人物，幻想同胞们的迁就，而不去尝试适应同胞们的要求。因此，对于所有政治投机主义者，最危险的人是握有最高权力的君主们。在他们身上，这种蛮横无理从来不是什么新鲜的事情，他们不容置疑地认为自己的判断远胜于别人的判断。因此，当这些至高无上的皇家改革者们屈尊考虑他统治的国家的组成情况时，他们最不愿意看到的东西，便是有可能妨碍贯彻执行其意志的障碍。他们不把柏拉图的神圣箴言放在心上，总是认为国家是为他们而存在的，而不是他们是为自己的国家而存在的。因此，他们的改革的伟大目标是：消除那些障碍，约束贵族的权力，剥夺地方特权，使这个国家地位极高的个人和他所处的最高阶层的人士保持最高位置，最软弱和最微不足道的人根本无力反对他们的统治。

## 第三章　论遍及万物的善行

虽然我们有效的善良行为很少能超出自己国家的社会范围，我们的好意却没有什么界限，茫茫世界上的一切生物都可能成为我们好意的对象。我们想象不出，有任何单纯而有知觉的生物，我们不衷心企盼他们的幸福，当我们设身处地地想象他们的不幸时，我们并不感到厌恶。而想到有害的（虽然也是有知觉的）生物，我们会自然而然地产生憎恨。但在这种情况下，实际上是由于我们拥有普施万物的仁慈，我们才对它怀有恶意。这是我们对另外一些单纯而有知觉的生物因为它的恶意而遭受的不幸感到同情的结果。

有些人并不完全相信，那个伟大、仁慈以及智慧的神直接关怀和保护着世界上所有的居民，无论最卑贱的还是最高贵的。这个神指导着人类本性的全部行为，而且，神本身具有无法改变的美德，他每时每刻都注意在行动中给人们带来尽可能大的幸福。所以无论这种遍及万物的善行如何高尚和慷慨，对这样的人来说只能是不可靠的幸福来源。而且，对这种遍及万物的善行来说，这样的人怀疑这个世界并没有一个主宰，必然是所有感想中最令人伤感的。因为以此推论，他会认为，充塞于人所未知的、广大无限的空间的，只是无穷的苦难和不幸，此外什么也没有。一切极端幸运的灿烂光辉，也不能驱散这种阴影，从而想象出来的事物必然会因为上述十分可怕悲观的想法而黯然失色。一个有智慧和有美德的人的愉快情绪，不会因为任何折磨人的不幸所产生的忧伤而消除。他之所以拥有这种愉快的情绪，肯定是由于他习惯性地完全相信上述悲观看法的对立面的真实性。

有智慧和有美德的人愿意在一切时候牺牲自己的私人利益来换取他那阶层或社会团体的公共利益。他也愿意在一切时候，牺牲自己所属阶层或社会团体的局部利益，以换取国家或君权更大的利益。然而，他得同样乐意为了全世界更大的利益，为了上帝主管和领导的一切有知觉和有理智的生物的更大利益，去牺牲上述一切次要的利益。如果习惯和虔诚的信念使他深切地感到，这个仁慈和具有无上智慧的神，他所管理的范围并不包括对普天下的幸福来说是没有必要的局部的邪恶，那么，他就必须认为，他自己、他的朋友、他所属的社会团体或者他的国家可能经历的一切灾难，都是世界的繁荣必需的，从而他们会比较甘心地承受这些灾难。而且如果他能够了解事物之间的一切联系和依赖关系，他自己应当由衷地和虔诚地愿意承受灾难。

如此高尚的顺从宇宙伟大主宰的意志，似乎并没有超出人类天性所能接受的范围。优秀军人们热爱和信赖自己的将领，相比没有困难和危险的地方，他们更乐意开赴毫无生还希望的作战地点。在向没有危险的地方行军的途中，他们心里的想法只是单调沉闷的、平常的责任感；在向没有生还希望的地方行军的途中，他们会认为，自己正在做的，是人类所能做出的最高尚的行为。他们知道，如果不是为了军队的安全和战争的胜利，他们的将军决不会命令他们开赴此处。为了一个很大的机体的幸福，他们心甘情愿地牺牲自己微不足道的血肉之躯。他们出发时深情地向自己的同伴道别，祝愿他们幸福和成功。他们不仅是俯首帖耳地从命，而常常发出满怀喜悦的欢呼，前往那个指定的作战地点。尽管在那里他们必死无疑，但是他们知道自己会获得辉煌和荣耀。宇宙的最大的管理者所得到的信任和爱戴，比任何一支军队的指挥者都更为充分、更为强烈、更为狂热。一个有理智的人，无论是面对最重大的国家的灾祸还是个人的灾难，都应当这样考虑：他自己、他的朋友们和同胞们，不过是在宇宙的最大管理者的命令下，前往世上这个凄惨的场所。对整个世界的幸福来说，如果这不是必要的，那么宇宙最大的管理者就不会给他们下达这样的命令。他们的责任是，不仅要乖乖地听从这种指挥，而且要尽力怀着乐意和愉快的心情来接受它。一个优秀的军人时刻准备去做的事情，一个有理智的人确实也应当能够做到。

自古以来，人类极其崇敬地思索的全部对象，就是神的意念，它以仁慈和智慧设计制造出了宇宙这架庞大的机器，不断地为人类创造尽可能多的幸福。在这种思索面前，其他所有的想法必然显得平庸。我们相信，倾注心力进行这种崇高的思考的人，很少不受到我们极大的尊敬。并且，虽然他把一生都只用来作这种思索，但是，我们对他的虔诚的敬意，常常比我们对国家最勤勉和最有益的官员的敬意还要深刻。针对这个问题所作的冥思，给马库斯·安东尼努斯的品质带来的赞美，或许比他公正、温和而仁慈的统治期间处理的一切事务所得到的赞美都更为广泛。

可是，管理宇宙这个巨大的机体，关心一切有知觉的生物的普遍幸福，是神的职责，而不是人的职责。人们对自己的幸福、对他的家庭、朋友和国家的幸福的关心，被限定在一个很小的范围之内，但是，这个范围与他个人微弱的能力和理智更加适合。忙于思考更为高尚的事情，决不能成为忽略较小事情的理由。而且，一个人不能使自己受到这样一种指责，据说这就是阿维狄乌斯·卡修斯用来反对马库斯·安东尼努斯的说法：他忽略了罗马帝国的繁荣昌盛，而只是忙于哲学推理和思考整个世界的繁荣昌盛。尽管这个指责可能不公正，但是爱沉思的哲学家最高尚的思考，也几乎无法补偿对最琐屑的现实责任的忽略。

# 第三篇　论自我控制

一个人如果能够按照完美的谨慎、严格的正义和合理的仁慈这些准则去行事，那么可以说他是一个具有完善的美德的人。但是，仅仅对这些准则的正确了解，并不能促使人以这种方式行事：人非常容易被自己的激情引入歧途——这些激情有时促使他、有时引诱他去违反他在清醒和冷静时赞成的一切准则。即便最充分地了解了这些准则，如果得不到最完善的自我控制的支持，人们始终无法尽到自己的职责。

古代一些最优秀的道德学家，似乎把这些激情分成两种不同的类型加以研究：第一种激情，需要作出相当大的自我控制的努力来抑制，即使是片刻的激情也是如此；第二种激情，容易在较短的时期内甚或在转瞬间加以抑制，但是，由于这种激情频繁地而且几乎是连续地反复出现，在人的一生中非常容易被这样的激情引入歧途。

第一种类型的激情，主要由恐惧和愤怒以及同与它们有联系的其他一些激情构成。而对舒适、享乐、赞扬和其他许多只是使个人满足的事情的喜爱，则构成了第二种类型的激情。过度的恐惧和强烈的愤怒，常常是难以抑制的，甚至是难以抑制片刻的。对舒适、享乐、赞扬和其他许多只是使个人满足的事情的喜爱，总是容易被抑制片刻，甚至能够被抑制一段较短的时期，但是，由于它们的诱惑是无休止的，我们常常被它们引入歧途，陷入许多弱点之中，今后我们很有理由因为这些弱点而感到羞耻。前一种激情的趋向，可以说通常是促使我们背弃自己的职责，后一种激情的趋向，可以说是引诱我们背离自己的职责。上述古代的道德学家们认为，对前一种激情的控制，是意志坚忍、刚毅和坚强，对后一种感情的控制，是节制、庄重、谦逊和适度。

对上述两种激情中的每一种激情的控制，都能使我们在一切场合按照谨慎、正义和合理的仁慈的要求采取行动，收获美德。对激情的控制本身的一切行为，都能够体现出一种美，这种美与从控制的效果中体现的美无关。它本身似乎就应该得到一定程度的尊敬和称颂。在一种情况下，受到人们一定程度上尊敬和称颂的，是这种努力所表现出来的力量和高尚，在另一种情况下，则是这种努力所表现出来的一致性、均衡性和坚韧性。

在处于危险、痛苦之中，或接近死亡之时，一个人若还能保持着平常的镇定，对最公正的旁观者的看法不完全一致隐而不语，也不作此类表示，必然会受到别人高度的钦佩。如果出于对人类和自己国家的热爱，他在争取自由和正义的事业中受难，因他的苦难而产生的最亲切的同情，对迫害他的人的不义最强烈的义愤，对他的善意最深切的发自内心的感激，对他的优点最深刻的认识，都会同对他高尚行为的钦佩混杂和融合在一起，并且常常将这种情感激发升华，使其变成最热烈和疯狂的崇拜。人们回忆起古代和近代史上的英雄们，总是抱着最特殊的喜爱和好感。许多英雄在争取真理、自由和正义的事业中，在断头台上死去，并且临死前都表现出同他们的身份相称的自如和尊严。如果苏格拉底的敌人允许他能躺在自己的床上平静地死去，那么这个伟大的哲学家便不可能散发出那种使人目眩神迷的色彩，这种光彩也不会一直存在于后世的人们中。当我们欣赏弗图（Vertue）和霍布雷肯（Houbraken）雕刻的杰出人物头像时，我想，在英国的历史上很少有人不认为，雕刻在托马斯·莫尔爵士、雷利、罗素、西德尼这样一些最杰出的人物头像下面的那把一直代表砍头的斧子，使附有这种标记的这些人物显示出某种真正的高贵和意趣，这比他们从自己偶尔佩带的无用的仅用做装饰的纹章这种东西中所得到的更为优越。

这种高尚行为也不只是给正直与高尚的人的品质增光添彩，它甚至会使人从一定程度上带着亲切的敬意看待要犯的那些品质。一个强盗或抢劫犯在断头台上，依然能够保持庄重和坚定，虽然我们对他将要承受的惩罚完全没有异议，但是，我们常常不得不感到惋惜：一个人，具有这种优异和卓越的才能，竟然也会犯下这样卑劣的罪行。

战争是一个学校，帮助人们获得和锻炼这种高尚品质。正如我们所说的那样，死亡是最可怕的事情，如果一个人克服了对死亡的恐惧，在面对其他任何自然灾难时，都不会有丝毫慌乱。在战争中，人们逐渐熟悉了死亡，从而必然会消除意志薄弱和没有经过战争的人身上的那种迷信式的恐怖。他们会变得只把死亡看成是生命的丧失，只把它看成厌恶的对象，正如生命恰巧是希望的对象那样。从战争的经验中，他们得知，许多危险，表面看起来很大，但实际并不像显现的那么大，只要振奋精神、竭力思考和沉着应付，常常很有可能成功地摆脱最初看来没有希望的处境。就这样，对死亡的恐惧大大减少，而逃离死亡威胁的信心和希望则增强了。他们学会了比较自如地面对危险。当他们处在危险之中，他们不急于摆脱，也不慌乱。军人会习惯性地轻视危险和死亡，正是这样的行为使得军人的职业高尚起来。并且，许多人认为，同其他职业相比，军人这种职业显得更高贵体面。在为自己的国家服役期间，熟练而成功地履行军人的职责，一切时代人们特别喜爱的英雄们的品质似乎都具有这一最显著的特征。

军事上巨大的功勋，虽然违背一切正义的原则，并且毫无人性，但是，有时也会引起我们的兴趣，甚至会使我们对指挥战争的毫不足取的人产生一定程度的尊敬。我们甚至对海盗们的业绩感兴趣。当我们从书中读到这些微不足取的人的历史时，心中却会怀着某种尊敬和钦佩的心情。与任何一般的历史课本可能提到的情况相比，他们在追逐最罪恶的目标时，忍受了更大的艰辛，克服了更大的困难，遇到了更大的危险。

在许多场合，对愤怒的控制与对恐惧的控制一样伟大和崇高。在古代和现代的雄辩中，恰当地表达正义的愤慨，造就了许多最好和最令人叹为观止的段落。雅典的德摩斯梯尼对马其顿国王的猛烈抨击，西塞罗反对喀提林党徒的宣言，都高尚而合宜地表达了这种激情，从中可见它们的全部妙处。但是，这种正当的愤怒，只不过是抑制自己内心的愤怒，并将其缓和到公正的旁观者能够给予同情的程度。那种怒气冲冲的、喧闹的激情一旦超过这个界限，就会让人觉得讨厌和令人不快。使我们感兴趣的，不是这个发怒的人，而是他所愤恨的那个人。在很多时候，宽恕这种高尚的品格，甚至可能比最合宜的愤恨更为高贵。如果激起愤怒的一方作了合宜的道歉，或者即使他们完全没有作这样的表示，但公众的利益需要我们与最厌恶的敌人携起手来履行某项最重要的责任，一个人如果能够抛却一切敌意，真诚而热情地信任那些曾经激烈地反对过他的人们，他似乎应当得到我们高度的钦佩。

然而，对愤怒的抑制，并不总能显出这种灿烂的色彩。恐惧是愤怒的对立面，也常常是抑制愤怒的原因。在这种场合，由于动机的卑微，这种抑制的一切高尚性质也便不复存在。由于愤怒，人们会攻击对方。而有时，纵容愤怒似乎显示出某种高于恐惧的胆识。纵容愤怒有时是虚荣的表现，纵容恐惧却从来不是。爱好虚荣而软弱的人，面对他们的下级或不敢反对他们的人时，常常表现出一副慷慨激昂的模样，并且自以为这样就显示出了气魄。恶棍常编造许多谎言，将自己形容得极端蛮横无理，并且认为虽然自己在他的听众眼中无法成为一个和蔼可亲和值得尊敬的人，但至少可以成为一个很可怕的人。现代的风气鼓励人们决斗，因而在一些场合，可以说是鼓励人们去寻私仇，或许在很大程度上，这种风气使当今因恐惧而抑制愤怒的行为变得更为受人鄙视。但在对于恐惧的控制之中，总有某些高尚的东西，不管这种控制是出于什么原因，为了什么目的。对于愤怒的控制却并非如此。只有这种抑制完全以体面、尊严、合宜的意识为基础，才可能得到人们完全的赞同，否则，决不会得到。

如果没有什么诱惑，使我们不再按照谨慎、正义和合宜的仁慈的要求行事，坚持这些要求似乎并不体现什么高贵的品质。但是，在巨大的危险和困难之中，冷静而审慎地行动，虔诚地奉行神圣的正义原则，不受可以引诱我们违反这些原则的重大利益的诱惑，也不受可以激怒我们去违反这些法则的重大伤害的胁迫，从不听任自己的仁慈的性情由于个别我们帮助过的人的歹毒和忘恩负义而受到压抑和伤害，上述的行为，则可以体现最高贵的智慧与最崇高的美德。自制不仅本身是一种重要的美德，而且，也正是由于自制，所有其他美德才能够体现出各自的光辉。

对恐惧的抑制，对愤怒的抑制，都是伟大和高尚的自制力量。当正义和仁慈驱使它们行动时，它们不仅自身是伟大的美德，而且也会为其他美德增光添彩。然而，它们有时也会因为截然不同的动机而行动。在那种场合下，虽然这种自制仍然是一种伟大而值得尊敬的力量，但它们也可能变得极端危险。无畏的勇猛可能被最不义的事业利用。在受到严重挑衅时，在表面上的平静和好脾气之下，有时可能潜藏着非常坚决和残忍的复仇心。这种掩饰所必需的内心力量，虽然卑劣的虚妄总是并且必然玷污它们的美德，但是常常受到许多不持卑劣看法的人的高度钦佩。梅迪契家族中的凯瑟琳的掩饰功夫常常受到渊博的历史学家达维拉的称颂；迪格比勋爵及其后的布里斯托尔伯爵的掩饰功夫，受到了严肃、认真的克拉伦敦勋爵的称颂；沙夫茨伯里一世伯爵先生的掩饰功夫受到了见多识广的洛克先生的称颂。甚至西塞罗似乎也认为，这种欺骗确实算不上高尚的品质，但也是一种具有一定适用性的灵活的行为方式。他认为，从总体来看，它还是值得赞同和尊重的。他以荷马著作中的尤利西斯、雅典的地米斯托克利、斯巴达的来山得、罗马的马库斯·克拉苏等人的品质作为这种欺骗的例子。在发生国内大战、激烈的党派斗争和内战时，这种隐秘而阴险的欺骗就会经常出现。在这种情形下，法律常常无能为力，最无辜的人也无法获得最起码的安全保障，为了自我保护，面对在那时占上风的任何政党，大部分人都不得不采取随机应变、见风使舵和佯装顺从的态度。常常伴随这种虚伪的品质出现的，还有极其冷静的态度和毅然决然的勇气。这种勇气是虚伪出色的表现的必需条件，正如死亡通常要通过某种检测来确定一样。这种虚伪可以普遍地用来加剧或减轻对立派别之间的那些深切的敌意，其实正是这种敌意使虚伪成为必要。虽然虚伪有时会有些用处，但是同样可能是十分有害的。

对不太强烈、不太狂暴的激情的抑制，似乎更不容易被任何有害目的所滥用。节制、庄重、谨慎和适度，总是可爱的，而且不大可能为任何有害的目的所利用。令人感到可爱的纯洁与简朴，令人敬重的勤奋和节俭，都是美德，在经过坚持不懈的平和的自我控制后，才获得了伴随这些美德的一切朴实的光彩。行走在幽僻而宁静的生活道路上的那些人，通过自我控制，他们的行为获得了这种行为内在的优美和优雅。这种优雅，虽然不那么耀眼，但是，与英雄、政治家和议员的显赫行为中包含的那种优美和优雅相比，这种优雅令人喜爱的程度，有时甚至是更加强烈的。

在从几个不同的方面对自我控制的性质作了说明之后，我认为，再没有必要更深入地详细论述这种美德。现在我只打算讨论的是：合宜的程度，即公正的旁观者所赞成的激情的程度，是因激情的不同而相应变化的。对某些激情来说，过分比不足较少使人感到不快，而且这种激情合宜的程度似乎比较高，或者说，它更接近于过分而不是不足。对另一些激情来说，不足比过分更少使人感到不快，而且这种激情合宜的程度似乎较低，或者说，它更接近于不足而不是过分。前一类激情更容易引起旁观者主动地表示同情，后一类激情则非常难以引起旁观者的同情。前者也是其即时的感受或感觉令当事人心情愉快的一种激情，后者则是其即时的感受或感觉令当事人心情不愉快的一种激情。由此，我们可以确定出下面这条一般准则：旁观者最乐于表示同情的那种激情，可以说其合宜程度是很高的，是即时的感受或感觉或多或少令当事人心情愉快的一种激情；相反，旁观者最不想表示同情的那种激情，可以说其合宜程度是较低的，是一种其即时的感受或感觉或多或少不令当事人心情不愉快的、甚至可能使他厌烦的激情。这条一般准则，在我所能作出的考察之中，到目前为止还没有一个例外。只要举少数几个例子，这条准则的原理和它的真实性都很容易就被说明白。

仁爱、仁慈、亲情、友谊、尊敬，这些有助于把社会上的人团结起来的内心感情的倾向，有时可能会过分。然而，即使一个人的这种感情有些过分，其他每一个人依然会喜欢他。对这种过分的感情，我们虽然有所责备，但是，仍然同情地、甚至是亲切地看待它，而从来不会厌恶它。对于它的过分，我们的感受更多的是遗憾，而不是愤怒。在很多场合，对这种过分的感情的纵容，对直接产生这种感情的人本身来说，不仅是愉快的，而且是非常有趣的。确实，在某些场合，特别是这种过分的感情施加的对象往往是一个卑劣小人时，常常使产生这种感情的人感到发自内心的真切的苦恼。然而，即使在这种情形下，一个心地善良的人看待他时也会怀着最大的同情，并且对矫揉造作地藐视他的软弱和轻率的那些人感到极大的愤慨。相反，所谓铁石心肠的这种感情的不足，当它使一个人对别人的感受和痛苦无动于衷的时候，同样也使别人对他的感受和痛苦无动于衷。而且，由于把他被排斥在世上一切人的友谊之外，也就与在社会上一切最好的和最舒适的享受全都无缘。

愤怒、憎恨、妒忌、仇恨这些倾向，常会使人们不相往来，并且似乎促进人类社会各种联系的内心感情之间的隔阂，其过分较之不足更易使人感到不快。这种过分使产生感情的人自己也感到卑劣和可耻，并且使他成为别人憎恨的有时甚至是恐惧的对象。

却很少有人埋怨它的不足。然而它们的不足也可能是有缺陷的。男性品质中最基本的缺陷，就是缺乏正当的义愤，而且，在许多时候，这使一个男子没有能力保护他自己或他的朋友，使他们远离侮辱和伤害。甚至愤怒和憎恨这一本能，也有其缺陷。过度的愤怒和憎恨，方向不适当的愤怒和憎恨，都是由于可恶可憎的妒忌。妒忌这种激情，使人以怀有恶意的厌恶心情来看待真正有资格拥有他们所拥有的一切优势的那些人身上的优势。有些人会在大事情上温顺地容忍一些其他不具备这种优势的人凌驾于自己之上，必然会被公正地认为是缺乏骨气的人。在怠惰懒散、有时可以在好脾气、在不爱与人作对、讨厌忙乱和恳求之中，通常都发现这种软弱，有时这种软弱也会出现在某种不合时宜的宽宏大量之中，这种宽宏大量认为，对它曾藐视的利益，它可以始终保持藐视的态度，于是就十分轻易地放弃了这些利益。然而，常常是极度的懊悔，继这种软弱之后到来，而且开始时表面上所具有的那种宽宏大量，到最后常常让位于最恶毒的妒忌以及对某些人卓越之处的憎恨。那些人一旦获得了某种优势，而能够说明他有资格拥有这种优势的仅仅只有他获得了这种优势这个事实。为了舒适地生活，在任何情况下，我们都有必要像维护自己的生命和财产那样，去维护自己的尊严和地位。

像对个人的挑衅的感受一样，我们对个人的危险和痛苦的感受，其过分而非不足更容易使人感到不快。没有一种品质比怯懦更可鄙，没有一种品质比在最可怕的危险中不惧死亡、并且保持镇定沉着更值得赞美。对于以男子气概和韧性来忍受痛苦和折磨的人，我们总是非常尊敬；而如果一个人在痛苦和折磨面前气馁，并且任性地作无谓的喊叫和女人气的痛哭，我们可能怎么都没有办法尊重了。过于在意每个小小的不幸，由此烦躁不安，会把人变成一个他自己也感到可怜的人，变成一个招人讨厌的人。一个镇定沉着的人不允许人类日常生活过程中的小小伤害或微不足道的不幸打扰内心的平静，但是当面对自然的和道德上的邪恶侵扰世界时，期待并甘于忍受两者带来的一点痛苦，对他本身来说是一桩幸事，也带给他的所有伙伴以舒适和安宁。

但是，我们因自己所受到的伤害和不幸而产生的感受，虽然通常会非常强烈，但也可能非常淡薄。一个人，如果对自己的不幸几乎没有什么感觉，对他人的不幸必然也没有什么感觉，并且更不愿意去消解这些不幸。一个人，如果对自己蒙受的伤害几乎没有什么愤恨，对他人蒙受的伤害必然也没有什么愤恨，并且更不会愿意去保护他人或为他人报复。对人类生活中的各种事变麻木不仁，必然会不再热切而又诚挚地关注自己行为的合宜性。而美德的真正精髓，正是由这种关注构成。如果我们完全不关心自己的行为所能产生的结果，那么我们也几乎不会考虑这些行为是否合宜。一个人，只有感受到自己遭遇的灾难所带来的全部痛苦，感受到自己蒙受的伤害所具有的一切卑劣，更强烈地感受到自己的品格所要求具有的那种尊严，并不听任自己被因处境而自然产生的那些混乱的激情所左右，而是按照他内心那个伟大的居民、那个神一样的人所指定和赞许的那些受约束的和矫正过的情绪来指挥自己的全部举止和行为，只有做到这些，一个人才是真正具有了美德，才是热爱、尊敬和敬佩的唯一真正的、合宜的对象。高尚的坚定，是以尊严和合宜的意识为基础的高贵的自我控制，麻木不仁无法与之相提并论，麻木不仁出现得越频繁，高尚的坚定所能体现出的价值便会相应降低，在有些情况下，甚至会完全消失。

虽然对个人遭到的伤害、对个人的危险和不幸完全没有感受，会使自我控制的一切价值化为乌有，但是，上述感受却极易可能过度，而且常常是这样。当适宜感，或者内心法官的能力，能够控制这种极度的感受时，那种能力必然毫无疑问显得非常高尚和伟大。但是，这种控制自己强烈感受的过程可能非常困难，是很不容易做到的。通过某种巨大的努力，一个人可能在行为上表现得完美无缺。但是，两种天性之间的斗争，内心的思想冲突，可能过于激烈，以致无法始终保持内心的平静和愉悦。一个聪明人，若已经拥有了造物主赋予他的这种过于强烈的感受，而且他的这种感受没有因幼年的教育和适当的锻炼而大为减弱，内心没有因此变得冷酷，在职责和合宜性所许可的范围内，会对自己不能很好适应的境况选择回避的态度。一个人，由于软弱和脆弱，而对疼痛、苦难和各种肉体上的痛苦过于敏感，绝对不会鲁莽地从事军人这种职业。他若对伤害过于敏感，不会轻率地掺和党派之争。虽然合宜感会加强到足以控制所有那些感情，但在这种斗争中，内心的平静总会遭到破坏。在这样的骚扰中，判断并不总是能够保持平常的那种敏锐性和精确度。即便他心里总是计划采取合宜的行动，但他常常会鲁莽和轻率地行事，他自己在今后的生活中都会永远因为如此的举动而感到羞耻。一定的刚毅、胆量和坚强的性格，不管是先天的还是后天的，对一切自我控制的高尚努力来说，无疑是最好的基础。

虽然对于形成个人的坚强和坚定的性格来说，战争和党派斗争是最好的学校，虽然对于怯懦来讲，战争和党派都是最好的药物。然而，如果一个人要面对的考验，恰好在他从学校学完全部课程毕业之前来到，恰好在药物产生应有的疗效之前来到，其结果就不会令人满意。

我们对生活中的快乐、消遣和享受的感受，同样会因其过分或不足而有所不快。然而，过分似乎不像不足那样使人感到不快。无论是旁观者还是当事人，强烈地追求欢乐，必然比对娱乐和消遣对象的无动于衷更令人愉快。我们迷恋于年青人的欢乐，甚至小孩子的游戏，而很快就会厌烦老年人的单调乏味。确实，当合宜感无法将这种追求控制在适度的范围内时，当这种追求与时间或地点、那个人的年龄或地位不相称时，当他沉迷于它以致玩忽职守时，很明显，这样的追求是过分的，并且对个人和社会都是有害的。然而，在大部分这样的场合，人们主要挑剔的，并不是对欢乐强烈的追求，而是由此引发的对合宜性和责任感的疏忽。一个年青人对天然适合于他那年龄的消遣和娱乐不感兴趣，所谈论的只是书本和事业，人们会讨厌他的刻板和迂腐，而且我们也不因他的清心寡欲、远离不合宜的放纵享乐而称赞他。

自我评价可能过高，也可能过低。高估自己是如此令人愉快，低估自己是如此令人不快，以致对个人来说无可怀疑的是：相对少许地低估自己来说，在某种程度上高估自己，没有那样令人不快。但是，那个公正的旁观者的看法也许会与此完全相反。对他来说，高估自己必然总是比低估自己更加令人不快。我们更经常抱怨我们的同伴的，无疑是其自我评价过高而不是不足。当他们摆出一副和我们相比高高在上或者远远在前的样子时，他们的自我评价就对我们的自尊心造成了伤害。我们的自尊和自负促使我们去指责他们的自尊和自负，而且我们无法再担任他们行为的公正的旁观者。然而，如果其他任何人在同伴面前假装他具有并不属于他的某一优点，而他们对此能够容忍不加指责的话，我们对他们的就不仅是责备了，而且常常会鄙视他们的为人，认为他们品行卑劣。相反，如果他们在其他人中间竭力争取，使自己再向前一点，接着爬到一个我们认为同他们的优点不相符的高位，那么，虽然我们可能不会完全赞成他们的行为，但总的来说，我们常常会为此感到高兴。而且，在没有妒忌的情况下，我们对此感到的不快，几乎总是大大低于如果他们放任自己被贬到一个低于自己应有的地位时我们感到的那种不快。

在评价我们自己的优点，评判我们自己的品质和行为方面，具有两种不同的、我们必然采用的标准。一种是完全合宜和十全十美的观念，这是我们每个人都能够理解的观念。另一种是接近于这种观念的标准，这个标准，是通常世人可能达到的，是我们的朋友和同伴、对手和竞争者中的大部分已经达到的。我们在试图对自己做出评价时，很少——我倾向于认为从来没有——不多多少少地注意到这两种不同的标准。但是，各种各样的人的注意力，甚至同一个人在不同时间的注意力，常常极为不同地分配在两者身上，有时主要是指向前一种标准，有时主要是指向后一种标准。

当我们的注意力指向前一种标准时，即便是我们中间最有智慧和最优秀的人，审视自己的品质和行为时，所能见到的也只是缺点和不足。他们能找到许多理由来表示谦卑、遗憾和悔悟，但找不出任何可以妄自尊大和自以为是的理由。当我们的注意力指向后一种标准时，可能由于这样或那样的影响，我们会感到自己真正高于或低于我们用来衡量自己的那个标准。

一个有智慧和美德的人，把他的主要注意力集中于前一种基于完全合宜和十全十美的标准。这种观念存在于每一个人的心中，它是人们长期观察自己和他人品质行为而逐渐形成的，是我们内心那个伟大的神明一样的人，那个判断行为好坏的伟大的法官和仲裁者，缓慢、循序渐进、按部就班加工而成的。每个人都一定程度地准确地掌握这种观念，由于为此作出的那些观察的感受细微和精确的程度，以及进行这种观察时专心的程度和注意力的强弱，所掌握的这种观念在色彩上或多或少是协调的，所勾画出来的轮廓或多或少是逼真的。具有智慧和美德的人，感受能力生来就极其精确而细微，在进行这种观察时，他们倾注了全部心力。轮廓上的特征每天有所改进，色彩上的瑕疵每天有所改正。和其他所有人相比，他都更加努力地探索这种观念，也更加深入地理解了它。在自己的心中，他形成了某种更加正确的概念，而且更加深切地为它那优雅而神妙的美而着迷。他竭尽全力按照那个完美的形象来塑造自己的品质。他临摹那个非凡的画家的作品，但他却无法临摹得完全相同。他感到自己一切努力中还是有着不够完美的地方，并忧伤而苦恼地看到人造的复制品与神造的原物之间是有着多么明显的区别。他怀着关切和羞耻的心情想到，由于自己常常缺乏注意力、良好的判断力和性情，从而自己的言语、谈吐和举止违反这些严格的完全合宜的法则，并且就这样偏离了那个他愿意据以塑造自己品性和行为的模型。确实，当他把自己的注意力指向第二条标准时，指向他的朋友和熟人通常能达到的那种完美程度时，他可能会发现自己身上的长处。但是，由于他主要的注意力总是指向前一条标准，他从与前一条标准的对比中所受到的贬低，必然远甚于从与后一条标准的对比中可能得到的提升。他从来不会扬扬得意，也不会傲慢无礼地看不起真正不如他的那些人。他十分清楚地意识到自己的不足，他十分清楚地知道自己在模仿那个正确的模型时所遇到的困难，因而对于其他人更大的不足，他也不会抱着轻视的态度。他决不因他们卑贱而羞辱他们，而是怀着最宽容的同情心去看待他们，并且，乐意在一切时刻，奉献自己的劝告和经验，帮助他们进一步提高。谁的品质都不可能完美无缺到不会有人从各方面胜过他的地步。因此如果，在某种特定的情形下，他们偶然胜过他，他决不去妒忌他们，他知道，超过自己是多么的困难，因而他尊重、敬佩甚至高度地赞扬他们的长处。总之，这种真正谦虚的品质，能够非常谦逊地看待自己的优点，同时充分认识他人的优点。这种品质在他的心里留下了深刻的烙印，他的一切行为和举止都会体现出这种显著的印记。

在所有自由和具有独创性的艺术中，在美术、诗歌、音乐、雄辩和哲学中，最伟大的艺术家总是能够在他自己最好的作品中发现真正的缺陷，他比任何人更清楚地知道，与他心目中完美的作品相比，这些作品还存在着很大的差距。对于那种完美作品，他已经形成了某种观念，他竭尽所能地想将这种观念付诸现实，但是他无法指望自己能创造出与观念中一模一样的作品来。只有二流的艺术家才会非常满意于自己的成就。他的心目中，几乎没有什么完美无缺的观念，他对这种概念几乎不加考虑。而且，他用来同自己的作品进行比较的对象，主要是其他艺术家的作品，或许还是更不入流的艺术家的作品。伟大的法国诗人布瓦洛，在我看来，他的某些作品并不比古代或现代的优秀诗歌差，但是他却常常说：没有一个伟大人物会对自己的作品感到十分满意。他的老朋友桑托伊尔是一个创作了一些中学生水平的作品却幻想自己是一个诗人的拉丁诗作家，却总是装出一副对自己的作品十分满意的样子。布瓦洛给他的回答可能是某种狡黠的双关语：他当然是这方面有史以来唯一伟大的人物。在评价衡量自己的作品时，布瓦洛采用的标准是他那诗歌领域里某种观念上的完美标准。我相信，他尽了一个人所能作出的最大努力，来深刻地考察这个观念上的标准，来把它精确地想象出来。而桑特维尔却主要是用他那个时代其他一些拉丁诗人的作品来和自己的作品进行对比的。和这些人中的大多数相比，他的水平当然不低。但是，如果可以这样说的话，和渐渐做成任何一个精微艺术品的复制品相比，使整个一生的行为和谈吐始终如一地和这种观念上的完美保持一致，确实要更困难得多。艺术家总是在其全部技能、经验和知识得以充分掌握和重新整理后，才从容不迫地坐下来从事他那宁静的工作。无论面对健康还是患病、成功还是失意、劳累还是懒散，当然还有清醒的状态，一个聪明人都必定能保持自己行为的合理性。他绝不会因为极其突然和出乎意料的困难和不幸的袭击而惊骇。他人的不义决不会惹得他采取不义行动。激烈的党派斗争决不会使他不知所措。战争的一切艰难险阻决不会使他消沉和恐惧。

在以其很大部分的注意力指向第二条标准、指向以他人的品质通常达到的那种程度作为标准时，来评价自己的优点、判断自己的品质和行为的人们中间，有一些人真实而正确地感到自己的所作所为大大超过了这条标准，每个理性和公正的旁观者也都认同这种感觉。然而，如果这些人的主要注意力总是指向一般的完美标准，而不是观念上的完美标准的话，他们就不会对自己的缺点和不足有清醒的认识。他们不懂得什么谦虚，常常是傲慢、自大而专横的。他们最喜欢赞美夸耀自己，而对别人则一味贬低。

虽然一般说来，他们的品质是很不端正的，而且他们实际上并不具有真正谦虚的人所具备的那种美德，但是，他们以极端的自我赏识为依据评价自我。极端的自以为是，蛊惑了大众，甚至那些比民众高明得多的人也常常受到他们的欺骗。民间和宗教界最没有学问的冒充内行的人和骗子经常令人惊奇的成功，足以说明各种最放肆而没有根据的自我吹嘘是多么容易欺骗民众。而且，当确实存在某种高度真实而实在的优点为这些自我吹嘘辩护时，当夸耀卖弄使这些自我吹嘘变得更为炫耀夺目时，当地位很高和拥有巨大权力的人物的支持这种夸耀时，当他们老生常谈式的大话博得民众的高声喝彩时，即使能清醒地作出判断的人，也常常沉湎于广泛称颂之中。正是这种愚蠢的喝彩声常常使他丧失悟性。而且当他只是远远地观察那些看起来伟大的人物时，他常常是怀着某种真诚的钦佩心情去敬仰他们，甚至他心中的敬佩之情会超过那些人所显示的自我尊崇所应得的。在没有妒忌的场合，我们都乐于表示钦佩，并且因此默默地、自然而然地倾向于赞美那些许多方面值得赞美的品质，甚至认为它们十全十美、无可挑剔。可能很容易理解这些伟大人物过分的自我赞美，而聪明的人，甚至会带着一笑置之的嘲讽态度，看待这些目空一切的自我吹嘘，尽管这些自我吹嘘常常使不接近他们的人怀着尊重，甚至几乎怀着崇敬的心情。然而，所有时代都有这样的情况：大部分名噪一时、信誉卓著的人，随着时间和岁月的流逝，他的名声和信誉会渐渐磨灭，直至变得一文不值。

然而，如果没有这种一定程度的过度的自我赞赏，就很少有人能取得人世间伟大的成就，取得支配人类感情和想法的巨大权力。最杰出的人物，完成了最卓越行动的人，剧烈地改革了人类的处境和看法的人，成就巨大的战争领袖，最伟大的政治家和议员，人数最多或取得最大成功的团体或政党的能言善辩的创始人和领袖，他们中间的许多人之所以能够独占鳌头并不是因为他们所具有的巨大的优点，而是因为同那种巨大的优点在某种程度上甚至是完全不相称的自以为是和自我赞赏。或许，他们去从事头脑冷静的人决不想从事的一项事业时，必须有这种自以为是，而且他们去博得追随者们的服从和忠顺，使其在这项事业中支持他们，也必需这种自以为是。因此，当他们屡获成功时，这种自以为是常常诱使他们迷恋虚荣，而虚荣常常会让他们接近疯狂，陷入彻底的愚蠢。亚历山大大帝不仅希望别人把他看成是一个神，而且起码他自己认为自己是众人眼中的神。他在躺在床上面对神永远都不会面对的死亡时，他要求他的朋友把他列入受人尊敬的神的行列，他自己很早以前就开列出了这样一个名单，他那年迈的母亲奥林匹娅（Olympia）或许也荣幸地进入了这个名单。在他的追随者和门徒们充满敬意的赞美声中，在公众普遍的赞扬声中，人们仿照神谕，也有可能只是附和这种赞扬声，宣告亚历山大大帝是最有智慧的人，是和苏格拉底一样伟大的贤人。虽然这个神谕已不容他自诩为神明，但其威力尚不足以阻止他陷入从某个无形而非凡的神那里神秘而频繁地得到暗示的幻想。恺撒的头脑也没有健全清醒到足以阻止他欣然认为自己是女神维纳斯的后代，而且，在这个被他说成是自己曾祖母的维纳斯的神殿前，当权威显赫的罗马元老院把一些过高的荣誉作为天命授予他的时候，他没有离开座位去接受。这种目空一切同其他一些几乎是充满孩子气的爱好虚荣的行为结合在一起——即便拥有非常敏锐和广泛的理解力，也很难马上想象出这种孩子气的爱好虚荣——似乎加剧了公众的猜忌，从而增加了刺客的胆量，加速了他们的密谋的实施。当代的宗教和风俗，基本不会鼓励我们的伟大人物自命为神，或者自命为先知。然而，成功同公众强烈的爱戴，两者结合在一起而产生的美丽光环，常常令一些最伟大的人物晕头转向，以致认为自己拥有大大超过自己真正拥有的价值和能力。而且，由于这种自以为是，他们常常会促使自己从事许多轻率的有时带来毁灭性后果的冒险活动。伟大的马尔伯勒公爵，取得延续十年的辉煌胜利，几乎没有一个平常人能够自夸，但这并没有诱使他做出一个轻率的举动，说一句轻率的话或显示出一种轻率的表情。这几乎是他所独有的特性。我认为，尤金王子、已故的普鲁士国王、伟大的孔代亲王、甚至古斯塔夫二世，这些后世的伟大的战争领袖，可能都并没有具备这种适度的冷静和自我控制。蒂雷纳的品质似乎最与之接近，但是，他一生中所处理的几件不同的事情足以表明，他身上的这种品质不及马尔伯勒公爵身上的那种完美。

在平头百姓的小算盘中，同样也在高层人士的雄心壮志中，巨大的才能和成功的计划起初常常怂恿人们去投身最后必然走向破产和毁灭的事业。

对勇敢、宽宏大量和品格高尚的那些人的真正优点，每一个公正的旁观者所表示的尊敬和钦佩，都是恰如其分的有根有据的，所以也是稳固而持久的，不会随着他们命运的好坏发生变化。而这个旁观者对他们过分的自我评价和自以为是所易于产生的那种钦佩，则是另外一回事。当他们取得成功时，他也确实常常被他们完全征服。成功蒙蔽了他的双眼，不仅使其看不见他们事业中的许多草率鲁莽之处，也常常使他看不到他们事业中的许多不符合正义的地方，而且使他宽容他们品质中的缺陷，不加挑剔，甚至他常常抱着极其热烈的钦佩态度看待这些缺点。然而，如果他们时运不济，各种事情的面目和名声便会随之翻转。过去认为是英雄式的宽宏大量的行为，还原为过分轻率鲁莽和愚蠢所应该有的名声；过去隐藏在繁荣景象后面的那些贪婪和不义的邪恶，现在暴露无遗，并且损害了他们事业的一切声誉。如果恺撒在法萨卢斯战役的结果，不是取得胜利而是遭到失败，那么他的品质被贬低到的程度比喀提林好不了多少，而且最愚钝的人在看待恺撒的事时，也会用可能比当时加图所具有的一个党徒的全部敌意更为邪恶的态度，把恺撒的事业看成是反对国家法律的行径。同喀提林具有许多高尚的品质的真实优点在当时为大家所公认一样，人们也都认可恺撒真正的美德：正当的爱好、简练典雅的文笔、得体的修辞、娴熟的指挥能力、应付不幸事件的才干、面临危险时的冷静而镇定的判断能力、对朋友的忠诚、对敌人无比的宽宏大量。但是，由于他妄图夺取一切的野心所表明的那种自大和不义，所有这些真实优点都会黯然失色。命运在这方面和其他一些方面对人类的道德情操具有重大的影响。而且，根据境遇的有利或不利，能使同样的品质受到普遍的爱戴和钦佩，也能使之受到普遍的憎恨和鄙视。然而，人类道德情感的这种巨大的不和谐，并非毫无用处。在这里和在其他许多场合一样，甚至在人类的弱点和邪恶方面，我们也可能赞美上帝的贤明。和我们对财富和地位的尊敬一样，我们对成功的钦佩是基于同一原则的，对于确立各阶层之间的区别和社会的秩序，他们同样是必要的。这种对于成功的钦佩，使我们能够较为平静地去顺应那些人类社会的发展进程向我们指出的优胜者，使我们能够怀着一种尊重、甚至是敬仰的心情来看待那种无法抗拒的能带来幸运的暴力，不仅是如恺撒或亚历山大大帝这种杰出人物的暴力，而且常常是如阿提拉、成吉思汗或帖木儿等那样最蛮横和残暴的人的暴力。对所有这些强大的征服者，人类之中的大部分人看待他们时，都必然倾向于带着一种惊奇的、虽则无疑是不充分和愚蠢的钦佩之情。这种钦佩引导他们半推半就地顺从某种统治在自己身上的不可抗拒的力量，而且没有一种反抗能把他们从这种统治中解救出来。

虽然自我评价过高的人在顺境中，有时似乎会比具有端正和谦虚的美德的人得到更多的好处。赞扬声主要是来自群众的，来自那些从远距离来观察他们双方的人，给予前一种人的常常比给予后一种人的更为响亮。但是，如果公正地考虑各方面的因素，或许在所有场合，真正大为有利的不是前一种人，而是后一种人。他们不会认为自己拥有除了自己所真正具有的优点之外的任何其他优点，也不希望别人这么认为，他们并不担心丢面子，也并不害怕暴露真相，而是非常满意自己品质名副其实的真实性和稳定性。钦佩他的人可能不太多，他们得到的赞扬声也可能不够响亮，然而那个在其近旁观察他、极其深刻地了解他的最聪明的人，对他的赞扬最为热烈。一个真正的智者，对另外一个智者对他审慎而恰如其分的赞美，比对一万个人对他虽则热情然而愚蠢聒噪的赞扬声，更感到由衷的满足。巴门尼德可能是这样一个智者：有一次，他在雅典的群众集会上宣读一篇哲学讲稿时，看到除了柏拉图以外，其他所有的听众都已离席而去，他还是继续宣读下去，并且说，能有柏拉图一个听众，他就心满意足了。

对高估自己的人来说，情况就不是如此。在近旁观察他的那些明智的人，对他的赞美最少。在他因自己的成就而陶醉时，他那过度的自我赞赏，远胜于他们对他表示的适度和恰当的敬意，因而他会认为他们的敬意实际上是出于某种恶意和妒忌。他对自己那些最亲密的朋友都有所猜疑。他对同他们交往感到不快。他把他们从自己身旁赶走，而且对他们为自己做的好事，他非但不会报答，而且常常是忘恩负义的或者冷酷而不义的。而对于那些表面上迎合他的虚荣心和自大心理的阿谀奉承的人和叛徒、卖国贼，他总是轻易地信任。而且早先那些虽然存在一些缺点但是总的说来还是可亲可敬的人，最终都会引起他们的轻视和讨厌。亚历山大大帝在陶醉于自己的成就时，杀死了克莱特斯（Clytus），因为他想把自己父亲菲利普开拓疆界的功绩占为己有；他将卡利斯塞纳斯（Calisthenes）折磨至死，因为后者拒绝按照波斯礼节来崇敬他；他还对父亲的好朋友、年高德劭的帕尔梅尼奥（Parmenio）产生了毫无根据的猜疑，便谋杀了他；其后先是不断折磨这个老人唯一存活的儿子（老人其余的儿子都在为亚历山大效劳时死去），然后把他送上断头台。菲利普提到帕尔梅尼奥时常常说，雅典人非常幸运，每年能找到十个将军，而他自己在一生中找不到第二个像帕尔梅尼奥这样的人。菲利普信赖帕尔梅尼奥的谨慎和专心，因此他在任何时候都可以安然入睡。他常常在高兴和欢宴时说：干杯吧，朋友们，我们可以安然无忧地畅饮美酒，恰恰因为帕尔梅尼奥滴酒不沾。据说，正是由于这个帕尔梅尼奥的参与和筹划，亚历山大大帝才能赢得一切胜利；如果没有他，亚历山大大帝就决不会获得一次胜利。而亚历山大那些所谓的朋友，只知道不断称赞和逢迎拍马，他们拥有亚历山大给予的仅次于他的权限，瓜分了他的帝国，甚而在劫走了他的家庭成员以及同这些成员有血统关系的亲属之后，一个接一个地杀害了所有的人，不论男女。

对于比普通人更卓越的那些杰出人物的过高的自我评价，我们不仅常常加以宽恕，而且常常能够完全体谅和同情他们。我们认为他们是勇敢、宽宏大量和品格高尚的人，所有用到他们身上的这些词语，都意味着高度的赞扬和钦佩。但是，在有些人身上，我们看不出什么超人之处。我们便不能理解和同情这样的人对自我过高的评价，对他们过高的自我评价，我们会感到讨厌和憎恶，我们很难原谅或容忍他们。我们把它称为骄傲和虚荣，这两个词语中的后一个总是意味着严厉的责备，前一个词也在很大程度上含有这个意思。

这两个罪名，虽然用在某些方面制约过高的自我评价时是相似的，但是在许多地方，两者是大相径庭的。

骄傲的人在自己的心灵深处确信自己身上的长处；虽然要去猜测他这种确信从何而来可能是困难的。他希望你看待他的眼光，是他想象自己处于你的地位时看待他自己的那种眼光。他向你提出的要求，只是他自己认为是正当的。如果你显然没有像他尊重自己那样去尊重他，他就会比受到屈辱更为不快，并且会像真的受到了某种伤害那样感到愤怒。但是，即便在那样的情形下，他也不会屈尊解释自己为什么提出那种要求。对于你的尊敬，他根本不屑于去争取，甚至还装做十分蔑视它。他努力保持自己虚假的身份，甚至不使你因意识到他的优越从而意识到自己的低劣。他甚或不愿激起你对他本人的尊敬，从而伤害你对自己的尊敬。

爱好虚荣的人并不是由衷地相信，甚至在自己的心底根本不相信，自己身上真的具有他希望你认为他有的那种长处。他希望你用来观察他的眼光，与他来了解一切的眼光一样，和站在你的位置上真正能用来观察自己的眼光相比，带有更为鲜明的感情色彩。因此，当你像是以不同的观点，或许实际上正以他本来应得到的角度来观察他时，他会比遭到伤害更感到不快。他抓住一切机会，极其夸张而不必要地展示他所具有的一些所谓的优良品质和才能，有时甚至通过虚伪地自夸他具备某种他根本不具备或者说具备的程度少得等于没有的品质和才能，向人们证明，他提出希望你将那种品质归于他名下这一要求的合理性。对于你的敬意，他非但不会轻视，而且为了得到这种敬意，他会用上让你极不自在的照顾来换取。他非但不想压抑你的自我评价，而且适当地维护它，以期你对待他时，能够同样维护他对自己的评价。他奉承你是为了得到奉承。为了让你对他有一个好的看法，他对你彬彬有礼，殷勤备至，有时甚至向你提供实实在在的帮助，努力使你感到愉快，竭力收买你。虽然他也往往借这些举动来夸耀自己，或许还带有不必要的卖弄的意思。

看到人们对地位和财产的敬意时，爱好虚荣的人会十分羡慕，也很使人们对他的才能和美德表示敬意。因此，他会精心选择服饰、用具和生活方式，使它们全都用来显示他具有比实际属于他的更高的地位和更多的财产。为了在他一生的早期维持几年这种愚蠢的欺骗，他常常长期陷于贫穷和不幸之中，直至他终止这种行为。然而，只要他能维持他的开支，他的虚荣心总是会满足于自我欣赏之中。他观察自己时，不是在用如果你了解了他所了解的一切你会用来观察他的那种眼光，而是在用他设想你受到他服饰的引诱而实际用来观察他的眼光。在一切由虚荣心而生的幻觉之中，这或许是最常见的一种。到国外去访问的无名之辈，或者从一个偏僻的省份到首都作一次旅行的人，常常试图以此满足自己的虚荣心。这种企图的愚蠢之处虽然总是分外明显的，任何一个有理智的人都会认为这是极其卑劣的，但是在这里，也许完全不像在其他大多数场合所表现出来的那样明显。如果他们逗留的时间不长，就可能避免别人察觉到他们的不光彩。而且，用几个月或几年的时间满足了自己的虚荣心之后，他们可以回到家里，用今后极度的节俭来弥补过去的挥霍。

骄傲之人很少会因这种愚蠢而受人指责。由于他的自尊心，他始终小心翼翼地保持自己的独立。并且，当他拥有恰好不多的财产时，虽然他愿意过像样一些的生活，但他还是努力奉行节俭。他极其讨厌爱好虚荣的人的那种排场。或许，这种开支会使他相形见绌，但是他的骄傲认为这种排场是某种身份决不应有的僭越。他会因此而愤怒，总是会用极其刺耳和严厉的责骂来谈论它。

与那些和自己地位相等的人们相处，总是会使骄傲的人感到不太舒服；同地位比自己高的人们相处，会让他们更不舒服。他无法描述他那巨大的抱负，他被这些地位比他高的同伴的神采和谈吐所慑服，因而他不敢显示出他的抱负。他转而求助于比他低一等的同伴，那些他不太尊重的人，他不愿与之交友的人，以及同他们相处不会使他愉快的人，这些人就是他的下级、奉承他的人和侍从们。他很少拜访地位比他高的人，如果他这样做的话，与其说是为了获得他们相处时得到的真正的满足，不如说是为了显示他有资格同这种同伴交往。正如克拉伦登勋爵在提到阿伦德尔伯爵时所说的：他有时去宫廷里，因为他只有在那里才能发现比他伟大的人。但是阿伦德尔伯爵却很少去，因为他在那里发现了比他伟大的人。

爱好虚荣的人就完全不同。骄傲的人力求避开地位比他高的人，爱好虚荣的人则力求与他们相处。他似乎认为，他们的光彩总会有一些感染到接近他们的人身上。他经常流连于君主们的宫廷和大臣们的招待会，摆出一副财产和肥缺马上就要到手的神态，而实际上他若不去想什么财产和肥缺，反而拥有珍贵得多的幸福，只要他知道如何珍惜和享受这种幸福。他喜欢能有资格成为大人物宴会的座上宾，更喜欢向其他人夸耀自己在那里荣幸地与大人物亲近。他尽可能维持交往的人，是上流社会的那些人物，是被认为是左右公众舆论的那些人，是聪明机智、学识渊博的和深得民心的那些人。一旦善变的公众爱好偶然在某些方面变得对他最好的朋友们不利，他就会避免同他们相处。对于某些人，他希望他们能引荐自己，为了达到这个目的他采用的手法并不总是很高雅的：不必要的夸大其词、没有根据的自我吹嘘、持续不断的盲从附和、习以为常的阿谀奉承，虽然这种奉承在大部分情况下是使人感到轻松愉快的，而很少是一个谄媚者粗俗的和令人作呕的拍马屁。相反，骄傲的人从来不是奉承拍马者，对任何人都并不总是那么彬彬有礼。

然而，尽管一切自我吹嘘都是毫无根据的，虚荣心几乎总是一种轻松愉快的、而且常常是温和的激情。骄傲却总是一种严重的、阴沉的和严厉的激情。爱好虚荣的人的谎言，都是些无害的谎言，他们撒谎的目的在于抬高自己而不是压低他人。说句公道话，骄傲的人很少堕落到无耻地撒谎的地步。可是，一旦他这样做，他的谎言就决不会无害。骄傲的人是否撒谎，对他人来说都是有害的，因为他行为的目的就在于贬低他人。骄傲的人看到某人享有他认为不应享有的较高地位时，就会感到满怀愤怒。他看待他人时总是怀着敌意和妒忌，而且，在谈到他们时，他常常竭尽所能对凡是他认为是他人的长处由以产生的根据都加以低估和贬低。任何有关他人短处的谣言传播开来，虽然他自己很少参与编造这些谣言，但他常常乐于相信，而且热衷散播，有时甚至添油加醋。爱好虚荣的人最恶劣的谎言，我们都可以称其为小谎言；但一旦骄傲的人堕落得开始撒谎，我们可以认为他的所有谎言都是最卑劣的谎言。

出于对骄傲和虚荣的厌恶，我们通常宁可把我们指责为有这两种缺点的那些人置于通常水平之下而不愿把他们置于通常水平之上。然而我认为，这种判断经常会使我们犯错。而且骄傲的人和爱好虚荣的人常常是，或许绝大部分是，远高于普通水平的，虽然没有骄傲的人自认为的那么高，也不像爱好虚荣的人希望别人认为的那么高。如果我们把他们同他们的自吹自擂形成的形象相比较，他们似乎应该受到鄙视。但是如果我们把他们同其大部分对手和竞争者真正具有的水平相比较，结论就会大不一样，我们会发现他们具有的才能很可能大大超过通常的水平。在存在这种真正的长处的地方，骄傲常常会伴随着这样一些令人尊敬的美德：真诚、正直、高度的荣誉感、热心而忠诚的友谊、坚韧不拔和不可动摇的决心；虚荣心常常会伴随着许多令人感到亲切的美德：仁爱、礼貌、感恩，在一些重大的事情上真正慷慨地报答别人的愿望，然而，这种慷慨常常是虚荣心以它所能有的最绚丽的色彩展示出来的。在 17 世纪，法国人被他们的竞争者和敌人指责为爱好虚荣，西班牙人被指责为骄傲，不相干的外国人则倾向于把前者看成是更可爱的人，把后者看成是更令人尊敬的人。

爱慕虚荣的和虚荣心这两个词从来不会被用做褒义。我们带着好心情谈论一个人时，说他因为有虚荣心可能显得更好，或者说，他的虚荣心更让人高兴而非讨厌。但我们仍然认为这种虚荣心是他品质中的一个弱项和笑柄。

相反，骄傲的和骄傲这两个词有时会被人以褒义来使用。我们常常说某个人是一个很骄傲的人，或者说他过于高傲，从来没有卑劣行为。在这里，骄傲就混杂着某种高尚的东西。亚里士多德这个洞察世事的哲学家，在描写高尚人物的品质时，也描绘了这种人物的众多特点。而在过去两个世纪内，它们通常被说成是西班牙人的品质：对一切决心要做的事，他都曾深思熟虑，仔细思考；一切行动都从容不迫甚至迟缓；他声音庄重，谈吐审慎，步伐和举止舒缓；他不是在处理小事时显得懒散，而是在那些需要以最坚定和最强烈的决心去处理的所有重大事件和特殊事件上，也显得懒散；他不喜欢危险，或者说他不会鲁莽无畏地冒险，但却敢于面临有重大意义的危险，而且，当他面临这样的危险时，他完全不会顾及自己的生命。

骄傲的人通常非常满意自己，因而认为自己的品质不需要作任何改善。自认十全十美的人必然十分鄙视一切进一步的提高。对自己的长处过于自信以及荒谬的自大，通常会伴随他一生，从青春年少到白发苍苍。像哈姆雷特所说的，他死时，未经抹油，没有受过临终涂油礼，要带着他的全部罪恶死去。

爱好虚荣的人就不是这样。他们希望得到一些能够引起尊敬和钦佩之情的品质和才能，而希望得到他人尊敬和钦佩的欲望，是一种对实实在在的光荣真正的热爱。人类天性中，这种热爱即使不是最好的激情，也肯定是最好的激情之一。虚荣心通常不过是企图过早地获取今后在时机成熟时应该得到的荣誉。虽然你的儿子只有 25 岁——这当然只是一个纨绔子弟的年龄——但不要因此对他的未来，对他在40岁之前成为一个智慧而高尚的人、成为一个真正具有一切才能和美德的人丧失信心，虽然目前他只能是一个吹嘘自己具有、或徒劳希望获得这些才能和美德的人。教育过程中的一个重要秘诀就是把这种虚荣心导向正确的目标，决不能容许他夸耀自己那些微不足道的才艺。但是，对于他对实现有关真正重要的那些才艺的抱负，永远不要让他失去信心。他之所以要求获得它们，是因为他热切地想具有这些才艺。鼓励这种欲望，提供一切手段帮助他获得这种才艺。虽然有时他会在功夫尚未到家时装出一副已经获得这种才艺的样子，但不要对此过于生气。

在我看来，这些就是骄傲和虚荣心按照各自本质表现出来的不同特点。但是，骄傲的人总是爱虚荣的，爱虚荣的人也总是骄傲的。对自己的评价过高的人，希望别人也更高地评价他。或者，希望别人对自己的评价超过他对自己所作评价的人，这时还是自我评价过高。这一切再自然不过了。由于这两种缺点常常共存于一种品质之中，两者的特点必然混杂在一起。有时我们会发现，浅薄的虚荣心和不恰当的卖弄，是同最有害和幼稚的傲慢无礼结合在一起的。因此，我们有时无从识别一种特定的品质，或者不知道该把这种品质列为骄傲还是虚荣。

优点显著的人们，有时会低估自己，有时也会高估自己。这种人虽不非常高尚，但在私人交往中往往完全不是令人不快的。他的同伴们在同这样一个谦虚和蔼的人交往时都感到自己非常自在。然而，如果这些同伴们并不比常人更有识别能力、更宽宏大量，虽然他们会对他产生一些友好的情感，但是他们很难对他产生很高的敬意，而且他们的热情远远不足以补偿他们淡薄的敬意。

没有超乎常人的识别能力的人，对别人的评价从来不会超过对自己的评价。他们认为，他似乎在怀疑自己是否同他的地位或他的职务完全相称，于是立即转而喜欢上一些对自己的资质不抱任何怀疑的厚颜无耻之徒。如果他们不宽宏大量，纵然他们可能具有识别能力，而他们肯定能利用他的单纯，并且摆出对他们有某种优势的样子，而这种优势他们根本没有资格拥有。他的和善可能使他对此予以一段时间的容忍。但最终，常常在为时已晚之际，在他无可挽回地失去他应得的地位，并因他的优柔寡断而被他的一些并无太大功劳但是却十分热心的同伴所篡夺时，他才变得不耐烦。这样一个人之前一定为选择了这些同伴而感到莫大的幸运，如果在以后的生活中，那些他昔日友好相待的同伴给予他的总是公正的回报，他就有理由认为他们是自己最好的朋友。而且，一个过于谦虚和朴实的年青人常常会变成一个不受重视、牢骚连天和心怀不满的老人。

那些天赋大大低于平均水平的不幸的人们，有时对自己的评价似乎更不如他们的真实情况。这种谦卑有时几乎会使他们被人列入白痴的行列。无论谁，只要去仔细调查一下白痴，就会发现：他们中许多人的理解力决不低于另外一些虽然被人认为生性迟钝和愚蠢但没有被当做白痴的人。许多白痴仅通过同常人无异的教育，也勉强地学会了读书、写字和算术。许多从未被看做白痴的人，尽管受到了良好的教育，尽管在他们年老时仍有足够的精力去学习他们在幼时的教育中未能学到的东西，却始终从未学会上面三种技能中的任何一种。然而，出于某种骄傲的本性，他们认为自己属于年龄和地位与自己相同的那些人的行列，同时勇敢坚定地维护自己的地位。出于某种相反的本能，白痴感到自己不如你介绍给他的任何一个朋友。他非常容易受到的不公待遇，有可能会使他感到愤激和剧烈的愤怒。但是，不管你给予他多么良好的态度、善意或恩惠，都不能使他挺起胸膛同你平等地交谈。然而，如果你最终能使他同你交谈，你就会发现他的回答非常正常，而且通情达理。不过，他们内心总是保留着巨大的自卑感。他似乎畏畏缩缩，始终不敢正视你的面容，甚至在同你谈话时也不敢。不管你表现得如何谦虚，但当他在把自己摆在你的位置上时，还是感到你必然会认为他大不如你。一些白痴，或者说大部分白痴，之所以被人认为是白痴，似乎主要或完全是由于理解能力上的某种麻木或迟钝。但是，另外有些白痴，他们的理解力并不比很多未被看成是白痴的人更为麻木或迟钝，然而，在自己的同伴中维持自己平等地位所必需的那种骄傲的本能，在前者身上似乎完全没有，而在后者身上则相反。

因此，最能给当事人带来幸福和满足的那种自我评价，似乎同样也能给公正的旁观者带来最大的愉快。那个按照且只按照合适程度来评价自己的人，很容易从他人身上得到他认为是应当得到的一切敬意。他所渴望的，并不超过他所应得的，而且他对此感到非常满足。

相反，骄傲者和爱慕虚荣者始终不会感到满足。前者愤慨和憎恨别人身上他认为名不符实的长处，后者因为他预感到的随那些没有根据的自我吹嘘被人揭穿而来的羞耻而一直忐忑不安。即使真正具有高尚品德的人，也会有各种过分的自我吹嘘，但这因其杰出的才能和美德，更主要的是因为他的好运而得到维护，然而它们也欺骗了群众。他可以不重视这些群众的赞赏，但是它们欺骗不了那些智者，而这些智者的赞同是他不得不加以重视的，他渴望获得他们的敬意。他觉得他被他们看透了，并怀疑他们对他那过度的傲慢嗤之以鼻。从而相应地，他常常遭受很大的不幸，这些起先是他留意提防的秘密敌人，最后成为他公开地、狂暴地仇恨的敌人，而他们曾经的友谊似乎曾给予他们无忧无虑的幸福。

虽然我们厌恶骄傲虚荣的人，对他们的真正地位，甚至宁可低估而不愿高估，然而，除非我们因某种特殊的人身侮辱而产生的激怒，我们并不敢粗鲁地对待他们。一般来说，我们尽量采取默许的态度，并且尽可能迁就他们的愚蠢行为，以求得一时之畅快。但是，对于那些低估自己的人，除非我们比大部分人更具识别力且更慷慨，我们几乎也总像他对待我们那样不公平地对待他，而且经常比他还做得过火。他的心情不仅比骄傲虚荣的人更不舒服，而且他更容易受到他人的各种不公待遇。几乎在所有场合，过于骄傲都稍好于在各方面过于谦逊。并且，在当事者和公正的旁观者眼中，某种妄自尊大的情感似乎比任何妄自菲薄的情感更令人容易接受。

因此，像在其他各种感情、激情和脾性中一样，在这种自我评价的情感中，最能使公正的旁观者感到愉快的程度，也就是最能使当事人自己感到愉快的程度。而且，如果其过度或不足令旁观者感到最少的不快，也就相应地会令当事人自己感到最少的不快。

## 结　论

关心自己的幸福，要求我们具有谨慎的美德；关心别人的幸福，要求我们具有正义和仁慈的美德。前一种美德约束我们以避免受到伤害；后一种美德敦促我们提升他人的幸福。他人的情感是什么，应该是什么，或者在一定的条件下会是什么，在不考虑上述这些问题的时候，那三种美德中的第一种最开始是我们的利己心向我们提出要求，另外两种美德是我们仁慈的感情向我们提出要求。然而，对别人情感的关心，会迫使所有这些美德付诸实践并给予指导。而且一个人若在其整个一生中或一生中的大部分时间坚定不移地仿效谨慎、正义或合宜的仁慈这种思维方式，则其行为便主要是受这样一种尊重的指导。这种尊重的对象是那个想象中的公正的旁观者、自己心里的伟大居住者和对自己行为作出判断的那个伟大的法官和仲裁者的情感。如果在一天之中，我们有哪些方面违背了他给我们规定的一些准则，如果我们过于俭省或者不够俭省，如果我们过于勤劳或者不够勤劳，如果因为感情冲动和粗心大意我们在哪些方面损害了旁人的利益或者幸福，如果我们忽略了促进那种利益和幸福的某个明显而又恰当的时机，内心的这个伟大的居住者，就会在一天结束的时候要求我们对所有这些粗心大意和违背的行为作出解释。而且他的责备常常使我们因为我们做出有损自己幸福的傻事和对这种幸福的粗心大意而心存愧疚，或许也为我们对他人幸福更大的冷淡和漠视感到羞愧。

虽然谨慎、正义和仁慈这些美德在不同的情况下可能是由两种不同的原则几乎向我们提出相同的要求，但是，自控的美德之所以产生，在大多数情况下向我们提出要求的主要并且几乎完全是由一种原则——合宜感，对假想中的这个公正的旁观者的情感的尊重。假设没有这种原则所施加的约束力，在绝大多数情况下，如果可能的话，每一种激情就会急速地暴发出来并以此为快。愤怒就会由于这种激情自身的烈性而迸发出来，恐惧也就会由这种激情自身的极度焦虑而迸发出来。考虑到时间和地点的限制，会导致虚荣心受到一些抑制，使其不那么大声叫嚷不恰当地卖弄夸张，或者会抑制一些骄奢淫逸，使其不那么有恃无恐、低级下流和令人厌恶地纵欲过度。他人的情感是什么、应该是什么、或者在一定的条件下会是什么，对于上述这些问题的重视，在大多数情况下，是威慑所有那些难于控制和骚动的激情，把它们变成公正的旁观者，使其能够体谅和同情的心情和情绪的唯一原则。

的确，在某些情况下，抑制这些激情的，与其说是因为认识到这些感情不合时宜，不如说成由于慎重地考虑了可能伴随放纵这些激情而来的一些恶果。在此种情况下，这些激情虽然受到约束，但一直没有被根除，其固有的那种狂暴往往潜伏在心。一个人由于恐惧而压抑自己愤怒的感情，并不总是根除自己的愤怒，而只是把它推迟到一个更为安全的时刻去发泄。然而，一个人如果向一些人讲述自己曾经受到过的伤害，他便会立即意识到，由于他的同伴们以很有节制的情感来怜惜他而使他自己狂暴的激情得到平息和抑制，他很快会采用那些很有节制的情感，不用他以前所用的那种怒气冲天、凶暴残酷的眼光来理解那种伤害，而是用他的同伴们看待这种伤害时必然用的非常温和正直的目光来开始理解它。他不仅控制了自己的愤怒，而且在一定程度上战胜了自己的愤怒。这种激情真正变得比原先淡薄一些，已不太可能促使他去采取早先他也许很想做出的那种激烈和残酷的报复行动。

受到上述合宜感抑制的那些激情，都在一定程度上被这种合宜感节制和克服。相反，只是出于某种慎重考虑而抑制的那些激情，常常因为这种抑制而加剧，而且有时候（在他受到某种刺激之后很长一段时间内，在人们疏忽了它的情况下）会荒谬地和出人意料地带着十倍的愤怒和狂暴迸发出来。

然而，和其他各种激情一样，愤怒也可以在很多情况下非常恰当地被谨慎的考虑抑制。刚毅和自制的某种努力对这种抑制来说甚至是必需的，而且，那个公正的旁观者有时可能会用那种对他认为是寻常之举的行为采用的敷衍人的敬意来看待这种刚毅和自控的努力。他从来不会用一种观察合宜感克制他能真正谅解的那些相同激情时饱含感情的钦佩来看待上述行为。在前一种抑制中，这个旁观者通常能看出几分合宜性，如果你愿意的话，甚至还可以看出几分美德。但是，相对于后一种抑制的合宜性和美德来说，前一种则大为逊色，对于后一种抑制，旁观者总是产生一种心旷神怡和钦佩的感觉。

谨慎、正义和仁慈这些美德除了带来最令人愉悦的结果外，不会产生别的倾向。正如开始行为者看到了这些结果一样，其后公正的旁观者也看到了这些结果。在赞同谨慎的人时，我们非常满足地意识到他一定享受着一种安全保障，这是他在沉着镇定和深思熟虑的美德保护下处世时必然能够享受到的。在赞同正直的人时，我们同样满足地意识到一种安全保障，无论是邻居、有过交往的人，还是生意上来往的人，所有与他有联系的人，必然能够从他处处小心期望不伤害或不冒犯别人的心情中得到安全保障。在赞同仁慈的人时，我们感受到所有那些受到他惠泽的人所表示的感激，同他们一起深切地理解他的优秀之处。在我们对所有这些美德的赞同中，无论是对践行这些美德的人，或是对其他一些人，我们对这些美德的令人愉悦的结果及其效用的感受，会与我们对这些美德合宜性的感受相结合，并且总是构成那种赞同的值得关注的因素，常常是非常重要的因素。

但是，在赞同自我控制的美德时，对于这种美德的结果的满意，有时并不能成为构成那种赞同的因素，常常只构成其微乎其微的因素。这些结果有时可能是令人愉悦的，而有时可能是令人不快的。而且虽然我们的赞同无疑会在前一种情况下更为强烈，但在后一情况下也一定不会荡然无存。非同常人的英勇气概既可以在正义的事业中发挥效用，也同样可以在非正义的事业中造成后果。虽然在前一情况下这种英勇气概无疑会得到更大的热爱和钦佩，但即使在后一情况下也能表现出一种高尚与值得尊重的品质。包括这种英勇气概在内的一切自我控制的美德中，突出的引人注目的品质，似乎一直是所作努力中显示出来的高尚和坚定，以及为作出并坚持这种努力所必需的强烈的合宜感。而其结果却经常没有受到人们足够的重视。

# 第七卷　论道德哲学的体系

## 第一篇　论在道德情感理论中应当加以考察的问题

如果我们考察一下各种各样对人类道德情感的本质和起源作出了解释的理论中一些最成功的和最伟大的理论，我们就会看到，几乎所有的理论都或多或少地同我们一直在努力加以解释的理论相一致。而且还会看到，如果已经充分考虑过前面提到过每件事情的话，对于什么是引导每个作者去形成他那特定的理论体系中关于天性的观点或看法这个问题，我们就不会无从阐释了。每一种曾经在世界上被人称誉的道德学说体系，也许最终都来源于我们一直在努力阐释的某个原则。由于这些道德学说在这一方面全都把天性的原则作为它的基础，所以在某种程度上，它们都是正确的。但是，由于道德学说中有很多来自某种局部的、片面的关于天性的观点，所以在某些方面，这些道德学说也是错误的。

在探讨道德原则时，有两个问题要进行考察。第一，美德存在于什么地方？或者说，成为值得尊重、敬佩和赞同的自然对象的那种优良和值得称赞的品质，是由哪种性格和哪种行为构成的？第二，内心的什么力量和功用，使我们理解这种品质——不管它是让人尊重的、敬佩的还是让人赞同的？也就是说，内心喜欢某种行为的倾向而不喜欢另一种；认为某种行为的倾向是正确的，而相应地认为另一种是错误的；认为某种行为中的倾向是值得赞同、敬佩和报答的，同样认为另一种是应该责备、诘难和惩罚的，所有这一切，是怎样并借助什么手段来实现的?

当我们像哈奇森博士所假想的那样，考察美德是否存在于仁慈之中时；或者像克拉克博士所设想的那样，考察美德是否存在于与我们所处的各种复杂关系的相适应的行为之中时；或者用其他人所固有的看法来考察美德是否存在于对自己真正而实在的幸福、明智、慎重的追求之中时，我们就是在考察第一个问题。

当我们考察这种良好的品质，不管它存在于什么地方，是否由使我们从自己身上或是他人身上意识到这种品质且对增进我们的个人利益大有裨益的自爱之心促使我们喜爱时；或者当我们考察它是否由告诉我们一种品质与另一种品质之间的区别和正确与错误之间的区别的理性促使我们喜爱时；或者当我们考察它是否由某种会因良好的品质而满足和高兴因邪恶的品质而反感和不快的特殊的道德意识的感知力促使我们喜爱时；或者，最后，当我们考察它是否由人类天性中如某种同情的限制等这些其他性能促使我们喜爱时，我们就是在考察第二个问题。

我想先探讨已经形成的关于前一个问题的体系，随后再进一步考察关于后一个问题的体系。

# 第二篇　论已对美德的本质作出的各种说明

## 引　言

对美德的本质，或者对构成良好的和值得赞美的品质的内心性情已经作出的各种解释，可以归纳为三种类型。某些人认为，内心良好的性情并不存在于任何一种感情之中，而存在于适度地控制和支配我们所有感情的行为之中。依照他们所追求的目标和他们追求这种目标时所达到的激烈程度，这些感情既可以被看成是善良的，也可以被看成是邪恶的。因此，按照这些作者的观点，美德存在于合宜性之中。

另一些作者认为，美德存在于对我们的个人利益和幸福的审慎追求中，换句话说，存在于对作为唯一追求目标的那些自私情感的适度控制和支配之中。因此，按照这些作者的看法，美德存在于谨慎之中。

还有一些作者认为，只有在以提升他人幸福为目标的那些感情之中，才包含美德，在以提升我们自己的幸福为目标的那些感情之中，则没有。因此，根据他们的见解，无私的仁慈是唯一能给任何行为盖上美德的印记的动机。

显而易见的是，美德的性质不是必然被相同地归结为人们各种得到适度控制和引导的感情，就是必然被限定为这些感情中的某一方面或者其中的一部分。我们的感情大体分为自私的感情和仁慈的感情两种。因此，如果美德的性质不能同样归结为在适度的控制和支配之下的所有的人类感情，它就必然属于以自己的个人幸福为直接目标的那些感情，或者属于以他人的幸福为直接目标的那些感情。因此可以这样说，如果美德不存在于合宜性之中，它就必然存在于谨慎之中，或者存在于仁慈之中。除了这三个方面，很难设想还能对美德的本质作出任何别的阐释。下面，我将尽力说明，表面上和它们不一样的其他一切阐释，如何在本质上这样或那样地和它们相一致。

## 第一章　论认为美德存在于合宜性之中的那些体系

按照柏拉图、亚里士多德和齐诺的看法，美德存在于行为的合宜性之中，或者存在于感情的恰到好处之中，根据这种感情，我们对激发它的对象采取行动。

I. 在柏拉图的体系[①] 中，灵魂是某种类似于小小国家或团体的东西，它由三个不同的功能或级别构成。

第一种是判断功能。这种功能不仅用来确定什么是达到任何目的的最佳手段，而且也是用来确定哪些目的是适合于追求的，并且告诉我们应当相应地给予每个目的何种程度的评价。柏拉图把这种功能恰当地称为理性，并且认为它是（也应该是）所有感情的指导原则。显然，这个名称，不仅包括了我们用来界定真理和谬误的功能，而且包括了我们用来界定愿望和感情的合宜性或不合宜性的功能。

① 见柏拉图《言论集》第四卷。

柏拉图把不同的激情和欲望,即这个主导原则的自然对象(也是很有可能违抗其主人的自然对象),归纳为两种不同的类别或等级。第一种由基于骄傲和愤怒的那些激情组成,或由基于经院学派称之为灵魂中的易怒的那部分的激情组成,即由野心、憎恨、对荣誉的热爱和对耻辱的担心,对胜利、优越和报复的欲望等组成。总之,所有这些激情都被看做来自或者表示通常用我们的语言隐喻的个性或固有的热情。第二种由基于对快乐的喜爱的那些激情组成。或由基于经院学派称之为灵魂中的欲望强烈的那部分的激情组成,即身体上的各种欲望,对舒适和安稳的喜爱以及所有肉体欲望的满足感。

除了在受到这两种不同激情中的某一种的激励的时候,即在受到难于掌控的野心和愤恨的激励,或者受到眼前的安逸和快乐纠缠不休的诱惑的时候之外,我们很少会中断上述指导原则要求我们的,在我们一切冷静的时刻被定下来作为自己最恰当的追求目标的行动计划。但是,虽然这两种激情很容易导致我们误入歧途,但它们仍然被看成是人类天性必不可少的组成部分:前一种激情一直被用来使我们避免受到伤害,被用来维护我们在社会中的地位和尊严,促使我们追求崇高的和令人尊敬的事物,并使我们能认出志同道合的那些人。第二种激情被用来供给身体所需的给养和必需品。

这个指导原则包含着力量、准确和完美,谨慎这种基本美德也存在其中。根据柏拉图的观点,谨慎存在于公正和清晰的洞察力中,以有关适宜追求的目标以及为达到这些目标所应采取的方法全面的和科学的观念为依据。

当第一种激情,即灵魂中易怒的部分,在理性的指导下,强大到能使人们为了追求荣华富贵而藐视一切困难的程度时，它就构成坚韧不拔和宽宏大度这种美德。根据柏拉图的道德学说体系，与其他天性相比，这种激情显得更为慷慨和高尚。在许多情况下，它们被认为是理性的补充，用于阻止和抑制低级、粗俗的欲望。众所周知，当对于快乐的热爱促使我们去做我们所不认可的事情时，我们常常会对自己生气，我们常常成为自己憎恨和发怒的对象。就这样，人类天性中这个易怒的部分被召唤出来帮助有理性的激情战胜由欲望引起的激情。

当我们天性中所有那三个不同的方面彼此完全和谐一致时，当易怒的激情和由欲望激发的激情都不去追求理性不认同的任何满足时，当理性除了这些激情情愿做的事情之外从不命令其做任何事情时，这种幸福的平静和这种完美而又绝对和谐的灵魂，就产生了希腊语中的一个表示美德的词，这个词通常被我们译为自我克制，但是，它被译为好脾气，或内心的冷静和节制，可能是更合适的。

根据柏拉图的道德学说体系，当内心那三种功能各司其职，并不妄图僭越任何其他功能的职能时，当理性处于支配地位而激情处于被支配地位时，当每种激情顺利地和毫不勉强地履行了它自己正当的职能，并且所用的力量和精力的程度同它所想达到的目的的代价相适合，去尽力达成自己正当的目的时，就产生了正义——这四种基本美德中最后的也是最重要的一种美德。那种完美的美德，行动的最大的合宜性——在古代的毕达哥拉斯的一些信徒之后，柏拉图将其命名为正义——就存在于这个体系之中。

需要注意的是，在希腊语中表示正义的那个词有几种不同的解释。据我所知，所有其他语言中相对应的词也会出现这种情况。

因此，在这几个不同的解释之间必然有一些内在的联系。一种解释是，当我们没有使旁人受到任何实际伤害，不直接伤害他的人身、财产或声誉时，就可以说我们的态度是正义的。这种角度解释的正义我在前面已经有所陈述，遵守它可能是迫于强力，而违背它则会遭到惩罚。另一种解释是，如果他人的品质、地位以及同我们之间的关系使得我们恰当地和切实地认为他应当受到热爱、尊重和敬佩，而我们没有作出这样的表示，不是相应地以上述感情来对待他，就应该说我们对他采取的态度是不义的。虽然我们并没有在什么地方伤害他，但是，如果我们不尽力为他做些好事，不竭尽所能去把他放到那个公正的旁观者乐意的位置上，在这第一种解释上，就应该说我们对同我们有关的具备一定优点的那个人采取的态度也是不义的。这个词的第一种意义是同亚里士多德和经院学派所说的狭义的正义相同的，也是同格劳秀斯所说的 justitia expletrix 相同的。它存在于不去侵犯他人的一切、心甘情愿地做我们按照礼节必须做的一切事情之中。这个词的第二种意义是同一些人所说的广义的正义相同的，也是同格劳秀斯所说的 justitia attributrix 相同的。它存在于适宜的仁慈之中，存在于对我们自己感情的适度运用之中，存在于把它用于那些仁慈的或是博爱的目的，用于我们认为最合适的那些目的之中。在这个意义上，正义涵盖了所有的社会美德。然而，正义这个词有时还会有使用比前两者更为广泛的另一种解释，虽然这种解释同第二种解释非常相似。据我所知，在各种语言中也是都具有这第三种解释的。当我们好像并不以那种程度的敬意去重视任何特定的对象，或者并不以公正的旁观者认为这是应得的或当然宜于激励的热情去追求时，在这第三种解释上，我们就被说成是不义的。

这样，当我们没有对一首诗或者一幅画表示热烈的赞美时，就会被说成是不公正地看待它们，而当我们对它们的赞美言过其实时，则被说成是吹捧。同样，当我们好像没有充分注意任何同私人利益有关的特定对象时，我们就被说成是对自己不公正。在这第三种解释上，所谓正义的含意同行为和举止的确切的和完美的合宜性没有区别，其中不仅包含狭义的和广义的正义所应有的功能，而且也包括谨慎、坚韧不拔和自我克制等一切其他的美德。很显然，柏拉图正是在这最后一种意义上来理解他所称做正义的这个词的，因此，根据他的理解，这个词涵盖了所有尽善尽美的美德。

上述就是柏拉图对美德的本质或者对作为称赞和赞美的合宜对象的内心性情所作的阐释。根据他的观点，美德的本质在于内心世界所处的精神状态：灵魂中的每种功能在自己正当的范围之内活动，不侵犯别种功能的活动范围，确切地以自己应有的那种力度和强度履行他们各自正当的责任。显而易见的是，他的说明在每一方面都同我们前面对行为合宜性所作的说明相符合。

Ⅱ. 按照亚里士多德的看法[①]，美德存在于正确理性所培养的那种平凡的性情之中。他认为每种美德都处于两个相反的邪恶之间的某种中间状态。在某种特定事物的影响下，这两个相反的邪恶中的某一个因太过分、另一个则太不足而令人不悦。于是，坚韧不拔或英勇气概就处于胆怯懦弱和急躁冒进这两个相反的缺点之间的中间状态。这两个缺点，在面对引起恐惧的事物时，前者因太过分、后者因太不足而令人不悦。于是，节俭这种美德也处于小气吝啬和挥霍浪费这两个坏习惯之间的中间状态。这两个坏

① 见亚里士多德《伦理学》第一卷第二册第五章和续集，以及第一卷第三册第五章和续集。

习惯，前者对自身利益的关心超出了应有的程度，后者则表现为关心不够。同样，高尚也处于过于傲慢和缺乏胆识这两者之间的中间状态，前者对于我们自己的身份和尊严具有某种太过强烈的情感，后者则具有某种过于淡薄的情感。不消说，对于美德的这种阐释，同我们前面对于行为合宜与不合宜所作的阐释，是完全相符合的。

根据亚里士多德的观点[①]，美德与其说是存在于那些适度的和恰到好处的感情之中，不如说是存在于这种适度的性情之中。为了能够理解这一点，有必要提及的是，美德可以认为是某一行为的品质，也可以被认为是某一个人的品质。如果被认为是某一行为的品质，即使根据亚里士多德的观点，它也存在于对某种产生上述行为的感情的富有理智的克制之中，不管这种克制对这个人来说是否为一种习惯。如果认为是某一个人的品质，美德就存在于这种富有理智的克制所形成的习惯之中，就存在于这种做法逐渐成为内心习以为常和常见的约束之中。因而，基于偶然激发的慷慨情绪的那个行为无疑是一个慷慨的行为，但践行这个行动的人未必是一个慷慨的人，因为这个行动可能是他一直以来践行的行动中唯一的一次慷慨行为。完成这个行动时内心的那种目的和意向，可能是非常正当和适宜的，但是，由于这种愉悦的心情应该是由偶然产生的情绪引起的，不是由性格中稳定持久的感情引起的，所以它不会给这个行动者带来真正的荣耀。当我们把某一品质称为大方、仁慈或善良的时候，在我们看来，这种名称分别表示那个人身上一种习以为常的并形成习惯的性情。而任何一种个别的行动，不管它如何适度和恰当，其结果很难说明它是一

① 见亚里士多德《伦理学》第二册，第一、二、三、四章。

种习惯。如果某一孤立的行动足以表明这个行动的人具备美德的品质，那么，人类中品质最低劣的人也可以自认为具备所有的美德，因为在某些时候，每个人都会审慎地、公正地、有节制地和坚韧不拔地行事。虽然个别的行动，不管它如何应当受到称赞，几乎不会使实施这个行动的人得到赞许，但是，由平常行动素有规律的人实行的个别的罪恶行动，却会极大地影响、有时甚至完全破坏我们对他的美德的看法。这样一种个别的行为足以证明：他的习惯不是完美无缺的，与我们往往根据他平常的一系列行为所作的设想相比，他不是一个那么值得信赖的人。

亚里士多德在阐述美德存在于行为习惯之中的同时，大概还把这一点纳入他反对柏拉图学说的观点之中[①]。柏拉图好像有这么一个观点：只是有关哪些事情适宜去做或哪些事情要避免去做的正义的情感和合理的判断，就足以构成最完备的美德。根据柏拉图的学说，美德可以被看做是某种科学。而且，他认为，没有一个人可以清楚地和有依据地知道什么是正确的和什么是错误的，并采取相应的行动。激情可以使我们的行为同模棱两可和不确定的看法背离，但不会使我们的行动同简单明确和显而易见的判断背离。相反，亚里士多德的观点是：没有一种令人信服的解释能够形成优良的根深蒂固的习惯，完备的美德并不来自于认识而是来自行动。

Ⅲ. 根据斯多葛派学说创始人齐诺的看法[②]，天性指引每个动物关心它自己，并且赋予它一种自爱之心。这种感情不仅会尽力

① 见亚里士多德《道德论》，第一册，第一章。

② 见西塞罗《论善与恶的界限》，第三册；也见第欧根尼·拉尔修(Diogenes Laertius)《齐诺》，第七卷，片段 84[f]。

保护它的生存，而且会尽力去把天性中各种不同的构成因素维持在它们所能达到的无可指摘的境界之中。

如果我可以这样说的话，人的利己之心束缚了他的肉体和肉体上各种不同的部位，束缚了他的内心和内心中各种不同的功能和效用，并且，要求把它们都保持在其最良好和最完善的状态之中。因此，天性会引导人们：任何有助于维持这种现状的事物，都是适合选取的；任何倾向于破坏这种现状的事物，都是应该抛弃的。这样，健康、强壮、灵活和舒适的身体，以及能促进它们的外部环境上的便利，财富、权势、声誉、同我们相处的人们的尊重和敬佩，这一切被自然而然地作为适合选择的东西推荐给我们，而拥有它们总比缺乏它们好。另一方面，身体上的疾病、虚弱、笨拙和痛苦，以及倾向于引来和导致它们的外部环境上的不便利，贫困、无权势、同我们相处的人们的轻视和憎恶，这一切同样自然而然地作为要避开的东西提示给我们。在这两类相反事物的每一类中，有一些事物似乎比同类中其他的事物更适合进行选择或抛弃。例如，在第一类中，显然健康比强壮更为可取，强壮比灵活更为可取；名声比权势更适合选择，权势比财富更适合选择。在第二类中，身体上的疾病同笨拙相比、耻辱同贫穷相比、贫穷同丧失权力相比都是更要设法躲开的。天性多多少少地会使各种不同的事物和环境作为适宜选择或抛弃的对象呈现在我们面前。美德和行为的是否合宜，就存在于对它的选择和抛弃之中；存在于当我们不能全部获取那些总是呈现在我们面前的各种选择对象时，从中选取最为适合选择的对象；也存在于当我们不能全部避免那些总是呈现在我们面前的各种危害时，从中选取最轻的危害。根据斯多葛派学者的学说，每个事物在天下万事万物中都占有一席之地，我们根据这一点，运用正确和精确的识别能力去作出相应的选择和抛弃，从而给予每个事物应有的恰如其分的重视，这样，我们保持着那种构成美德实体的行为才会完全正确。这就是斯多葛派学者所说的始终不变地生活，即按照天性、按照自然或造物主规定我们的行为的那些法则和指令去生活。

在这些方面，斯多葛派学者有关合宜性和美德的观念同亚里士多德和古代消遥学派学者的相关思想比较接近。

在天性推荐给我们适宜关心的那些基本对象中，包括我们家庭的、亲戚的、朋友的、国家的、人类的和整个宇宙的幸福。天性也指引我们，由于两个人的幸福比一个人的更为可取，所以许多人的或者一切人的幸福必然是最为重要的。由于我们自己只是一个人，所以当我们自己的幸福与整体的或者整体中某一重要部分的幸福不一致时，无论在哪里，都应当使个人的幸福服从于如此广泛地为人所重视的整体的幸福，甚至由我们自己来作出取舍的话也应该这样。这个世界上一切事物都是按照聪颖贤明、强大有力、仁慈善良的上帝的意愿安排的，所以，我们可以认为，所发生的一切事情都有助于整体的幸福和完美。因此，如果我们自己为贫穷、疾病或其他任何不幸所困，我们首先应当在正义和对他人的责任所能允许的范围内，尽自己最大的努力，使自己摆脱令人难堪的处境。但是，如果在做了自己所能做的一切之后，我们发现没有办法达成这一点，就应当心安理得地满足于在此期间继续处于这种境地，这是整个宇宙的秩序和完美所要求我们必须是这样的。而且，甚至在我们看来，由于整体的幸福显然也比我们自己的不值一提的一份幸福重要得多，所以，如果我们要保持我们天性的完备的美德存在于其中的情感和行为的完美的合宜性和正确性，那么，我们自己的处境，不管它是怎样的一种处境，都应该由此成为我们所喜欢的处境。如果任何使我们摆脱困境的机会真的出现了，抓住这个机会也就必然成为我们自己的责任。很显然，宇宙的秩序不再需要我们继续滞留在这种境况之中，而且，伟大的世界主宰明确地召唤我们离开这种境况，并且清楚地指出了我们所应该走的道路。对于自己的亲戚们、朋友们和国家的不幸来说，情况同样如此。如果在不背离自己神圣职责的前提下，我们有能力去防止或结束他们的不幸，毫无疑问，这就应该是我们需要承担的责任。行为的合宜性——朱庇特为了指导我们的行为而给出的法则——显然需要我们这样做。但是，如果我们竭尽全力仍然没有得到结果，我们应当认为这种不幸事件是合理地发生的、最能带来幸运的事件，因为我们如果足够明智和公正，我们就应该相信，这件事极为有利于促进整体的幸福和秩序，而这是我们应当渴望的一切东西中最为重要的。正是由于我们把自己的根本利益看做是整体利益中的一部分，整体的幸福不仅应当作为一个原则，而且应当作为我们所追求的唯一的目标。

爱比克泰德说：“在什么意义上，某些事情被认为是同我们的天性相符合的，另一些则是相违背的？是在这种意义上，即在我们认为自己是同一切别的事情毫无关联、相互分离的意义上这样说的。根据这个意义，我们可以说，脚的本性总是要保持干净。但是，如果你只是把它看成一只脚，把它看成是同整个身体相关联的部分，它有时就应当踩在污泥上，有时就应当踏在蒺藜上，有时为了保护整个身体而应当被锯掉。如果它不愿意这样做，它就不再是一只脚。我们也应当这样来思考我们自己。你是什么？一个人。如果你把自己看成是某种与世无涉和完全隔离的事物，那么，长命百岁、腰缠万贯和身体健康就是使你的天性感到愉悦的事情。但是，如果你把自己看做一个人，看成是整体的一部分，从整体利益出发，你有时应当生病，有时应当在航海时遭遇麻烦，有时应当生活在穷困匮乏之中，最后，也许应当无法寿终正寝。那你又为什么不停地抱怨呢？由于这样做，像一只脚不再是一只脚那样，你不再是一个人了。难道你不明白这一点吗？”[①]

一个明智的人从来不抱怨自己的命运，当他时乖命蹇的时候，也从来不会认为命运的安排对自己有多么不公。他并不把自己看成是整个世界，看成是同自然界的所有部分毫无联系、彼此分离的事物，看成是依靠自己和为了自己才加以关心的事物。他用自己所想象出来的人类天性和全世界的伟大守护神看待他的眼光来要求自己。如果我可以这样说的话，他领悟到了神的情感，并把自己比作是广阔无垠的宇宙体系中的一个原子、一粒微尘，必须而且应该根据整个体系的便利而接受安排。他对指导人类生活中一切事件的那种智慧深信不疑，不管何种命运降临到他的头上，他都会乐意接受，并对此感到心平气和。如果他清楚地知道宇宙的各个不同部分之间所有的彼此联系和依赖关系的话，这正是他自己希望得到的命运。如果命运要他活下去，他就心满意足地生活下去；如果命运要他死去，由于自然界肯定他再也没有任何必要继续在这个世界上存在下去，他就毫无怨言地走向另一个指定要他去的世界。一个愤世嫉俗的哲学家——在这一方面他的学说类似于斯多葛派学说——说过，“我同样高兴和满足地接受我可能遭受的任何命运：富裕或者穷困、愉悦或者痛苦、健康或者罹患疾病。所有这一切没有任何区别。我也不会期望神灵们在哪些

① 阿利安，第二册，第五章。阿利安的《爱比克泰德的演讲》。

方面改变我的命运。除了这些神已经给予我的那些恩惠之外，如果我还要求给我什么东西的话，我希望是，他们愿意事先通知我，他们会感到高兴的事情是什么，这样，我才可能按自己的处境处事，并且显示出我接受他们的指派时的愉悦心情。”“如果我准备出海航行，”爱比克泰德说，“我就选择最牢固的船只和最优秀的舵手，我就等待我的处境和职责所要求的最好的天气。这些神为了指导我的行动而给予我审慎和适宜的原则，并要我根据原则行事。但是这些原则并不奢求更多的东西。如果海上出现一场风暴，虽然船的力量和舵手的技巧都无法能够抵御它，我也不会因为这个结果自寻烦恼。我已做了我必须做的所有事情，我那行动的指导者们从来没有命令我经历痛苦、焦虑、沮丧或者恐惧。我们是被淹死，还是平安地抵达港口，是朱庇特的事，不是我的事。这事完全由朱庇特去决定，而不是我心神不宁地去考虑朱庇特可能采用什么方法来决定这件事，只是怀着同样的漠然和安然之感，去承接任何来到眼前的结果。”

斯多葛派哲人由于完全信任统治宇宙的仁慈的贤人哲士，由于完全听从上述贤人认为宜于建立的任何秩序，所以必然对人类生活中的所有事件都漠不关心。他的全部幸福，首先存在于对宇宙这个伟大体系的幸福和完美的思考之中，存在于对神和人组成的这个伟大的共和政体的良好管理的探索之中，存在于对所有有理性和有意识的生物的思索之中。其次，存在于履行自己的职责之中，存在于合宜地完成上述贤人哲士指定他去完成这个伟大的共和政体的事务中任何细小部分的事情之中。对他来说，他这种努力的合宜性或不合宜性也许是事关重大的。而所做的这些努力成功与否对他来讲却可能根本没有什么关系，并不能使他非常高兴或难过，也不能使他产生强烈的欲望或厌恶。如果他喜欢一些事情而讨厌另一些事情，如果把一些处境作为自己选择的对象而把另外一些处境作为自己抛弃的对象，这并不是因为他认为前一种事情本身的各个方面都比后一种事情的好，并不是因为他认为自己的幸福在人们称为幸运的境况中会比在人们视为不幸的境况中更加完美，而是因为行为的合宜性——这些神为了指导他的行动而给他制定的法则——需要他作出这样的取舍。他的所有感情，被卷入两种伟大的感情之中，即想到怎样履行自己的职责时产生的感情，想到一切有理性和有意识的生物获得最大可能的幸福时产生的感情。他怀着最大的安然之感，对宇宙的这个伟大主宰的智慧和力量充满信任，以满足自己的后一种感情。他唯一的焦虑是如何满足前一种感情，并不是牵挂结局，而是牵挂自己各种努力的合宜性。不管结局如何，他都相信伟大主宰的巨大的力量和智慧在用这个结局去促成整个宇宙的大局，后者是他自己最希望达成的结局。

这种取舍的合宜性，虽然早已向我们指明，而且这种合宜性是由各种事情本身向我们提出而为我们所领会的，所以，我们是从这些事情本身出发而作出取舍的。但是，当我们一旦透彻地弄明白了这种合宜性，我们在这种合宜行为中识别出来的正常规则、优雅风度和美好品质，我们在这种行为的后果中所体验到的幸福，必然在我们面前展现出更大的价值，即比选择其他一切对象实际上获得的价值更大，或者比抛弃其他一切对象实际上付出的代价更小。符合人类天性的幸福和荣耀来自对这种合宜性的关注，人类天性中的烦恼和耻辱来自于对这种合宜性的不在意。

但是对一个聪颖理性的人来讲，对一个他的各种激情合宜地置于自己天性中占统治地位的节操绝对支配下的人来讲，在各种情况下对这种合宜性精确无误的观察，都同样是易如反掌的。如果生活在顺境之中，他感谢朱庇特把这样一种环境加到自己身上。对这种环境，他轻而易举地就可以适应，并且，在这种环境中几乎没有哪种诱惑能把他带到邪路上去。如果生活在逆境之中，他同样感谢这个人类生活场景的导演把这样一个强有力的竞技者安排到自己身边。虽然竞争可能会更加激烈，但是胜利所带来的荣誉也将更大，并且胜利同样是毫无悬念的。在我们没有任何过失，而且我们的所有行为又完全合宜的情况下，降临到我们头上的这样一种不幸之中，难道还会有什么耻辱吗？因此，邪恶在这种情况下也是不可能存在的，相反，只能有最高尚和最优秀的东西存在其中。一个从不认输的人，为不是他的鲁莽引起的，而是命运使他卷入的一些危险而欣喜兴奋。这些危险为他提供了一个锻炼英雄般的坚韧不拔精神的机会。他的努力使他感到极大的欢欣。这种欢欣来自对更大的合宜性和应得的赞扬的自觉。一个可以顺利地经受各种锻炼磨炼的人不会反对用最严酷的方式来测试他的力量和能动性。同样，一个能节制自己所有激情的人也不会畏惧宇宙的主宰认为放到他身上来是合宜的任何环境。神的恩惠已经给予他各种美德，使他能支配多种多样的环境。如果遇到愉快，他就用克制的态度去约束它；如果遭受痛苦，他就用坚定的意志去承受它；如果面临危险或死亡，他就用高尚勇敢和坚韧不拔的精神来鄙薄它。在人类生活的各种事变之中，不会发现他不知所措，或者，不会发现他茫然不知如何保持自己的情感和行为的合宜性。在他看来，这种情感和行为的合宜性是构成他的光荣和幸福的直接要素。

斯多葛学派的学者似乎认为人生是一种需要高超技巧的游戏。然而，在这个游戏中，掺杂着某种偶然性，或者说掺杂着一种被粗俗地理解为运气的东西。在这种游戏中，赌注通常是微乎其微的，全部乐趣在于玩得好、玩得公正和玩得有技巧。然而，尽管使用了全部技巧，如果在偶然性的作用下，一个聪明的游戏者恰好输了，这应当看成是一件欢乐的事，而不是令人沮丧的。他没有走错一步棋，他没有做出自己应当为之感到羞愧和耻辱的事，他充分享受着游戏所能带来的全部乐趣。相反，如果参加游戏的是一个笨拙的人，尽管走错了全部棋子，在偶然性的作用下恰好赢了，他的成功也只能给他带来微乎其微的满足。他想到自己所犯的全部错误就会感到耻辱。甚至在游戏过程中他也不能够享受到他能从中获得的一部分乐趣。因为他没有能够掌握游戏的规律，所以害怕、怀疑和犹豫这些令人不快的情感几乎在他每走一步棋之前就会在他心里产生。当发现自己走了一步大错特错的棋时，悔恨通常使他不快到极点。斯多葛学派的学者认为，人生以及可能随之而来的一切好处，只应当看成是一个不值一提的两便士硬币的赌注一样，是渺小到不值得期望关心的东西。我们唯一应当牵挂的不是两便士的赌金，而是游戏时的适当方式。如果我们把自己的幸福寄托在赢得这个赌金上，我们就把它寄托在了我们无能为力的、不受我们控制的偶然因素上。我们必然使自己面临没完没了的担忧和不安，并且常常让自己陷入令人悲伤和屈辱失望的境况。如果我们把自己的幸福寄托在玩得好、玩得公正、玩得明智和富有技巧之上，寄托在自己行为的合宜性之上，总之，把自己的幸福寄托在靠了适当的练习、培训和专注、自己完全有能力去控制的东西、完全受自己支配的东西之上，我们的幸福就完全有保障，并且不受命运的影响。如果我们行为的结果，超出了我们的控制能力，同样也超出我们关注的范围，我们就不会对行为的结果感到害怕或焦虑，也不会感到任何悲伤甚或极度的失望。

斯多葛学派的学者们认为，人类生活本身，以及可能随之而来的种种便利或不便利，可以按照不同的标准而分别成为我们取舍的合宜对象。如果在我们的实际处境中，使天性感到愉悦的情况多于使它感到不快的情况，即作为选取对象的情况多于作为抛弃对象的情况，在这种场合，从整体上说，生活是适宜的选择对象，而且行为的合宜性要求我们继续生活下去。另一方面，如果在我们的实际处境中，改善的希望几乎不存在，使天性感到不快的情况多于使它感到愉悦的情况，即作为抛弃对象的情况多于作为选取对象的情况，在这种场合，对智者来说，生活本身就成为了抛弃的对象，他不仅有权脱离这种生活，而且，行为的合宜性，即神为了指导他的行动而给他制定的法则，也要求他这样做。爱比克泰德说：我被指示不得住在尼科波利斯，我就不住在那里。我被指示不得住在雅典，我就不住在雅典。我被指示不得住在罗马，我就不住在罗马。我被指示得住在狭窄而岩石多的杰尔岛，我就住在那儿。但是杰尔岛的房子受到烟熏火燎，如果烟小一些我就会坚持着住下去。如果烟太大，我就会去另一所房子，到了那儿，再也没有什么威力可以命令我离开。我总是念想着把门开着，在我高兴时就可以出来走走，还可以选择另一所适宜的房子去隐居。这所房子在什么时候都向世人敞开。因为在那儿，除贴身的衣服之外，除自己的躯体之外，没有一个活着的人可以凌驾于我之上。斯多葛学派的这个学者说，如果你的处境大体上是让人不悦的；

如果你的房子被烟熏火燎得厉害，你务必要走出来，但是走出来时不要发牢骚、不要唠叨或抱怨。平静地、满意地、快快乐乐地走出来，并且感谢神祇们。这些神给予了我们极大的恩惠，敞开了死亡这个安全和平静的避风港，随时可以在人类生活充满风暴的海洋上接见我们。这些神安排了这个神圣的、不受侵犯的、巨大的避难所。它总是敞开着，任何时候走进去都可以，完全把人类生活中的残暴和不义排除在外，并且大得足以收容所有愿意和不愿意到这儿来隐居的人。这个避难所剥夺了所有人所有抱怨的借口，甚至消除了人类生活中除了由于自身的愚蠢和软弱而带来的不幸之外还存在其他不幸的幻想。

斯多葛学派的学者们，在一些他们流传下来给我们的哲学片断中，有时提到愉快甚至轻松地抛弃生命。我们认为，这些哲学家可能用这些段落来诱导我们相信他们的想象：无论何时，由于微小的厌恶和不适应，人们会带着嬉戏和任性的心情合宜地抛弃生命。爱比克泰德说："当你同人一起吃晚饭，你对于对方告诉你有关他在迈西恩战争中的冗长的故事而感到不满。他说：'我的朋友，在告诉了你我在这样的地方怎样占据高地之后，我现在还要告诉你在另一个地方我是怎样陷入包围的。'如果你拿定主意不再去忍受他那冗长的故事的折磨，就不要去领受他的晚餐。如果你领受了，你就找不到合适的借口来埋怨他讲那冗长的故事。这种情况和你所说人类生活中的罪恶是同一回事。不要埋怨不论什么时候你都有力量去摆脱的事情。"尽管叙述的方式带有愉快甚至轻松的气息，然而，斯多葛学派的学者们认为，在抛弃生命和继续生活下去之间作出抉择，是一件需要极其严肃和审慎地去考虑的事情。早先把我们放到人类生活中来的主宰力量在没有明确无误地召唤我们要抛弃生命之前，我们绝对不应该这样做。但是我们不仅仅在到了人生限定的和无法再延长的期限时，才认为自己受到这样的召唤。无论在什么时候，当主宰力量的天意已经把我们的境况从整体上变成合宜的抛弃对象而不是选择对象时，这个主宰力量为了引导我们的行为而给我们制定的伟大法则，就要求我们抛弃生命。那时，可以说我们听到了神庄严而又仁慈的明确无误的召唤我们去这样做的声音。

在斯多葛学派的学者看来，正是基于上述理由，对一个智者来说，虽然离开生活是十分幸福的，但是这可能恰恰是他的本分；相反，对一个愚者来说，虽然继续生活下去必定是不幸的，但是这也可能是他的本分。如果在智者的处境中，天然是抛弃对象的境况多于天然是选择对象的境况，那么，他的整个处境就成为抛弃的对象。神为了引导他的行为而给他制定的准则，要求他像在特定的境况下所能做到的那样，迅速地离开生活。然而，甚至在他可能认为继续生活下去是适宜的时候，他那样做也会感到非常幸福。他没有把自己的幸福寄托于获取自己所选择的对象或是躲避自己所抛弃的对象，而总是把它寄托于十分合宜地作出取舍上。他不把自己的幸福寄托于成功，而把它寄托于他所作出的各种努力的合宜性。相反，如果在愚者的处境中，天然是选择对象的境况多于天然是抛弃对象的境况，那么，他的整个处境就成为适宜的选择对象，而一如既往地生活下去就是他的本分。然而，他是不幸的，因为他不知道如何将那些境况利用起来。假使他手中的牌非常的好，他也不知道如何去玩这些牌。而且，在游戏过程中或游戏终结时，不管出现什么样的结果，他都不能得到任何真正的满足。[①]

比起古代任何其他学派的哲学家，虽然斯多葛学派的学者或许更坚定地认为，在某些情况下，甘心如愿地去死具有某种合宜性，然而，这种合宜性却是古代各派哲学家们共同的训诫，甚至也是只求太平不求进取的伊壁鸠鲁学派的训诫。在古代各主要哲学派别的创始人颇负盛名的时期，在伯罗奔尼撒战争期间及战争结束后的许多年里，希腊的各个城邦国家内部几乎总是被极其激烈的派系斗争搞得一片混乱，在国外，它们又卷入了极其残酷的战争。在这些战争中，各国的想法一致，他们不仅要占领或统治、而且要完全消灭所有的敌国，或者，残酷地把敌人驱逐到最坏的境况，即把他们贬为国内的奴隶，把他们（男人、妇女和儿童）像牲口一样贩卖给市场上出价最高的人。这些国家一般都很小，这也很可能使它们往往陷入下述的各种灾难之中。这种灾难，也许是它们实际上已经遭遇的，或者至少是打算加到自己的一些邻国头上去的。在这种局势多变的处境中，最清白无辜而威望最高并担任最重要公职的人，也不能保障任何人的安全，即使他的家人、他的亲戚和同胞们，也总有一天会因为某种广泛开展的怀有敌意的激烈的派系斗争，而被判处最残酷和最可耻的刑罚。如果他在战争中被俘虏，如果他所在的那个城市被侵占，他就会受到更大的伤害和凌辱。但是，每个人不知不觉地，更确切地说，必然地，在自己的想象中熟悉了这种他预见到在他的处境中经常会遭遇的灾难。一个海员不可能不经常设想：遭到风暴、船只损坏、沉没海底，以及他自己在这种情况下所能有的感受和行动。同样，希腊的爱国者或英雄也必然会在自己的想象中熟悉种种灾难。他

① 见西塞罗《论目的》，第三册，aC. 18a。奥利弗特编辑的版本。

意识到自己的处境常常会，更确切地说，一定会使他遭遇这些灾难。如同一个美洲野蛮人准备好他的丧歌，并想好他被敌人俘虏后，在他们无止尽的折磨以及所有旁观者的凌辱和嘲笑中死去时，怎样行动，一个希腊的爱国者或英雄不可避免地时常用心考虑：当他被流放、被禁闭、沦为奴隶、受到酷刑、送上刑场时，他会受到些什么痛苦和应当如何行动。但是，各派的哲学家们，不但非常准确地把美德，即智慧、正直、坚定和克制行为，说成是很有可能去获得幸福甚至是这一生幸福的手段，而且把美德说成是必然和肯定获得这种幸福的手段。然而，这种行为不一定能够使这样做的人免除各种灾难，有时甚至使他们遭遇某些灾难，这些灾难是伴随着国家事务的风云变幻而来。因此，他们努力说明这种幸福同命运完全没有关系，或者至少在很大程度上同命运没有关系。斯多葛学派的学者们认为它们是同命运完全没有关系的，学院派和逍遥学派的哲学家们认为它们在很大程度上是和命运没有关系的。智慧、审慎和高尚的行为，首先是最有可能保障人们在各项事业中取得成功的行为；其次，即便行为最终会失败，但内心并不是没有得到什么慰藉。具有美德的人依然可能自我赞赏，自得其乐，而且不管事情是否如此糟糕，他可能还会感到一切都很平和、安定和和谐。他也常常自信获得了每个理性和公正的旁观者——他们肯定会对他的行为表示钦佩，对他的不幸表示难过——的热爱和尊敬，并以此来慰藉自己。

同时，这些哲学家努力证明，人生容易遭受到的最大的不幸比平常所设想的更容易忍受。他们努力指出那种慰藉，即一个人在陷入贫困、被流放、遭到不公正的舆论谴责、以及在年老体衰和风烛残年、双目失明或失去听觉的情况下劳动时，他还能得到的那种慰藉。他们还列举了那种需要考虑到的事情，即在极度的痛苦甚至折磨中、在病中、在失去孩子或亲朋时所感到的悲伤中，可能帮助一个人保持其坚定意志的那些需要考虑到的事情。古代哲学家们根据这些难题撰写的著作中流传到现在的几个片断，或许是最有教益和最有魅力的古代文化遗产。他们学说中的那种气魄和英雄气概，和当代一些理论体系中的失望、悲观、哀怨的基调形成了极好的对比。

但是，当古代的这些哲学家努力用这种方法列举各种需要考虑的事情——它们能以持久的恒心，如同弥尔顿所说的能以三倍的顽强，来充实顽固不化的头脑——的时候，他们同时也以极大的努力让他们的信徒们确信：死不是什么也不可能是什么罪恶，如果他们的境况在某些时候过于艰难，他们无法持久地承受，那么，办法就在眼前，大门敞开着，他们可以愉快地无所畏惧地离开。他们说，如果在这个世界之外不存在另一个世界，人一死就不存在什么罪恶；如果在这个世界之外还存在另外一个世界，神必然也在那个世界，一个正直的人不用害怕在神的保护下生活是一种罪恶。总而言之，如果我可以这样说的话，这些哲学家为英雄们唱了一首挽歌，希腊的爱国者和英雄们在适当的情况下会用到这首歌。我不得不承认这一点，斯多葛学派各个不同的派别已经预备好更加令人激越和振奋的歌。

然而，自杀在希腊人中并不多见，除了克莱奥梅尼之外，我一时想不起还有哪一个著名的希腊爱国者或英雄亲手将自己杀死。阿里斯托梅尼之死与埃阿斯之死一样，发生在真实的历史时期之前很久的时期了。众所周知的是，地米斯托克利之死事件虽然发生在真实历史时期，但是这个故事被赋予了种种富有浪漫情调的色彩。在其普卢塔克已经记录其生平的所有那些希腊英雄中，克莱奥梅尼似乎是唯一用自杀来结束生命的人。塞拉门尼斯、苏格拉底和福基翁，他们当然也不乏勇气让自己遭受监禁之苦并平心静气地服从自己的同胞们，被不公正地宣判死刑。勇敢的欧迈尼斯任由自己被叛变的士兵交给敌人安提柯，继而挨饿致死而不做出任何暴力反抗的计划。被梅塞尼亚斯监禁起来的这个英勇的哲学家，被丢入牢狱之中，并且据说最终是被秘密毒死的。确实，据说有几个哲学家是用自杀来结束生命的，但是关于他们生平的记述十分拙劣，因此可以说，涉及他们的大部分传说都难以置信。对于斯多葛学派的学者齐诺之死有三种不同的说法。一种说法是：他在身体健康的状况下活到98岁之后，在走出自己讲学的学院时忽然摔倒，虽然他一个手指骨折，但是除此之外没有别的伤，他还是用手捶击地面，并用欧里庇特斯笔下的尼俄柏犳语气说道："我来了，为什么你还叫我？"然后立即回家，上吊而死。在年事渐高时，一个人会认为他只拥有一点点继续生活下去的耐性。另一种说法是：也是在98岁的高龄，由于同样一次偶然事件，他绝食至死。第三种说法是：他在72岁那年寿终。这是有所记录的三种死法中可能性最大的一个，也被一个同时代的权威所证实。这个人在当时必定有机会去很好地了解一下其中的隐情，他叫珀修斯，原来是一个奴隶，后来变成了齐诺的朋友和弟子。第一种说法是泰尔的阿波罗尼奥斯提出的，他大约在奥古斯都·恺撒统治时期、在齐诺死后的二三百年期间享有盛名。不知道第二种说法的作者是谁。阿波罗尼奥斯本人是斯多葛学派的一个学者，他的观点可能会给大谈自愿了结生命、即用自杀的派别的创立者带来荣耀。虽然在文人们死后，人们谈到他们往往比谈到他们同时代的那些显赫的王侯或政客们更多，但是，在他们活着的时候，却不引人注目，无足挂齿。因此，同时代的历史学家们也就自然而然很少记述他们的独特经历。为了满足公众的好奇心，也因为没有权威文献可以证实或推翻有关他们的陈述，后来的一些史学家们，似乎经常按照他们自己的想象来塑造这些文人的形象，而且几乎总会夹带着一些奇迹。就齐诺来说，这些奇迹虽然没有得到权威人员的证实，然而，似乎压倒了这些得到证实的可能发生的情况。第欧根尼·拉尔修显然觉得阿波罗尼奥斯的记述更好。卢西安和拉克坦提乌斯似乎两者皆信。

自杀的风气显然在骄傲的罗马人中要比在活跃、机敏的希腊人中更加盛行。即使在罗马人中间，这种风气似乎在早期连同那个被称为这个共和国讲究品德的时代也并未形成。通常所说的雷古卢斯之死的故事虽然有可能是传说，但也绝对不是虚构的，人们就此推测，某种耻辱会落到那个默默忍受着据说是迦太基给他以折磨的英雄的身上。在我看来，在共和国后期，这种耻辱往往伴随着某种屈从。在共和国没落之前的各种内战中，所有敌对政党中的大部分杰出人物，宁愿亲手自裁，也不愿落入敌人之手。为西塞罗所称颂而被恺撒所谴责的加图之死，或许能够成为举世闻名的两个伟大的倡导者之间一个极为重大的论争焦点，它为自杀这种结束生命的方式打上了某种光辉的烙印。这种死法似乎延续了好几个时代。西塞罗的雄辩胜过了恺撒。溢美之词完全掩盖住了批评的声音，其后好几个时代的自由爱好者把加图看成是最值得尊敬的共和党的殉难者。里茨红衣主教对其作出了这样的评价：一个政党的领袖可以做他十分乐意做的任何事，只要他保持着与自己朋友们的相互信赖，就不会做错事。加图的显赫地位使他在若干情况中有机会体验到这句话的真实性。加图，除了具有其他一些美德之外，似乎是一个贪杯的人。他的敌人说他是酒鬼。但是，塞内加说：无论谁指责加图的这个缺点，他将会发现：比起加图可能会沉缅的其他的邪恶来，酗酒更容易被证实是一种美德。

在君主属下，这种死法在很长一段时期都非常流行。在普林尼的书信中，我们可以看到这样一段记载：一些人选择此种死法，是出于虚荣，而不是出于即使在一个冷静睿智的斯多葛派学者看来也是合宜或必然可行的某种动机。即使是很少步此种风气后尘的女士们，似乎也会在完全没有必要的情况下选择这种死法。例如，孟加拉的女士们在某些时候伴随她们的丈夫一起走入坟墓。这种风气的盛行必然造成许多一般情况下不会发生的死亡。人类最大的虚荣心和自傲所能引起的一切破坏，或许都没有这样大。

自杀的原则，即在某些场合可能会让我们有所启示，把这种激烈行径看成是一种可以得到称许和赞同对象的原则，似乎完全是哲学上某种意义的延伸。处于健全、完好状态的天性似乎从来不会驱使我们去自杀。确实，某种消沉，这种人类天性在其他各种灾难中不幸容易引发的病态，似乎会带来人们对于那种自我毁灭的不可抗拒的喜好。在常常从外表看来是非常幸运的状况下，而且有时尽管当事人甚至还具备严肃并给人以深刻印象的宗教虔诚，这种病态，众所周知，仍把它那不幸的受害者驱逐到这种致命的绝境。用这种极其悲惨的方式结束生命的那个不幸的人并不是责备的合适对象，而是应该得到同情的对象。试图在他们不应该受到人间的一切惩罚时惩罚他们跟不义一样十分荒谬。惩罚就只能落在他们幸存在人世的亲戚朋友们身上，而这些亲戚朋友总是完全无罪的，而且，对于他们来说，他们的亲友们这样不光彩地死去必定是一个极为重大的灾难。健全完好状态中的天性，就会促使我们在一切场合都会回避这种不幸，在许多场合中对抗这种不幸以保护自己，虽然自己也会在这种自我保护中遭遇危险，甚至丧生。但是，当我们既无力保护自己以避免不幸，也没有在这种自我保护中丧生时，既没有哪种天性中所谓的原则，也没有哪种对想象中的那个公正无私的旁观者的赞同的关注、对我们心中那个审判者的判断的关注，似乎会引导我们用毁灭自己的办法来逃避不幸。这些只不过是我们脆弱的意识，我们无法以适宜的勇气和坚定的毅力去忍受灾难的意识，促使我们下决心去自杀。我或许读过或听说过，一个美洲野蛮人，在被某个敌对的部落抓住并准备关押时就自杀而死，以免在折磨和敌人的羞辱和嘲笑中死去。他勇敢地面对这些折磨，并且以十倍的轻视来回击敌人给予他的羞辱。他把这些引以为傲。

然而，对于生与死的轻视，同时，对于生命的极端顺从，对于人类生活中所能出现的每一件事表示满足，可以看成是斯多葛学派的整个道德学说体系赖以成立的两个基本学说。那个放荡不羁、精神抖擞但常常待人严苛的爱比克泰德，可以看成是上述前一个学说的真正创始人；而那个温和、富有人性而仁慈的安东尼努斯，是后一个学说的真正创立者。

厄帕法雷狄托斯的这个解放了的奴隶，在年轻的时候曾遭受他的残暴的主人的侮辱，在年老时，因为图密善的猜忌和反复无常而被逐出罗马和雅典，被迫住在尼科波利斯，并且随时随地都可以被同一暴君送去杰尔岛，或是处死。只是靠他抱有对人生极度轻视的心态，才能保持他内心的平和。他从来不过于兴奋，因而相应地，他的言辞也不过于激越。他声称人生的一切快乐和苦痛都是无关紧要和无所谓的。

性善的皇帝，世界上开化地区的权力至上的君主，当然没必要有什么特殊的理由去抱怨自己所得到的统治地位，他喜欢对事物有着正常的进度表示满足，甚至喜欢指出一般人通常看不出的一些优美之处。他说：在老年和青年这两种处境中，存在某种合宜的或者说是迷人的美妙之处；前者的虚弱、衰老同后者的风华正茂、精神抖擞一样，都是适合于人类的天性的。就好像青年是儿童的结果，成年是青年的结果一样，死亡对老年人来说也是必经之境。他还说：如同我们平常说医生嘱咐一个人这样去骑马，或去洗冷水浴，或赤脚走路，我们应该说，神这个宇宙的主宰，让这样一个人生病，由此截去一部分肢体、或者失去一个孩子。根据日常生活中医生所开的处方，病人吞咽了一剂又一剂难以下咽的药剂，经受了一次又一次痛苦的手术。然而，正是由于抱着可以恢复健康这个很渺茫的希望，病人才乐意忍受这一切。同样，病人也希望这个伟大的医生最苛刻的处方可以有益于自己的健康和自己最终的幸福。他可能充分地相信：对整个人类的健康、繁荣和幸福而言，对推行并完成朱庇特伟大的计划而言，这些处方不仅是有益的，而且也是必需的。如果不是这样，宇宙之主就不会开出这样的处方。这个无所不晓的造物主和指导者就不会让这些事情发生。这就像是宇宙中所有的甚至是最小的事物相辅相成彼此相称一样，像它们都对于组成一个巨大的、互相联系的体系有帮助一样，一切事件，甚至表面看来没有任何意义的一系列接踵而至的事件，组成了各种因果循环的链条中的一部分，并且是必不可少的一部分。这些因果关系无始无终，并且因为它们都必然地来自整个宇宙原本的安排与设计，因此，它们不仅对宇宙的繁荣昌盛甚至是对它的延续和保存，都是必不可少的。不管谁不真诚地接受落到他身上的任何事，不管谁对落到自己身上的任何事感到遗憾、懊悔，也无论谁希望这样的事情不要落到自己身上，谁就希望在延续和保存整个宇宙有机体的情况下，去阻止宇宙的正常运转，去粉碎这条紧密联系的链条，谁就希望为了自己微小的利益，去扰乱和破坏整个世界的正常运转。他在另一个地方说："啊！世界！对你来说一切相宜的事情于我也是相宜的。没有什么对你来说是及时，对我来说却太早或太迟。四季交替带来的一切对我来说都是自然的结果。听凭你的安排就是一切，投身于你的整体就是一切，为了你能够正常运转就是一切。也有人说，啊！可爱的塞克罗普斯城。为什么你不说，啊！可爱的天堂？"

以这些非常卓越的学说为依据，斯多葛学派的学者，或者最起码是斯多葛学派的某些学者，企图将他们的全部怪论演绎出来。

斯多葛学派的智者尽力去理解宇宙是个伟大主宰的观点，并且尽力用这位主宰的眼光来看待世间万物。但是，按照宇宙这个主宰的安排出现的形形色色的事件，在我们看来是无关紧要的，或是事关重大的，而对这个伟大的主宰本身来说，则同蒲柏先生所说的一样，像肥皂泡破灭一样平常。并且，可以打个比方说，世界的毁灭也是这样，它们同样是他从开天辟地起就已设计好的链条中的一部分，都是同样一种准确的智慧、同一种广施天下的和广博的仁慈的结果。同样，对斯多葛学派的智者来说，所有这些不同的事件都完全是一回事的。确实，在这些事件发生的过程中，有一小部分是由他自己略加控制与支配的。在这一小部分事件中，他竭尽全力地做出合宜的行动，并且按照他所知道的向他发出的那些指令行事。但是，他对自己极为真诚的努力是最终走向成功还是失败，并不担忧或深切地关注。那一部分事件，他承担一定责任的那一部分体系，是进展顺利还是完全遭到失败，对他来说也是完全无关紧要的。假如这些事件完全听凭他来安排，那么，他就会从中作出选择并抛弃一些。但是，由于这些事件并不完全是由他来安排，所以，他会信任一个优秀的智者，并且对下述情况感到满意，即，所发生的事件，无论将会是什么，都正是那种假如他知道了事情的联系和因果关系后，就会极为真挚并热诚地希望它发生的事件。在这些原则的影响下，他做的每一件事情都一样完美。当他伸出自己的手指来表示手指都是用来做什么事情时，他所完成的每一个行动，在各个方面都同他为报效自己的国家而献出自己的宝贵生命这个行动一样具有价值，一样地值得称赞和夸奖。对于宇宙这个伟大的主宰来说，最大限度地行使他的权力和些微行使他的权力，一个世界的缔造、毁灭，一个肥皂泡的产生或破灭，都同样的轻而易举，同样值得赞许，同样是同一种非同寻常的智慧和仁慈的结果。对斯多葛学派的智者来说，我们所说的高尚行径，同不值一提的举动相比，并不需要作出更大的努力，前者与后者一样轻而易举，完全是从同一原则出发，并没有哪个地方具有较大的价值，也不该受到较多的赞许和夸奖。

由于所有那些达到这种尽善尽美境界的人都同样幸福，所以，那些稍显不足的人，不管他们怎样想要接近这种完美的境界，都显得同样不幸。斯多葛学派的学者说，因为那个在水下仅一英寸的人同那个在水下有一百码的人境遇都是一样的，都不能进行呼吸，因此，那个并没有完全克制住自己个人的、局部的和自私的激情的人，那个除了追求普通的幸福之外还有别的急切的欲望的人，那个由于迫切的希望满足个人的、局部的和自私的激情而陷入到不幸和混乱之中，而未能完全走出这种悲惨、不幸深渊的人，同那个远离这种深渊的人一样不能呼吸自由自在的空气，不能享受智者的那种安稳和幸福。由于这个智者的所有行动都是尽善尽美的，而且都是一样完美，所以，所有那些并没有达到这种完美的大智慧境界的人都是有缺陷的，并且像斯多葛学派的学者们所说的那样，有着同样的缺陷。他们说，由于某一真理不会比别的任何真理具有更大的正确性，同样的，某种谬误也不会比别的任何谬误具有更大的错误。所以，一种光荣的行为也自然不会比别的光荣的行为带来更大的荣誉，一种可耻的行径也不会比别的任何可耻的行径具有更大的耻辱。因为打靶时打歪一英寸的人同打歪一百码的人的结果一样，都没有打中靶子，所以，在我们面前不合宜地也没有足够的理由做出了对我们来说是毫无意义的行为的人，和在我们面前不合宜地并没有足够的理由地做出了对我们来说是意义十分重大的行为的人，二者具有同样的错误。例如，不合宜地也没有足够的理由地杀死了一只公鸡的人，和不合宜地也没有足够的理由地杀害了自己父亲的人，具有同样的过错。

如果这两个怪论中的前者似乎全然是一种曲解，那么，第二个怪论显然过于荒唐，也不值得对它进行认真的考察。因为它确实十分荒谬，因而人们不得不怀疑是否在某种程度上被人们误解或误传了。无论如何，我不能让自己相信：像齐诺或克莱安西斯这样据说是极为质朴和具有卓越辩才的人，会是斯多葛学派的这些或其他大部分怪论的制造者。这些怪论通常只是离题的诡辩，几乎不能给他们的理论体系带来什么声誉，因而我也不打算进一步进行阐述。我更侧重于把这些怪论归在克里西波斯名下，的确，他是齐诺和克莱安西斯的弟子和追随者，但是，从所有流传到现在的和他有关的著作来看，他似乎只是一个辩证法的空谈家，而缺乏任何的情趣和风采。他也可能是第一个把他们的学说改造成具有矫揉造作的定义的学院式的或是技术性体系的人，他的此种做法对灭绝可能存在于任何道德学说或形而上学学说中的良知来说，或许是一种最好的权宜之计。这样的一个人，自然也很可能被人认为是过于苛刻地曲解了他的老师们在描述具有完善的美德的人的幸福以及任何缺乏这种幸运品质的人的不幸时所作的那些生动描述。

一般来说，斯多葛学派的学者似乎已经承认了，在那些不具有完美的德行和幸福的人当中，有一部分可能有一定程度的成就。他们根据各自所取得成就的大小将这些人分成不同的类型。他们不把一些他们设想这些人是能够实行的有缺陷的德行，称为正直的行为，也称为规矩、适当、正派和相称的行为，对于这些行为可以再加上一个似乎看起来合理的或很可能合理的理性名称。西塞罗用拉丁文 officia 来表述，而塞内加则用拉丁文 convenientia 来表述，我认为后者更为正确。关于那些不完美的但是可以做到的德行的学说，似乎构成了我们可以将其称之为斯多葛学派的实用道德学的学说。这是西塞罗写的《论责任》一书的中心思想。据说，另外有一本马库斯·布鲁图所写的关于这个主题的书，但是该书迄今已经失传。

造物主为了引导我们的行为而勾勒出来的方案和顺序，似乎和斯多葛派哲学所说的完全不同。

在造物主的观点里，那些直接影响到部分由我们自己操纵和引导的那一小部分事件，那些直接影响到我们自己、我们身边的朋友或我们的祖国的事件，应该是我们最关心的事件，是可以极大地刺激起我们的欲望和厌恶、希望和恐惧、愉悦和悲伤的事件。如果这些激情过于强烈——它们很容易达到这样的程度——而造物主就会在适当的时候给予补救和纠正。真正的、甚或是想象的那个公正无私的旁观者，自己心中的那个伟大的法官，总是出现在我们的面前，威慑这些激烈的情绪，使它们回到那种有节制、合宜、步入正轨的心情和情绪中去。

假如尽管我们竭尽所能，所有那些影响我们所管理的那一小部分的事件仍然造成极为不幸的、具有灾难性的后果，造物主也绝对不会不给我们一点点安慰。不仅仅是自己心中那个人充分的赞许会带给我们慰藉，而且，如果可能的话，一种更为崇高和慷慨的原则，一种对仁慈的智慧的最为坚定的信任和虔诚的服从，也能给我们带来些许安慰。这种仁慈的智慧引导着人世间发生的一切事，而且，我们还可以相信，如果这些不幸对整体的利益可有可无的话，这种仁慈的智慧也就绝对不会容许这些不幸的事件的发生。

当然，造物主并没有要求我们把这种优质的沉思当成是人生伟大的事业和工作。她只是向我们指出了要把它当成是我们在不幸中所能得到的点滴安慰。而斯多葛派哲学则把这种沉思看做是人生伟大的事业和工作。这种哲学向我们阐释了，在自己非常平和的心情之外，在自己内心所作的那些取舍的合宜性之外，没有任何事件会引起我们诚挚的而又急切的热情，除非是同下述范围有关的事件，这个范围就是我们既没有也不应当去进行任何管理或支配的、由宇宙这个伟大主宰统辖的范围。斯多葛派哲学要求我们要保持绝对的冷淡态度，要我们努力地节制以至根除我们一切个人的、局部的和自私的情感，不容许我们同情任何可能落在我们、我们的朋友以及我们的国家身上的不幸，甚至不容许我们同情那个公正无私的旁观者的富有同情心而又稍有减弱的激情，试图通过这样使我们对于神指派给我们作为一生中合宜的事业和工作的一切事情的成功或失败满不在乎和漠不关心。

可以说，这些哲学论断虽然可以使人们的认识变得更加混乱和困惑，但是，它们也不可能打断造物主所建立的原因和它们的结果之间的那种稳定的必然的联系。那些自然而然地就会激发起我们的欲望和厌恶、希望和恐惧、愉悦和悲伤的原因，不顾斯多葛学派的一切论断，按照每个人对这些原因的实际感受程度，必然会在每个人身上产生其合宜的和必然的结果。然而，内心这个人的判断有可能在很大程度上受到这些论断的影响，我们内心存在的这个伟大的居住者可能会在这些推断的引导下试图压抑我们个人的、局部的和自私的一切情感，使它们逐渐减弱成大体平静的程度。指导居住在我们内心的这个人作出的判断，是一切道德学说体系的重要目的。毋庸置疑，斯多葛派哲学对它的追随者们的品质和行为都会产生重大的影响，虽然这种哲学有时可能会导致他们不必要地行使暴力，但这种哲学的一般倾向是鼓励他们做出超人的高尚行为和极其广博的善行。

Ⅳ. 除了这些古代的哲学体系之外，还有一部分现代的哲学体系，后者认为美德存在于合宜性之中，或者是存在于感情的适当之中。我们正是依据这种感情对激起这种感情的原因或对象采取一定的行动。在克拉克博士的哲学体系中，美德存在于按照事物的必然联系所采取的行动之中，存在于按照我们的行为是否合乎常理而进行相应的调整，使之适合于特定的事物或特定的联系之中。而在沃拉斯顿先生的哲学体系中，美德存在于按照事物的真谛、按照它们适宜的本性和本质而做出的行为之中，或者可以这样说，美德存在于按其真实的状况而不是虚假的状况来对待的各种事物之中。而在沙夫茨伯里伯爵的哲学体系中，美德存在于保持各种感情的恰如其分的平衡之中，存在于不允许任何激烈的情感超越它们所应有的范围之中。所有这些哲学体系在描述同一个基本概念时都一定程度地存在着错误。

这些哲学体系都没有提到，甚至也没有自称提出过，能借以弄清或判断感情的恰当与否或合宜与否的明确而清楚的衡量标准。这种明确而清楚的衡量标准在其他任何地方都无法寻觅，而只能在没有偏见的见多识广的旁观者的同情感中找到。

除此之外，上述各种哲学体系对美德的描述，或起码是打算和准备作出描述，现代的一些作家们并不是那么有幸能用自己的方法来进行这种描述的，就这些描述本身来说，无疑是非常公正的。因此，没有合宜性就没有美德。什么地方有合宜性，一定程度的赞赏就是应当的。但是，对美德的这种描述还并不十分完善。因为，尽管合宜性是每一种具有美德的行为中的基本组成部分，但它并不总是唯一的那种成分。在各种仁慈的行为中还存在着另外一种性质，这些行为因而也就似乎不仅应当得到认同，而且应当有所回报。现代任何哲学体系都没有成功地或充分地说明那种似乎应当给予这种仁慈的行为以高度的敬意，或这种行动自然会激发出的不同情感。对罪恶的描述更不完善。这同样是因为，虽然不合宜是每一种罪恶行为中必然会存在的成分，但它也并不总是唯一的那个成分。在各种没有任何伤害性和没有任何意义的行为之中，常常存在着极其荒唐和不合宜的成分。某些对于同我们相处的那些人具有有害倾向的经过多方谋划的行为，除不合宜之外还有其特定的性质，这些行为因而似乎不仅应该受到责备，甚至应该受到惩罚；而且，这些行为不只是厌恶的对象，也是可以愤恨和报复的对象。现代任何哲学体系也都没能成功地和充分地说明我们对于这样的行为所感受到的高度憎恨和厌恶。

## 第二章　论认为美德存在于谨慎之中的那些体系

在那些认为美德存在于谨慎之中并基本流传下来的体系中，最古老的当属伊壁鸠鲁学说的体系。然而，据说他的哲学的主要原则是从在他之前的一些哲学家那里抄袭来的，尤其是从亚里斯提卜那里。虽然这种可能性是存在的，尽管他的敌人也作出了这样的断言，但是最起码他阐述那些原则的方法完全属于他自己。

按照伊壁鸠鲁的说法[①]，只有肉体的快乐与痛苦才是人类自然的欲望和厌恶的首要对象。他认为它们总是欲望和厌恶这些激情的天然对象，这不需要去证明。确实，快乐有时似乎会成为回避的对象，然而，这并不是因为它是快乐的，而是因为我们享受了这种快乐，或者会丧失更大的快乐，或者会遭受到一些痛苦。人们与其得到他们所渴望得到的愉快，还不如避免这种痛苦。同理，痛苦有时似乎也可以成为人们选择的对象，然而，这也不是由于它是痛苦的，而是因为如果忍受了这种痛苦，我们就可以避免受到某种更大的痛苦，甚至可以获得某种更为重要的快乐。因

① 见西塞罗《论善与恶的界限》第一册，狄欧根尼·拉尔修，I. X。

此，在伊壁鸠鲁看来，人类肉体的痛苦和快乐总是欲望和厌恶的天然对象，这是得到了充分证实的。不仅是这样，他还认为，它们还是这些激情唯一重要的对象。根据他的说法，无论别的什么事物成了这种渴望或回避的对象，都是因为它具有了产生上述快乐和痛苦感觉中的前者或后者的倾向。引起愉快的倾向就会把权力和财富变成人们渴求的对象，反之，产生痛苦的倾向使得贫穷和卑微成为人们讨厌的对象。荣誉和名声之所以值得重视，是因为同我们相处的人们的尊敬和爱戴是导致我们愉快和免遭痛苦的最重要的原因。与之相反，无耻的行为和坏的名声之所以是我们回避的对象，是因为同我们相处的人的敌意、轻视和愤恨会破坏一切安全的保障，并且必然导致我们受到肉体上最大的苦痛。

按照伊壁鸠鲁的说法，内心的快乐和痛苦，最终还是取决于肉体上的快乐和痛苦。想到过去在肉体上的一些快乐内心就感到高兴，并且希望得到另一部分快乐；而想到过去在肉体上承受过的痛苦，内心就感到难过，并且害怕今后会遭受同样的或是更大的痛苦。

虽然内心的快乐和痛苦最终来自于肉体上的快乐和痛苦，但是，它们比肉体上原来的感觉要广泛和丰富得多。肉体只能感受到眼前一时的感受，而内心还可以感受到过去的和将来叠加的感觉。用记忆来感受过去的感觉，用预期来感受将来的感觉，这样的结果是，受到的痛苦和享受的快乐都会比原来肉体上的感觉要更为广泛。伊壁鸠鲁说，在我们受到肉体上最大的痛苦时，如果我们留心，总是能发现：我们所遭受到的不是那种眼前首先折磨自己的痛苦本身，而是自己极其苦闷地回想起过去的痛苦，或者是更恐惧地害怕将来的痛苦。其实，每种眼前的痛苦，如果只考虑其本身，割断同过去的和将来的一切痛苦的联系，那只不过是小事一桩，不值得重视。然而，这恰好是人们所说的肉体上尚能忍受的一切痛苦。同理，当我们享受到最大的快乐时，我们总是会发现：这种肉体上的感受，眼前一时的感觉，只是我们愉快之中的十分微小的一部分；我们的乐趣主要来自对过去的愉快的欣喜回忆，或者来自对将来的欢乐的可以使人喜悦的期望上；并且，内心总是可以成为提供这种乐趣的最大的份额。

因此，因为我们的愉快和痛苦主要是由我们内心的感觉来决定，如果我们身上的这一部分天性处于良好的倾向之中，如果我们的想法和看法都没有受到其他什么影响，那么，不论我们的肉体受到什么影响，那都是次要的事情。如果我们的理智和判断能力能保持它们的统帅地位，那么，虽然我们的肉体正遭受到巨大的痛苦，我们仍然可以享受到一份巨大的愉快。我们可以回想过去的快乐并展望将来的快乐，以使自己感到幸福；我们可以通过回想这种快乐曾经是一种什么样子，甚至在我们必须忍受某种苦难的状态下去作出这样的回想，来减轻自己痛苦的强烈程度。这仅仅是肉体上的感觉，仅仅是眼前一时的痛苦，就其本身来说不会是太过强烈的。我们由于害怕痛苦会持续不断而使自己遭受到的任何巨大的痛苦，这都是内心某种想法在作祟。这种内心的想法可以受到内心某些比较合适的情感的牵引，受到下面这些考虑的修正，即：假如我们的痛苦是巨大的，那么这种痛苦持续的时间可能会很短；假如它们持续的时间很长，那么这种痛苦可能是适度的，并且其间有许多时段可能会减轻；总之，死亡总是在身边，并且招之即来。按照伊壁鸠鲁的说法，死亡是所有的感觉的终止、无论是痛苦还是快乐，因而不能看做是一种罪恶。他说，如果我们活着，死亡就不会来；如果死亡来了，我们也将不再活着。因此，死亡对我们来说真的算不了什么。

如果眼前痛苦的实际感觉就其本身来说小得不必要去害怕，那么眼前快乐的实际感觉就更加不值得去追求。快乐的感觉的刺激性自然会比痛苦的感觉的刺激性要小得多。因此，如果痛苦的感觉只能稍许减少心情良好的愉快，那么，快乐的感觉就几乎不能给本身良好心情的愉快增加什么。如果肉体没有受到什么痛苦，内心也就不用害怕和担心，肉体上所增加的愉快感觉可能是极其微不足道的事情，虽然情况可能不太一样，但不能恰当地把这种情况就说成是增加了上述境况中的幸福。

所以说，按照伊壁鸠鲁的说法，人性最理想的状态，人所能享受到的最完美的幸福，就存在于肉体上所感到的舒适的程度之中，存在于内心所感到的安定或宁静的状态之中。达到人类天性追求的这个伟大目标，是所有美德的唯一目的。据伊壁鸠鲁说，一切美德并不是因为它本身的原由而被人追逐，而是因为它们具有使人达到这种境界的倾向。

例如谨慎，根据这种哲学思想，虽然它是一切美德的源泉和根本要素，但同样并不是因为谨慎本身而被人追逐。内心的那种小心、勤奋和慎重的状态，即始终关注每一行为最深远的影响，它成为使人感到愉悦和快乐的事情，并不是因为它本身的缘故，而是因为它具有促成最大的善行和消灭最大的邪恶的倾向。

回避快乐，抑制和限制我们对于享乐的天然激情——这是自我克制的天职——也绝对不可能是因为其自身的原由而被人追逐。这种美德的全部价值来自于它的效用，来自于它能使我们为了将来可以得到更大的享乐而暂时推迟眼前的享乐，或者能使我们避免遭受到有可能伴随着眼前的享乐而来的某种更大的痛苦。总之，自我克制只不过是同快乐相关的一种谨慎。

勤劳不怠、承受痛苦、勇敢地面对危险或死亡，这些我们经常坚韧不拔地去经历的处境，确实是人类天性不太愿意追求的目标。选择这些处境也只是为了避免更大的不幸。我们不辞劳苦是为了避免贫穷所带来的更大的羞耻和难堪。我们勇敢地面对危险和死亡是为了保护自己的自由和财富，保护获得快乐和幸福的方法和手段，或者是为了保护自己的祖国。我们自己的安全必然包含于国家的安全之中。坚韧不拔的品质能使我们心甘情愿地做到所有这一切，做出我们当前处境之中所能做出的最好的举动。坚韧不拔实际上不外乎是在恰当地评价痛苦、劳动和危险——总是为了避免更大的剧烈的痛苦、劳动和危险，而选择比较轻微的痛苦、辛劳和危险——的时候所表现出来的那种谨慎、良好的判断和镇定自若。

这就好比是正义。放弃属于他人的东西，不是因为这样做而促使其成为人们所追求的事情。对你来说，我占有我自己的东西肯定不会比你占有它更好。不论如何，你应当放弃任何属于我的东西，如果不这样做的话，将会激起人们的憎恨和愤怒。你内心的安定和平静的情绪就会荡然无存。你一想到你会想象到的、人们总是准备给你的惩罚，而且在你自己的想象中永远不会有任何力量、技艺和避难处足以保护你自己免受这种惩罚，你就会心怀忧虑和惊恐。另一种正义，即存在于按照邻居、亲人、朋友、恩人、上司或同事这些同我们相处的人的种种关系，来对他们做出相应的好事之中的这种正义，是由于同样的理由而得到我们喜爱的。我们在所有这些不同的关系中所做出的适度行为，会引起同我们相处的人们的尊敬和爱戴；反之，如果不这样做，就会激起他们的蔑视和憎恨。通过前一种行为，我们必定会获得自己的舒适和安宁这些我们一切欲望中最大的和最根本的目标，而后一种行为则必然危及到这种舒适和安宁。因此，正义的全部美德，即所有美德之中最重要的美德，不外乎是对我们自己周围的人的那种谨慎和慎重的行为。

这就是伊壁鸠鲁有关美德本质的学说。令人觉得离奇的是，这个哲学家，这个被描述为态度极为和蔼的人，竟然没有注意到这样一个问题：无论这些美德或者与其相反的罪恶对于我们肉体上的舒适和安全具有哪种倾向，它们在他人身上自然而然激发出来的情感，比起其他的结果来，是更加强烈的欲望或厌恶的对象；成为一个和蔼的人、成为一个被人尊重的人、成为一个尊敬的最佳合宜对象，比之所有这些爱戴、尊重和尊敬所能引起的我们肉体上的舒适和安全来，是每一个善良的灵魂都极为重视的事情；相反，成为被人憎恶的人、成为被人蔑视的人、成为愤恨的合宜对象，比起我们的肉体因为被人憎恶、蔑视和愤恨而遭受到的全部痛苦来，也是更为可怕的事情；结果是，我们对某种品质的渴求和对另一种品质的厌恶，不会来自任何一种由此产生的考虑，即对这些品质给我们的肉体带来的影响的考虑。

毋庸置疑，这种体系和我一直在努力建立的体系是完全不同的。然而，恕我直言，我们不难发现这种体系产生于哪一部分，产生于对天性的哪种看法或观点。根据造物主聪明的设计和安排，在一切正常的场合，甚至对于尘世来说，美德就是实际的智慧，就是获得安全和利益的最稳妥和最机敏的方法。我们事业的成功或失败，在很大程度上取决于人们平时对我们的看法的好坏与否，取决于同我们相处的那一部分人支持或是反对我们的一般倾向。但是，获得利益和避免他人对我们产生不利的评价的最好的、最稳妥的、最容易的和最机敏的方法，无疑是使自己成为前者而不是后者的合宜对象。苏格拉底说：“你想要获得一个作为音乐家的优秀名声吗？获得这个名声唯一可靠的办法就是成为一个优秀的音乐家。同样，你想被人认为有能力像一个将军或一个政治家那样去为国鞠躬尽瘁死而后已吗？在这种情况下，最好的办法实在也只能是去获得指挥战争和治理国家的艺术和经验，成为一个真正称职的将军或政治家。同样，如果你要人们把你看做是一个有理智的、能自我克制的、坚持正义和平等待人的人，获得这些好名声最好的办法是成为一个有理智的、能自我克制的、坚持正义和平等待人的人。如果你能真正让自己成为一个和蔼可亲的、受人尊重和敬爱的合宜对象，那你就不必担心你不会很快获得同你相处的人们的爱戴和尊敬。”由于美德的身体力行通常能带来如此多的利益，而为非作歹则对我们的利益损害甚大，所以，对这两种相反的趋势的综合考虑，无疑就会为前者打上了某种附加的美和合宜性的烙印，为后者打上了某种新的丑恶的、不合宜的印记。自我克制、心胸宽广、坚持正义和仁慈善良，不仅因为其固有的品质、而且因为它们具有最高的智慧和最实在的谨慎这种附加的品质而得到人们的认同和赞许。同样，与此相反的各种罪恶，即没有节制、卑微胆怯、行为不义以及用心歹毒的行为或卑鄙的自私自利，不仅因为它们固有的品质、而且因为它们最缺乏远见的愚蠢和虚弱这种附加的品质而为人们所非难。伊壁鸠鲁似乎只关注了全部美德中的这一种合宜性。这是正在努力说服他人用美德来引导自己行为的那些人最容易想到的合宜性。如果人们通过他们的实际行动，或者通过流传在他们中的格言，明确地证实了美德所具有的天然优点不可能对自己产生重大的影响，又怎么能只用说明他们的行为愚蠢来打动他们的心呢？又有多少人到头来有可能为自己的愚蠢行径而吃苦头呢？

通过把各种美德都最终归结为一种合宜性，伊壁鸠鲁纵容了一种癖好，这是所有人都会具有的天然癖好，尤其是某些哲学家特别喜欢养成这种癖好，以此作为显示自己聪明才智的重要手段。这种癖好就是以尽可能少的原则来说明一切表面现象的一种癖好。无疑，当伊壁鸠鲁把各种天然欲望和厌恶的基本对象都归结到肉体的快乐和痛苦时，他已更深地沉溺于此种癖好之中。这个原子论哲学的伟大支持者，即在从最明显的和最为常见的物质细小部分的形状、运动和排列中得出人体的一切力量和技能时感到快乐的人，当他用同样的方法根据上述最明显和最易见的事物来说明内心的一切情感和激情时，无疑也感到了一种同样的愉悦。

伊壁鸠鲁的体系与柏拉图、亚里士多德和齐诺的体系在以下方面是相同的，即，认为美德存在于以最适宜的方法去获得[①] 天然欲望的各种基本对象的一种行动之中。它和其他一些体系的不同在于另外两个方面：其一，在于对那些天然欲望的基本对象所作的说明之中；其二，在于对美德的优点、或者对这种品质应当受到尊敬的原因所作的说明之中。

按照伊壁鸠鲁的说法，天然欲望的基本对象就是肉体上的快乐和痛苦，不会是别的任何东西；而按照其他三位哲学家的观点来看，还有许多其他的对象，例如知识、我们的亲人、朋友、国家的繁盛，等等。这些事物是因为其自身的缘由而成为人们的基

① Prima naturae.

本需要的。

伊壁鸠鲁还认为，不值得为了美德本身而去追逐它，美德本身也不是天然欲望的根本目的，只是因为它具有了防止遭受痛苦和促进得到舒适和快乐这种倾向才成为适宜追求的品质。相反，依据其他三位哲学家的观点，美德之所以成为一种值得追求的品质，不仅是因为它是实现天然欲望的其他一些基本目标的方法，而且是因为就其本身来说它是比其他所有目标更为重要的品质。他们认为，由于人为了行动而生，所以，人的幸福必然不只是存在于他那些被动感觉的愉快之中，而是也存在于他那些积极努力的合宜性之中。

## 第三章　论认为美德存在于仁慈之中的那些体系

虽然我认为美德存在于仁慈之中的体系不如我已经讨论过的其他一切体系那样古老，但是，它也是一种非常古老的体系。它似乎是奥古斯都时代以及随后的大部分哲学家的体系。这些哲学家们将自己称为折中派，他们自称主要信奉柏拉图和毕达哥拉斯的观点，并且因此而以晚期柏拉图主义者的称号著称。

根据这些哲学家们的看法，在神的天性中，仁慈或爱是行为的唯一原则，并且指导着所有其他品质的运用。神用她的智慧来发现并达到她的善良天性所提出的那些目的的手段，以便用她那无穷无尽的力量来达到这些目的。可是，仁慈还是一种崇高无比的和支配一切的品质，所有其他的品质都处于被支配的地位，神的行为所表现出来的全部美德或全部道德——如果我可以这样说的话——最终都来自这种品质。人类内心的至善至美和各样美德，都存在于和神的美德的某些相似或部分相同之中，因而，都存在于充满着影响神的一切行为的那种仁慈和爱的相同原则之中。人类基于此种动机的行为，确实是独一无二的、值得称赞的行为，或者，由神来看也可以将其称之为某种优点。当做出充满博爱和仁慈的行为时，我们才能模仿神的行为，并且仿照得就像我们自己的行为一样；我们才能对神的各种美德表达我们恭敬和虔诚的赞美；才能通过在我们心中培养同样神圣的原则，把自己的感情陶冶得同至善的品质更为相像，从而成为神所喜好和看重的较合宜的对象；我们最终才可以达到同上帝直接交谈和交流思想的境界，这就是这种哲学要唤起我们需要达到的主要目标。

就像受到古代基督教会许多神父的高度尊敬一样，此种体系，在宗教改革以后，也被一些十分虔诚和博学的以及态度极为和蔼的神学家，特别是拉尔夫·卡德沃思博士、亨利·莫尔博士、剑桥的约翰·史密斯先生所认同。但是，在这种所有过去的和现在的哲学体系的支持者中，已故的哈奇森博士，无疑是无人能与之相媲美的，他具有最敏锐、最突出的观察力、也是最富有哲理性的人，而最重要的是，他是一个最富有理智和博学的人。

美德存在于仁慈之中，这是一个被人类天性的许多表象所证实的观点。前面已经提到：合宜的仁慈是所有感情中最优雅和最令人感到愉悦的感情；某种双重的同情促使我们欣然接受这种感情；由于它必然走向行善，所以它是感激和报答的合宜对象；由于以上种种原因，仁慈在我们的各种天然品性中占据了比其他各种品性更加高尚的地位。我们也曾说过：即使仁慈的癖好在我们看来也不是非常令人不悦的，而其他各种过激的癖好，总会使我们感到极大的憎恶和反感。谁不厌恶过分的狠毒、过分的自私或过分的憎恨呢？但是最过分的溺爱、甚至带有偏心的友爱，却不是如此令人反感。只有仁慈这种情感，可以尽量发泄而无须关注其合宜性，并且仍然保持着一些迷人的地方。甚至在某种天性的善意之中也存在一些令人感到愉悦的东西，这种天然的善意不断地做好事，而从来不去关注这种行为是应该责备还是值得赞同。而其他的一些感情激情并非如此，它们一为人所弃，一离开合宜感，就不再是令人感到愉悦的激情了。

因为仁慈的感情给了由其产生的那些行为一种高于其他行为的美，所以，仁慈的感情的不足，更多的是同这种感情反向的倾向，常常会具有相似倾向的任何迹象带上一种特殊的道德上的缺陷。此种行为之所以常常受到惩罚，只是由于这些行为表示其对自己身边人的幸福缺乏足够的关注。

除了上述论述外，哈奇森博士还认为[1]，在被认为出自仁慈感情的任何行为中一旦发现其他的动机，我们对这种行为的优点的感觉，就会按照人们认为的这种动机影响此种行为的程度逐渐减弱。例如，如果一个被认为因感激之心而进行的行动，被人发现它其实是出自一种想要得到某种新的好处的希望；或者，如果一个被认为由公益精神激发的行为，被人发现其根本动机是希望得到金钱的回报，这样的发现，就会彻底丧失这些行动具有优点或值得称赞的全部想法。所以说，任何混有自私动机的行为，就像混有杂质的合金一样，削弱了或完全消除了在不含有自私动机的情形下属于任何一种行动的那种优点。因此，哈奇森认为：显然，

① 见《美德之研究》第一、第二篇。（这里所提及的大概是在该书II．iii中，拉斐尔：《1650年—1800年英国的道德学家》，第318—319节。）

美德一定只存在于纯粹而无私的仁慈之中。

反之，如果发觉这些通常被认为是出自某种自私动机的行为却是出自一种仁慈的动机时，就会大大提升我们对这些行为优点的认识。如果我们相信任何这样一个行为去增进自己幸福的人，他不是出于别的什么目的，而是想做一些有意义的事情和对自己恩人作出一些报答，我们就会更加爱戴和尊敬此人。这种考察似乎更为充分地证明了这个结论：只有仁慈才能为任何一种行为打上美德这种品质的标签。

最终，他想到：在决疑者们就行为的正当性所展开的全部辩论中，什么是能合理地明白无误地说明美德的那种证据呢？他说，公益是参加争辩的各家都多次提及的标准。因此，他们普遍地认为，任何有助于增进人类幸福的行为，是正确的、值得赞美和具有美德的；而与此相反的行为，就是错误的、应当谴责的和邪恶的。在以后发生的关于消极的顺从和抵抗的正确性的争论中，人们大相径庭的看法中唯一的一点是：在特殊利益受到侵害时，常见的屈服是否有可能比短暂的反抗带来更大的恶果？总的说来，对人类幸福最为有利的行为是否会在道德上是不善良的，他认为，这从未成为一个问题。

因此，由于仁慈是唯一能使所有行为都具备美德这样的品质的动机，所以，某种行为所表现出来的仁慈感情愈是浓厚，这种行为必然能够得到的称赞也就愈多。

旨在追求某个大团体得到幸福的种种行为，由于它们表现出具有比那些旨在追求某个较小团体得到幸福的行为更大的仁慈，所以，它们相应地也就具备更多的美德。所以说，一切感情中具有最大美德的，是一切有理智的生物以幸福为自己的奋斗目标的感情。反之，在某一点上可能属于美德品质的那些感情中但极少具有美德的，是仅仅以私己的幸福，如一个儿子、一个兄弟或一个朋友的幸福为目标的那种感情。

完美的品德，存在于指引我们的全部行动以增进最大可能的利益的行为之中，存在于使一切较低级的感情从属于对人类普遍幸福的追求的做法之中，存在于只把个人看成是芸芸众生之一，认为个人的幸福只有在不违背或对全体的幸福有益时才能去追求的看法之中。

自爱从来不会是一种在某种程度上或某一方面能够成为美德的节操。它一旦妨害众人的利益，就成为一种罪恶。当它除了使个人关心自身的幸福之外并没有其他什么后果时，它只是一种没有恶劣影响的品质，虽然它不应得到称赞，但也不必受到责备。人们所做的种种仁慈行为，虽然具有根源于利己的强烈动机，但因此而更具美德。这些行为展示了仁慈原则的力量和活力。

哈奇森博士[①] 不仅不认为自爱不管怎样还是一种能促成具有美德行为的动机，甚至，在他看来，自爱是对自我赞美的愉快的一种关注，是使自己良心得到慰藉的一种喝彩，它削弱了仁慈这种行为的优点。他认为这只是一种自私自利的动机，就它对任何行为所起的作用而言，显示出那种纯粹且无私的仁慈的弱点。只有纯粹、无私、仁慈的感情，才能给人的行为打上美德品质的烙印。然而，按照人们的一般的看法，这种对自己内心赞赏的关注远远没有被看成是会在哪个地方削弱某种行为所具美德的东西，它更多地被看做应当得到美德这个名称的唯一动机。

---

① 《美德之研究》第二篇、第四篇论文。也参看《关于道德感的若干说明》，第五篇最后一段。

这就是这个温和的体系对美德的本质所作的阐释。这个体系具有一个特别的倾向，那就是通过把自爱说成绝对不会给那些受其影响的人带来任何荣誉，在人们的心中培植和助长一切感情中最高尚的和最令人愉快的感情，从而不仅掌控了非正义的自爱，而且在一定程度上消除这种感情的影响。

正如我已给予说明的其他一些体系都未能充分地阐明仁慈这种最高尚品质的特别优秀之处是从哪个地方产生的那样，这个学说体系似乎具有相反的缺点：它没有充分地说明我们对谨慎、警惕、慎重、克制、坚持不懈、坚定不移等较低级的美德的认同是缘何而起。我们所有感情的意图和目的，它们倾向于产生有好处的或是有害处的结果，是这种体系关心的唯一要点。而激起这些感情的原因究竟是合适还是不合适，是相称还是不相称，则完全被忽视。

对我们自己个人幸福和利益的关注，在许多情况下也显现为一种非常值得称赞的行为原则。节俭、勤奋、专注和思想集中的习惯，一般会被认为是由自私自利的动机养成的，同时也被认为是一种非常值得称赞的品质，应该得到每个人的尊敬和认同。的确，这些品质中，含有自私自利的动机，似乎常常会损害本应产生于某种仁慈感情的那些行为的美感。然而，出现这种情况的原因，并不是因为自爱的感情从不是某种具有美德的行为动机，而是仁慈的原则在这种特殊的情况下显得缺乏它应有的强烈程度，而且同它的对象完全不相称。所以，这种品质显然是有缺陷的，总的来说是应该受到责备而不是应得到赞扬的。在某种本来只需自爱之情就足以使我们去做的行动中，包含有仁慈的动机，确实不会如此容易削弱我们对这种行为的合宜性的感觉，或是减弱我们对做出这种行动来的人所具有的美德的感觉。我们并不动辄怀疑某人存在自私自利这样的缺点，它绝对不是人类本性中的弱点或我们易于怀疑的缺点。然而，如果我们确信某个人并不关心自己的家庭和朋友，并不由此适度地爱惜自己的健康、生命或财富这些本应只是自我保护的天性就足以使他去做的事，这无疑是一个缺点，虽然是某种可爱的缺点。与其说它把一个人变成是轻视或厌恶的对象，不如说是变成了可怜的对象。但是，这种缺点还是或多或少损害到了他的尊严和他那品质中令人尊重的地方。不在乎和不节俭，一般不为人所认同，但这不是因为缺乏仁慈，而是由于缺乏对自身利益的适度关心。

尽管一些诡辩家常常用来判断人类行为正确与否的标准是这种行为是具有增进社会的福利的作用还是造成社会混乱倾向的作用，但是并不能由此断定，对社会福利的关心应该是行为具有美德的唯一动机，而只能说，在任何竞争中，它应该寻求与所有其他动机的平衡。

仁慈也许是神的行为的唯一原则。而且，在神的行为中，有一些并不是毫无根据的理由有助于说服我们去相信这一点。难以想象的是，一个神通广大、无所不能的神，她一切都无求于外界，她的幸福完全可以由自己努力获取，其行动还会出自别的什么动机。但是，尽管上帝的情况如此，但对于人这种并不完美的生物来说，维持自己的生存却在很大的程度上需要求助于外界，也必然常常根据许多其他的动机来行事。如果由于人类的本性应当经常影响我们行动的那些感情，不表现为一种美德，或不应该得到任何人的尊敬和赞美，那么，人类天性的外部环境就变得特别艰难。

认为美德存在于合宜性之中的体系，把美德置于谨慎之中的体系，以及认为美德存在于仁慈之中的体系，这三种体系，是到目前为止对美德的本质所作出的主要说明。其他一切有关美德的论述，不管它们看上去是多么的不同，都可以把它们归纳为三者中的某一个。

把美德置于对神的意志服从之中的体系，既可以纳入到认为美德存在于谨慎之中的那个体系，也可以纳入到把美德存在于合宜性之中的那个体系。如果有人提出：为什么我们要服从神的意志——如果是因为怀疑我们应不应该服从神而提出这个问题，这就是一个对神极为不敬和十分荒唐的问题——这只能有两种不同的回答。或是这样回答：我们应该服从神的意志，因为她是一个无所不能的神，如果我们服从她，她将永无止尽地报答我们，如果我们不服从她，她将永不停止地惩罚我们。或者是：暂且不谈对于我们自己的幸福或对于任何一种报酬、惩罚的考虑，一个生物应当服从它的创造者，一个力量有限和不完美的人，应当顺从力量无限和至善至美的神，这中间存在着某种和谐性和合宜性。除了这两种回答中的这个或那个之外，难以想象，还能对这个问题作出任何别的回答。如果前一种回答是适当的，那么，美德就存在于谨慎之中，或存在于对自己的根本利益和幸福的适当的追求之中，其根源在于我们是被迫服从神的意志的。如果第二种回答是正确的，那么美德就置于合宜性之中，因为我们有义务服从神的意志的根本原因，是人类情感中的恰当性或和谐性，是对激起这些情感的客体的优势的服从。

认为美德存在于效用之中的那个体系，与认为美德存在于合宜性之中的那个体系是一致的。按照这个体系，对自己本人或他人来说是愉悦的或有好处的一切品质，作为美德为人们所称赞，而与此相反的一切品质，则被认是邪恶并为人们所憎恶。但是，任何感情的合宜性或效用，取决于人们允许此种感情存在下去的程度。如果每种感情受到某种程度的抑制，就是有益的；如果每种感情超过了这个合宜的界限，就是有害的。因此可以说，根据这个体系，美德并不存在于任何一种感情之中，而是存在于所有感情的适宜程度之中。这个体系同我一直在努力构建的学说体系之间的唯一区别是：它把效用，而不是把旁观者的同情或相应的感情，作为衡量这种合宜程度的自然的、根本的尺度。

## 第四章　论无视行为规范的体系

无论美德和罪恶可能存在于什么事物中，这些品质之间都存在着一种真正的、本质上的区别，这是到目前为止，我所阐述的所有那些体系都一致坚持的观点。在所有感情的合宜和不合宜之间、在与人为善和其他的行为原则之间、在真正的审慎和毫无远见的愚蠢或鲁莽草率之间，都有着一种真正的、本质上的区别。它们大体上还都推崇去鼓励值得称赞的行为和去劝阻该受谴责的行为。

上述体系中有一些，可能确实有要打破各种感情之间平衡的倾向，确实有可能使人在心里倾向于某些行为原则，并且使其超过了应有的比例。那些坚持美德应置于合宜性中的古代的道德学说体系，好像总是在介绍那些崇高的、庄重的和令人尊重的美德，自我掌控和自我克制的美德：坚韧不拔，慷慨宽容，不为金钱利诱，漠视痛苦、贫穷、流放和死亡这些肉体上的磨难。就是在这些伟大的努力中，行为最高贵的合宜性才得以展示。相比之下，这些古代的学说体系则很少强调那些细腻的、友好的、温和的美德，以及所有那些博大仁爱的美德。相反，尤其是斯多葛学派的学者常常却把这些美德视为缺点，认为一个充满理智的人在自己的内心是不应该拥有些缺点的。

另一方面，当注重仁慈的体系，以最大的热情来培养和激励所有那些较温和的美德时，似乎全然忽视了内心中那些更加庄重的和更值得尊敬的品质。它甚至称其为道德能力，而不把它们叫做美德，并认为它们不应该像真正被称为美德的品质一样，得到尊重和赞许。如果可行的话，它会把所有那些仅以个人利益为目的的行为原则视为更糟糕的东西。它认为，它们本身绝不是拥有良好品质的东西，当它们与仁爱这样的情感一起发生作用时，它们会减弱后者的力量。它还声称，当谨慎仅被用来增进个人利益时，甚至都不能称其为一种美德。

而且，认为美德仅存在于审慎之中的那个体系，当它用最大的热情去鼓励谨慎、警惕、冷静和明智的节制这些习性的同时，似乎同等程度地贬低了上述那些温和的美德和值得尊敬的美德，并全然摒弃了前者的一切优美之处和后者的一切伟大之处。

尽管存在这些不足之处，那三个体系中每一个的基本倾向，均是去鼓励人们内心最崇高的和最值得称道的习性。如果人类普遍地——或者只有少数人——自称按照某种道德哲学的规则来生活，并想要根据上述任何一种体系中的训诫来指导自己的行为的话，那么，这个体系就是有益于社会的了。从每个体系中，我们都可以学到一些既有价值又有特点的东西。如果用告诫和规劝可以鼓励心灵中的坚韧不拔和慷慨宽容的精神，那么，古代强调合宜性的体系似乎就足以达到这一点。或者，如果以同样方式可以使人心变得充满人性，可以激发我们与人相处时的仁爱之情和博大的精神，那么，强调仁爱之情的体系向我们展示的一些情景似乎就可以达到这种效果。我们还可以从伊壁鸠鲁的体系中知道——尽管它毋庸置疑地被列为上述三种体系中最不完善的一种——躬行温和的美德和令人尊重的美德，是如何帮助我们的，甚至是帮助我们今世的利益、舒适、安全和宁静。因为伊壁鸠鲁把幸福置于舒适和安宁的获取之中，所以他努力用一种特定的方式表明，美德不仅仅是最崇高的和最可靠的品质，而且它也是获得这些无价的拥有财富的唯一手段。而其他一些哲学家也着重称赞美德给我们内心的平静和安定带来了良好的效果。伊壁鸠鲁没有忽略这个问题，他曾经极力坚持那种温和的品质对我们外部处境的繁荣和安全所产生的影响。正因为如此，古代世界各种不同的哲学派别的人们才研究他的著作。伊壁鸠鲁学说体系的最大敌人——西塞罗，也是从他那儿引用了最为人称道的论证：美德足以使你获得幸福。尽管塞内加是一个斯多葛学派（最反对伊壁鸠鲁的学说体系的一派）的哲学家，但是，他也比任何人都更频繁地引用这个哲学家的论述。

而另外一个道德学说体系的倾向十分有害，因为它似乎要完全抹杀罪恶和美德之间的区别。我说的是孟德维尔博士的学说体系。尽管这位作者的见解几乎在每一方面都是错误的，但是若以一定的方式观察到的人类天性的某些表现来看，他的这些见解表面似乎又有些道理。这些表现被孟德维尔博士用尽管粗鲁朴素却不失轻松幽默的那种辩才加以描述和夸张之后，使他的学说有了某种真理或类似真理的意味。这种错觉很容易蒙骗到那些不老练的人。

孟德维尔博士把任何依据特定的合宜感、依据考虑什么是值得表扬和值得称赞的问题而做出来的行为，视为一种出自对称赞和表彰的偏好，或者出自如他所说的那种爱慕虚荣的行为。他说，人最关心的当然是自己的幸福而不会是他人的幸福，他不可能在心里真正地把他人的成功看得比自己的还重。他若表明自己是在这样做，我们马上就可以确信他是在欺骗我们，也可以确信，接着他就会同在其他任何时候一样，依据同一种自私自利的动机行事。在他身上的其他一些自私自利的情绪中，虚荣心是最强烈的一种，所以他总是对周围那些人的赞赏感到荣幸和莫大的鼓舞。当他似乎是为了同伴的利益而牺牲自己利益的时候，他明白他的这种行为会极大地满足同伴们的自爱之心，而且，同伴们肯定会给予他非比寻常的称赞，以此来表达他们的满足。对他来说，他从这种行为中会得到的快乐，将超过他为此而放弃的那些利益。所以他的行为实际上恰是一种自私自利的行为，正如在其他任何场合那样，出自某种自私的动机。然而，他感到满足，而且这种信念使他感到高兴，那是因为他觉得自己的这种行为完全是无私的。如果不这样想的话，在他自己或他人看来，这种行为似乎就不值得提倡了。所以，根据他的体系，一切公益道德，一切以公众利益为先、不顾个人利益的做法，不过是一种对人类的欺诈和蒙骗而已。因此，这种被大加赞赏的人类美德，这种被人们争相仿效的人类美德，只是自尊心和逢迎的产物。

最慷慨大度和富有公益精神的行为，是否有可能在一定意义上不被看做是出于自爱的行为，我现在并不打算探究。我认为，这个问题的答案对于确定美德的现实性并不具有重大的意义，因为，自爱常常会成为具有美德这种行为的善良动机。我只想尽力说明，那种想做出荣耀和崇高行为的愿望，那种想使自己成为受人尊敬和赢得赞同的合宜对象的愿望，被叫做虚荣是不恰当的。甚至那种对于名副其实的声誉和名望的喜好，那种想博得人们对于自己身上真正可贵品质的尊敬的愿望，也不应该被叫做虚荣。前者是对于美德的喜好，是人性中最崇高、最美好的激情。后者是对真实的声誉的喜好，这毋庸置疑是种比前者低一级的激情，它的高尚程度似乎次于前者。希望自己身上的那些不值得被称赞、本人也并不期待会获得一定程度称赞的品质，能够得到人们的称赞；想用服装和饰品的浮华装饰，或用日常行为中的那种同样轻浮的矫揉造作，来表现自己的品质，这种人，才称得上是虚荣的人。渴望得到某种品质确实应该得到的称赞，但完全清楚自己的品质不配得到这样的称赞，这种人，才可以说是犯有虚荣毛病的人。那种空虚的纨绔子弟经常摆出一副自己根本无法匹配的显赫气派；那种无聊的说谎者经常假装自己经历了实际上并不存在的惊险功绩；那种愚蠢的抄袭者经常把自己说成实际上根本没有权利去染指的某一作品的作者，对这样的人，才应恰当地指责他们拥有这种激情。据说，还有一些人也犯有虚荣毛病：他不满足于那些未被言明的尊重和赞赏的感情；他更喜欢的似乎是人们那种热烈的表现和喝彩，而不是人们默默的尊重和赞赏的情感；他只有亲耳听到对自己的赞赏才会感到满足，他急切地强求他周围人们的一切尊敬的表示；他喜欢头衔、赞扬、被人登门拜访、有人簇拥，喜欢在公共场合看到人们带着敬意和关注的表情。虚荣这种轻浮的激情完全不同于前面两种激情，前两种是人类最崇高和最伟大的激情，而它却是人类最粗鄙和最低级的激情。

但是，使自己成为荣耀和尊敬的合宜对象的愿望，或使自己成为配得上这些荣誉和尊敬的那种人的愿望，由于拥有真正应该得到这种荣耀和尊敬的感情，去赢得这些感情的愿望，或者是无论如何想得到称赞的轻浮的愿望，虽然这三种激情是大不相同的，尽管前两种激情总是得到人们的赞同，而后一种激情总是受到人们的轻视，但是，它们之间却存在着某种细微的雷同之处。这种雷同被那个活跃的作者用诙谐而又迷人的口才加以夸张之后，已使他能够欺骗他的读者。当虚荣心和对于名副其实的荣耀的喜好这两种激情都旨在博得尊重和赞美时，它们之间有着某种雷同。然而，两者又有这样一些区别：后者是一种正义的、合理的和公平的激情，而前者则是一种不义的、荒诞而可笑的激情。希望以一种真正值得尊敬的品质来博得尊敬的人，只不过是在渴望他有资格拥有的东西，以及那种不做出伤害他人的事情就不能拒绝给他的东西。相反，在其他的条件下希望获得尊重的人，是在要求他没有资格去要求的东西。前者不太会猜忌或怀疑我们是否没有给予它足够的尊敬，也很少渴求我们表示重视的许多外部迹象，他们很容易得到满足。相反，后者却总是充满着这样一种猜忌和怀疑，即，我们并没有给予他所期望的足够的尊敬。因为他内心有这样一种潜意识：他所期望得到的尊敬大于他所应得的尊敬，他是从来不会感到满足的。他把他人礼仪上的最小疏忽也视为一种不可饶恕的当众羞辱，是一种极其蔑视的表现。他焦虑而又无耐心，并且一直担心会失去我们对他的一切敬意。因此他总是迫切地想得到一些新的尊敬的表示，要想使他保持正常的性情，只有不断地让他得到奉承和谄媚。

在使自己成为有资格得到荣耀和尊敬的人的愿望和只是想得

到荣耀和尊敬的愿望之间、在对美德的热爱和对真正荣耀的热爱之间，也有一些雷同之处。它们不仅在这个方面彼此相像，即它们都旨在真正成为光荣而崇高的人，甚至还存在着相像之处，即两者对真正荣耀的热爱之情都类似于那种被恰当地称为虚荣心的品质，即某些涉及他人情感的品质。但是，即便是最宽容大度的人，即便是因美德本身而希望拥有美德的人，即便是不在意他人对自己的真正看法的人，也仍会乐意去想世人应对他抱有什么看法，高兴地认为虽然他或许没有真的得到荣誉也没有真的得到赞赏，但他仍然是荣誉和赞赏的合宜对象，并坚信如果人们冷静、公平、切实和恰当地了解他那行为的动机和详情，他们肯定会给予他荣耀和赞美。尽管他蔑视人们实际上对他持有的看法，但他极度重视人们对他所应当持有的看法。他的行为中最伟大和最高尚的动机是：他可能认为，不管别人对他的品质会持有什么看法，他都会认为自己应该拥有那些崇高的情感；如果他设想自己处在他人的位置上，不去考虑他人的看法到底是什么，而是考虑他人的看法应该是什么的话，他总会给予自己品质以极高的评价。因此，正因为在对美德的热爱中，多少要考虑他人的观点，尽管不是考虑这种观点是什么，而是考虑这种观点在理智和合宜性看来应该是什么。因此，单是在这一方面，对美德的热爱和对真正荣耀的热爱之间也有某些雷同之处。但是，同时两者之间也有着某种非常大的区别。那个仅仅根据什么是正确无误的和适宜去做的这种考虑、根据什么是尊敬和称赞（即使他是绝对不会得到这些感情的）的合宜对象这种考虑行事的人，总是在根据人的天性所能想象的那种最高尚的和最神圣的动机而行动。另一方面，如果一个人在渴求拥有自己应该得到的称赞的同时，还迫切地想博得这种赞赏，那么他的动机中就过多地混入了人类天性中的弱点，尽管基本上他也算是一个值得称赞的人。他也许会因为人们的愚昧和不义感到屈辱，他自己的幸福也许会因为对手们的妒忌和公众的愚蠢而受到破坏。相反，另一种人的幸福却不受命运的摆布，不受同他相处的那些人的不寻常想法的影响，它很有保障。在他看来，由于世人的无知而有可能降临到他身上来的那些轻视和仇恨，并不属于他，他丝毫不会为此感到屈辱。人们是从一种对他的品质和行为的错误观念出发而轻视和仇恨他的。如果他们更好地了解了他，他们就会尊敬和热爱他。准确地说，他们所轻视和仇恨的是另一个被他们误认为是他的人，而不是他本身。在化装舞会上，如果我们遇到装扮成我们敌人的那个朋友，我们若因为他的乔装打扮而真的对他发泄了愤怒的话，那么他所感到的不是屈辱而是高兴。这就是一个真正宽容大度的人在受到不公正的责备时产生的一种情感。然而，人类天性却很少能达到这种坚定的地步。尽管除了意志最薄弱的和最粗鄙的人之外，人类之中没有谁会对虚假的荣誉感到很愉悦，但是与此相矛盾而又使人感到奇怪的是，那些表面上看起来最坚定、最有主见的人，却常常会对虚假的屈辱感到难以忍受。

孟德维尔博士并不会因为把虚荣心这种轻浮的动机，归结为所有那些被公认为拥有美德的行为的根源就感到满足。他还努力从其他许多方面列举出人类美德的不完善。他声称，美德在一切场合都无法达到它自称达到的那种完全无私的地步，而且，它通常只不过是暗中纵容了我们的激情，而并非征服了我们的激情。我们对于快乐的节制无论在什么地方，如果没有达到类似那种极端苦行的节制程度，他就把它视为一种严重的奢侈和淫荡。在他看来，每件东西都是奢侈的，它豪华到超出了人类天性认为绝对必需的正常程度，因此，即使是穿上一件干净的衬衫或住进了一座合宜的住宅也有罪恶。他认为，在最为合法的婚姻之中，对于性交这种欲望的纵容，也是用以满足这种激情最有害的方式，因而同样也是淫荡。他还嘲笑那种轻而易举就可以做到的自我克制和贞洁。在这里就像在其他许多场合一样，他那巧妙的似是而非的推理，也隐含在他模棱两可的语言中。我们有些激情，除了表示令人不快的或令人生厌的程度的那些名称之外，没有什么别的名称。那些激情在这种程度上而不是在别的什么程度上更容易引起旁观者的注意。倘若这些激情震动了旁观者他们自己的感情，倘若它们引起了他的某种反感和不舒服，他就必然会不自觉地注意到它们，因此也必然会给它们冠以一个名称。如果它们符合他那心灵的自然状态，他就会很自然地完全忽略了它们，或者他根本就不会给它们以名称，或者，如果给它们取了什么名称的话，由于它们处在这样一种受到限制和约束的情况之下，因此，这些名称与其说是表明它们还能被允许存在的程度，不如说是表明这种激情的征服和抑制。于是，关于喜好享乐和喜好性交的普通名称[①]，就标志了这些激情的邪恶和令人不快的程度。另一方面，“自我克制”和“贞洁”这两个词似乎表明了，与其说是这些激情尚且被允许存在的程度，不如说是它们受到的抑制和征服。因此，当他能表明这些激情在一定程度上还存在时，他就认为自己已经全盘否定了那些自我克制和贞洁的美德的真实性，而且已经全然揭露出这些美德仅仅是对人类的疏忽和无知的欺骗。然而，这些美德对于它们试图抑制的那些激情的对象来说，并不要求它们真的

① 《奢侈与色欲》。

处于完全麻木不仁的状态。美德只是试图限制这些激情的狂热性，使其保持在不至于伤害个人而且不扰乱也不冒犯社会的范围内。

孟德维尔那本书[①] 把每种激情，不管其程度如何以及作用对象是什么，全部都说成是邪恶的，这是这本书的大谬。他就这样把每样东西都说成是虚荣心的产物，即要么关系到他人的情感是什么，要么关系到他人的情感应该是什么的那种虚荣心。凭借这种诡辩，他作出了自己最偏爱的结论：个人之恶便是公众之利。如果对于富丽豪华的喜爱，对于高雅的艺术和人类生活中一切先进事物的爱好，对于衣服、家具或设施中一切令人感到愉悦的事物的爱好，对建筑、雕塑、绘画和音乐的爱好，都被说成是奢侈、淫荡和卖弄，甚至对状况许可他们无所不便地放纵上述激情的那些人来说也是如此，那么，这种奢侈、淫荡和卖弄一定是对公众有利的。因为，如果没有这些品质——他认为可以适当地给这些品质冠以这样可耻的名称——高雅的艺术就决不会受到鼓舞，而且一定会因为没有用处而消失殆尽。一些流传于民间的制欲学说，是在他的时代之前流传的，认为美德是人们全部激情的彻底根绝和消除，它们是这种无视行为规范的体系的真正基础。对孟德维尔博士来说，很轻易地就可以论证如下两点：第一，事实上人们从未彻底地征服自己的激情；第二，如果人们普遍地做到了这一点，那么，这于社会将是有害的，因为这会毁灭一切产业和商业，并且在一定意义上会葬送人类生活中的所有行业。通过这两个命题中的第一个，他似乎证明了真正意义上的美德并不存在，而且也证明了，那些自认为是美德的东西，只是一种对于人类的欺诈和蒙骗；通过第二个命题，他似乎证明了，个人之恶便是公众之利，

① 《蜜蜂寓言》。

因为，如果没有这种个人的恶劣行为，社会就不可能得到繁荣或兴盛。

这就是孟德维尔博士的体系。它曾经在全世界范围内引起了很大的反响。虽然同没有这种体系时相比，它可能并没有引起更多的罪恶，但是，至少它唆使那种因为别的什么原因而产生的罪恶，使它们表现得更加厚颜无耻，并且持着一种过去前所未有的肆无忌惮的态度公然承认它那动机的腐坏。

但是，无论这个体系看起来是多么有害，如果它不在某些方面接近真理，那么它就决不能欺骗那么多的人，也决不会在那些支持更好的体系的人们中间引起那么普遍的惊慌。某个在表面看来也许非常有理的自然哲学体系，可以在好长一段时间内为世人所普遍接受，但实际上却根本没有什么基础，同真理也绝无半点相似之处。一位法国的哲学家、政治家，笛卡尔旋风就被一个充满智慧的民族在总共将近一个世纪的时间内，看做是天体演化的一个最成功的说明。但是，有人已证实——这种证明为所有人所信服——有关那些奇妙结果的这些虚假的原因，不仅事实上是不存在的，而且根本也不可能有，即使它们存在的话，也不可能产生这种归结于它们的结果。然而，对道德哲学体系来说却不是这样的。一个声称要说明人类道德情感起源的作者，不可能如此严重地欺骗我们，也不可能背离真理到如此严重的地步以至于全无相似之处。一个旅行者可能会利用我们轻信别人的心理，在叙述某一遥远国度的情况时，把毫无事实根据的、极其荒诞可笑的虚构说成是非常可靠的事实。然而，当一个人如果要告诉我们邻居那儿发生了什么事情，告诉我们正是发生在我们居住的这一教区里的一些事情时，他的最大谎言必须同真情有些相像，甚至其中必须有相当多的就是事实。但是，虽然我们就生活在这里，如果我们过于粗心而不用自己的眼睛去观察一下事情的真相的话，他就可能从许多方面欺骗我们。一个研究自然哲学的作者——他声称要说明宇宙间许多重大现象的起因——声称要说明一些发生在一个相隔很遥远的国家里的事情，对于这些方面，他可以随心所欲地告诉我们一些事，而且他必然会赢得我们的信任，只要他的叙述保持在似乎这些都有可能会发生的界限之内。但是，当他如果想要解释我们感情和欲望产生的原因，我们赞同和不赞同的情感产生的原因时，那他所要宣称的不仅是要去说明我们居住的这个教区中的事情，而且还要去说明我们所关心的各种自家之事。虽然在这里我们也像那些把一切托付给某个欺骗他们的用人的懒惰的主人一样，很可能会被蒙骗，但是，我们不可能接受任何同事实完全不着边际的说明。一些文章起码必须是有充分根据的，甚至那些极度夸张的文章也必须以某些事实为依据。否则，骗局终会被揭穿，甚至会被我们粗枝大叶的察看所揭穿。一个作者，如果想把某种本性作为任何天然情感产生的原因，而这种本性既同这个原因没有丝毫联系，也同有这种联系的别的本性无半点相似之处，那么，即便是在最无判断力和最无经验的读者看来，他也是一个非常荒唐可笑的人。

# 第三篇　论已经形成的有关赞同本能的各种体系

## 引　言

在有关美德本质的探究之后，道德哲学中的下一个重要问题就涉及了赞同本能原理；有关使某种品质为我们所喜爱或厌恶的内心的力量或能力。它使我们喜欢某一行为趋向而不喜欢另一行为趋向，把某一行为视为正确的而把其余的视为错误的，并且把某一行为看做赞同、尊敬和报答的对象，而把其他的看做谴责、非难和惩罚的对象。

对这种赞同本能原理有三种不同的说明。在某些人看来，我们仅仅是根据自爱，或者是根据别人如何看待我们自己的幸福或损失的某些倾向性来赞同和反对我们自己的行为以及别人的行为。按照另一些人的观点，理性，即我们据此来区别真理和谬误的同等能力，能使我们在行为和感情中来划分什么是恰当的，什么是不恰当的。而根据其他人的说法，这种区分产生于对某种行为或感情的看法所产生的满意或厌恶情绪之中，它完全是直接情感和感情的一种作用。因此，自爱、理性和情感便被认为是赞同本能原理的三种不同的根源。

在我开始说明那三种不同的体系之前，我必须指出，讨论这第二个问题，虽然在理论上极其重要，但在实践中却不重要。讨论美德本质的问题在许多特殊的场合必定对我们关于正确和错误的见解产生一定的影响。讨论赞同本能原理这个问题也许不会产生这样的影响。探究那些不同见解或情感产生于何种内部机制或结构，这只是引起哲学家兴趣的一个问题而已。

## 第一章　论从自爱推断出赞同本能的体系

那些以自爱来解释说明赞同本能的人，采用了各种不同的解释方式，因此在他们各自不尽相同的体系中存在着许多的混乱和谬误。根据霍布斯先生及其众多的追随者① 的观点，人不得不处于社会的庇护之中，不是因为他对自己的同类怀有任何自然的热爱，而是因为，他单凭自己的力量是不可能舒适地或安全地生存下去，必须依靠他人的帮助才能达到。正是因为这样，社会对他来说是必不可少的，并且在他看来，任何有助于维护社会和增进社会幸福的东西，对他都具有间接增进自己利益的倾向；相反，他认为任何可能妨害和破坏社会的东西，对他自己都具有一定程度的伤害和危害作用。美德是人类社会最强大的维护者，而罪恶则是最重大的干扰者。因此，前者令人感到愉快，而后者则令人感到不悦。他从后者预见到对他生活的舒适和安全来说必不可少的东西的破坏和干扰，正如他从前者预见到了繁荣一样。

当我们对于那种促进社会安定的美德的倾向，以及扰乱社会秩序的罪恶的倾向，进行冷静和明达地考虑时，会给予前者一种极其伟大的美，而使后者表露出一种极其巨大的丑恶，这正像我已在前面说过的那样，是不会有疑问的。当我们用某种抽象的和哲学的眼光来审视人类社会时，它看起来就像一架奇妙的、庞大

① 普芬道夫、孟德维尔。

的机器，它有规则而又协调地运转着，产生了数以千计令人愉悦的结果。因为在任何其他作为人类艺术产品的美妙和宏伟的机器中，所有有助于使它运转得更为平稳和更为顺畅的东西，都将从这种结果中获得某种美，相反，所有阻碍它运转的东西，都因这一缘由而令人感到不悦。所以，作为优质润滑剂的美德，对社会的车轮来说，似乎一定会使人愉快。当罪恶犹如毫无价值的铁锈那样，使社会的车轮相互碰撞和摩擦时，必然会招致反感。因此，对于赞同和不赞同的起源的这种说明，就其从对社会秩序的尊重推断赞同和不赞同而言，刚好与那个效用产生美的原则相符合。这一点我在前一场合已经作出了说明，而且也正是从那里，这个体系所具有的所有可能性都显示了出来。当那些作家向我们描绘出一种有教养的交际性的生活的诸多好处，胜于那种粗野而又孤寂的生活时，当他们详述美德和良好的秩序对维持前者的必要性，并证实罪恶盛行和违犯法律往往是如何不可避免地会促使后者恢复时，读者便陶醉于他们向他展示的那些新奇而又宏伟的见解之中：显然他在美德之中看到了一种崭新的美，在邪恶之中看到一种新的丑恶，他以前从来没发现过这一切；并且他对于这一发现通常是感到非常高兴的，因此很少花时间思考一下，这种在他以前的生活里从来没有想到过的政治见解，是不可能成为赞同或不赞同——他总是习惯于以此来研究各种不同品质——的根据的。

另一方面，当那些作家从自爱推论出我们在社会福利中所得到的利益，以及因为这一原因我们赋予美德以尊重时，他们的意思并不是说，当我们在这个时代称赞加图的美德而厌恶喀提林的邪恶时，我们的情感会因为觉得自己从前者获取了利益、或者因为从后者受到了伤害而受到影响。依据那些哲学家的想法，我们并非是由于在那遥远的年代和国家里社会的兴盛或颠覆，会对我们现在的幸福或不幸产生什么影响，才这样尊重美德而谴责目无法纪的品质的。他们从来不认为，我们的情感会受到实际上我们所设想的它们带来的利益或损害的影响，而是认为，假如我们生活在那遥远的年代和国家里，我们的情感就会由于它们可能会带来的利益或损失而受到某种影响，或者是在我们现在生活的年代里，如果我们遇到与我们具有同类品质的人，我们的情感也会由于它们可能带来的利益或损失而受到影响。简单地说，那些作家正在研究的、而且是不可能清楚地揭示的那种思想，是我们对从两种截然相反的品质中获得利益或受到损害的那些人的感激或怨恨而产生的间接同情。而且当他们表示，促使我们赞扬或愤恨的，不是我们已经获益或受害的想法，而是假如我们生活在有那种人的社会里时，我们可能获益或受害的那些想象，此时，他们含糊地表明的正是这种间接同情。

然而，同情无论在任何意义上都不可能被看做一种自私的本性。的确，当我对你的痛苦或愤怒产生同情时，它可能被误认为我的情感是源于自爱，因为它产生于我对你的情况的了解，产生于我设身处地地考虑了你的问题，并由此产生了在相同的环境中才会有的情绪。然而，虽然严格地说同情产生于一种与主要当事人相关的某种设想中的位置的替换，然而这种设想的变化并不认定是偶然发生在我们自己的身上，而是发生在我们所同情的那个人身上。当我因为你失去独生子而对你表示哀悼时，为了分担你的悲伤，我并不是去考虑，如果我有一个儿子，而且这个儿子也不幸去世了，我这样一个具有此种品质和身份的人会遭受到什么，而是去考虑，如果我真的是你（我不仅跟你转换了环境，而且也调换了自己的身份和地位），我会遭受到什么。所以，我的悲伤全都是因为你的缘故，而丝毫不是由于我自己的原因。所以，这根本不能说是自私。这种悲伤是以我自己原来的身份和地位感受到的，甚至并不是来自于对那种已经降临到我自己的头上，或者同我自己相关的任何事情的想象之中，而是全然产生于同你相关的事情之中，这怎么可以被称为一种自私的激情呢？一个男人即使不可能设身处地地想象一位正在分娩的妇女所受的巨大痛苦，但他却可能会对她产生同情。然而，据我所知，那种从自爱推论出的一切情感和感情，即耸人听闻的有关人性的全部说明，从来就没有被充分地、明白地解释过。依我看来，这似乎是来自于对同情体系的某种混乱的误解。

## 第二章 论认为理性是赞同本能的根源的体系

众所周知，霍布斯先生的学说认为，自然的状态即为一种战争的状态，在市民政府建立起来之前，人类不可能有安全或和平的社会。因此，依照他的观点，保护社会也就是去支持市民政府，而推翻市民政府也就好比是去消灭社会。但是，市民政府的存在主要取决于对最高行政长官的服从。一旦他失去了自己的权威，整个政府就会完结。因此，正如自我保护的本能会教人称赞所有有助于增进社会福利的事物，而指责所有可能危害于社会的事物那样，如果他们能始终如一地思考问题并作出表述，同样的原则就应当教会他们在所有场合称赞对政府官员的服从，并且指责一切的不服从和反抗。相关什么该被称赞和什么该受到谴责的这种观念与服从和不服从的观念应该是一样的。所以，政府官员的法律应该被看做有关什么是正义的和不义的，什么是正确的和谬误的唯一的基本标准。

通过宣传这些观念，霍布斯先生的公开意图，就是使人们的公德心直接服从于市民政府，而不是服从于基督教会的权力，他所处的时代的事例让他明白，应该将基督教徒的骚乱和野心看做社会混乱的根本原因。正是这个原因，他的学说尤其冒犯了神学家们——他们当然不会忘记极端严厉和刻薄地对他发泄他们的愤怒。他的学说也同样冒犯了所有正统的道德学家们，因为这个学说认为在正确与谬误之间没有天然的区别；也由于它认为正确与谬误是不确定的，并且是可以改变的，它们完全取决于行政长官的专横意志。所以，对事物的这种描述遭到了来自四面八方的各种武器、严肃的理性以及激烈的雄辩的攻击。

为了驳斥这样可恶的一种学说，就必须证明，人的头脑在出现一切法律或者现有制度之前，便已经被自然地赋予了某种功能，根据此种功能，它在某些行为和感情中能够辨别出正确的、值得称赞的和有德性的品质，而在另外一些行为和感情中能够辨别出错误的、应当受谴责的和邪恶的品质。卡德沃思博士公正地评论说，[①] 法律不可能是那些区别的根本原因，因为根据法律的认定，要么我们服从它，这样必定是正确的，而违背它则必定是错误的，要么我们服从与否都是无关紧要的。我们服不服从都无关紧要的那种法律，必定不可能成为那些区别的原因；服从就是对的、不服从则是错的，也不能成为那些区别的原因，因为这样仍然假定了先前的有关正确和错误的看法或观念的前提，服从法律是跟正

① 《不变的道德》Ⅰ.Ⅰ。

确的观念相符合的，违犯法律是跟错误的观念相符合的。

因此，既然心灵对那些区别具有一种先于一切法律的看法，那似乎必然会由此推断出，它是从理性中得到这种看法的，而正是理性指明了正确和错误之间的区别，正如它指明了真理和谬误之间的区别那样。尽管这一结论在某些方面是正确的，但在另一些方面却是极为草率的，但是在有关人性的深奥科学暂且处于初级阶段之时，并且在人类内心不同官能的特殊功用和能力得到仔细考察和相互区别之前，它还是很容易被人们接受的。人们没有想到，当与霍布斯先生的争论进行得相当热烈时，还有什么其他官能会产生是非观念。所以当时盛行一时的学说是，美德和罪恶的实质是存在于同理智一致或不一致之中，而不是存在于人们的行为同某一高级的法律一致或不一致之中，这样一来，理智就被视为一种赞同或不赞同的原始的根源和本原。

美德存在于同理智的一致之中，这在某些方面是正确的，而且这种官能在某种意义上，被正确地视为赞同和不赞同的原因和根源，被视为一切关于正确和错误的有力判断的原因和根源。正是根据理智，我们发现了那些应该用来约束自己行为的关乎正义的一般准则；也正是根据理智，我们形成了关于什么是审慎，什么是公正，什么是慷慨或高尚的比较含糊和不确定的观念，也就是那些我们总是随时随地带有的观念，并凭借这些观念竭尽所能地努力规划我们行为的一般趋势。与其他的一般格言一样，道德的一般格言也是从经验和归纳推理中演化而来的。我们在一些瞬息变化的特殊场合，感觉到什么东西使我们的道德官能感到愉悦或不快，这些官能赞同什么或是反对什么，并且我们通过对这种经验的归纳推理，建立了哪些一般准则。但是归纳推理一向被认为是理性的某种作用。因此，我们很恰当地被要求从理性来推导出所有那些一般格言和观念。然而，我们正是通过这些来调整我们的绝大部分的道德判断的。这种判断或许是极不稳定和缺乏依据的，如果它们完全凭借那些容易像直接情感和感情那样发生许多变化的东西，那么关于健康和情绪的一切状况就都可能从根本上改变这种判断。所以，当我们关于正确和错误的最有力的判断，是由理性的归纳推理而来的格言和观念所调整时，那就可以非常合理地说美德是存在于与理性的一致之中。就此而言，可把这种官能视为是赞同和不赞同的原因和根源。

然而，尽管理性毫无疑问是道德一般准则的根源，也是我们用以形成所有道德判断的根源，但是如果认为关于正确和错误的第一感觉可能源自理性，在那些特殊情况下甚至会源自形成一般准则的经验，那么就是十分可笑和令人费解的了。这些第一感觉是不可能成为理性的对象的，正像形成各种一般准则的其他经验一样，它们应该是直接官感和感觉的对象。正是通过在一些急剧变化的情况中发现某种行动的趋向一直以特定的方式令人感到愉悦，而另一种行动的趋向却一直令人感到不快，我们才借以形成了关于道德的一般准则。然而，理性不可能使任何特殊的对象由于自身的原因而在内心感到赞同或反对。理性可以表明这种对象是获得自然使人感到愉悦或感到不快的某些其他东西的方式，而且可以用这样的方式使这种对象由于某些其他事情的原因而获得赞同或反对。然而，如果不是直接受到感官或感觉的影响，任何东西都不能由于自己的原因而得到赞同或反对。所以，在任何特殊的情况下，如果美德必然由于自身的原因使人们的心情愉悦，而罪恶必然会使人们心情不畅的话，那么，就不是理性使我们与前者相符合而与后者不相协调了，而是直接的感官和感觉使我们如此的。

快乐和痛苦都是渴望和厌恶的主要对象，但是这些都不是通过理性，而是通过直接的感官和感觉来区分的。所以，假如美德由于自身的原因而为人所期盼的话，而罪恶以同样的方式成为厌恶的对象，那么，最初用以辨别这些不同品质的则不可能是理性，而是感官和感觉。

但是，因为从某种意义上来说，理性可以正确地被看做赞同和不赞同本性的根源，因而由于疏忽，人们便长期把这些情感看做最初源于这种官能的作用。哈奇森博士的功绩就在于，他是最先非常精确地识别了所有道德差别在哪一方面可以说是源于理性，在哪一方面它们是以直接的感官和感觉为凭据的。在对道德情感所作的说明上，他充分地解释了这一点，而且他的解释是无可辩驳的。因此，如果人们还要继续争论这个问题的话，那么，我只能把这归因于人们还没注意到哈奇森先生所写的东西，归因于他们对某些表达形式的迷信般的依恋。在学者当中，这一缺点是很常见的，尤其是在讨论像现在这个引起人们极大兴趣的话题时更为常见。在讨论这样的话题时，具有美德的人往往连他常用的某一合宜的简单用语也不愿意放弃。

## 第三章 论认为情感是赞同本能的根源的体系

认为情感是赞同本能的根源的体系可以分为两种不同的类型。

Ⅰ. 依照有些人的说法，赞同本能是建立在一个特殊的情感之上的，是建立在心灵对某些行为或感情的特殊感觉能力之上的。这些行为或感情中有一些是以赞同的方式来影响这种官能，而另一些则是以反对的方式来影响这种官能。前者被认定是正确的、值得称颂的和有道德的品质，后者被认定是错误的、该受指责的和罪恶的品质。这种情感具有不同于其他所有情感的特殊性质，是特殊感觉能力作用的产物，他们给它冠以一个特殊的名称，即道德情感。

Ⅱ. 依照另外一些人的说法，要解释赞同本能，没有必要假定一种新的，前所未闻的感觉能力。他们假定，就像在其他一切场合一样，造物主在这儿按照极其精确的法理行事，而且他可以从完全相同的原因中引出大量的结果。他们认为，同情，这种总是引人注目的、而且明显地赋予内心的能力，就足以说明这种特殊官能所具有的一切作用。

Ⅰ. 哈奇森博士① 作了非常大的努力来证明赞同本能并不是建立在自爱的基础上的，他也论证了这个原则是不可能源于任何理性的作用的。所以他认为，只能把它看做一种特殊的官能。造物主把这种官能赋予于人心，借以产生这种特殊而又重要的作用。如果把自爱和理性都排除在外，他想象不出还有什么其他已知的内心官能能有这样的作用了。

他给这一新的感觉能力冠名为道德情感，而且认为它与外在感官有一些相似之处。就如我们周围的物体总是用某种方式来影响我们的这些外在感官，便似乎具有了性质不同的声音、味道、气味和颜色一样，人心灵中的各种情感，也用某种方式触动了这

① 《美德之研究》。

一特殊官能，似乎具有了亲切和可恶、美德和邪恶、正确和错误等不同的品质。

凭借这一体系，人心借以获得所有简单观念的各种感官或感觉能力[①]，可分为两种不同的种类，一种被称做直接的或先行的感官，另一种被称做内省的或后天的感官。直接感官是这样一些官能，根据它们，即内心根据它们就可以获得的对事物的感觉，并不需要以对另一些事物有先行感觉为前提条件。例如，声音和颜色便是直接感官的对象，听见某种声音或看见某种颜色并不需要以先行感觉到一切其他性质或对象为前提条件。另一方面，内省的或后天感官则是这样一些官能，根据它们，即内心根据它们可以获得的对事物的感觉，必须以对另外某些事物有先行感觉为前提条件。例如，和谐和美就是内省的感官的对象。我们首先一定得觉察某种声音或某种颜色，才可能觉察到这一声音的和谐，或这一颜色的美。道德情感便被视为这样的一种官能。按照哈奇森博士的观点，洛克先生称其为反射，并从中推论出关于内心不同激情和情绪的简单概念的那种官能，是一种直接的、内在的感官。由此我们再次察觉那些不同激情和情绪中的美或丑、美德或邪恶的那种官能，是一种内省的、内在的感官。

哈奇森博士为了努力证明这种学说，还进一步说明了它适合于天性的类推，说明了赋予内心种种其他确实同道德情感相类似的内省感觉来更深一层地证实这种学说。例如，在外在对象中的关于美和丑的感觉，又如我们据以对自己同胞的幸福或不幸表达同情之心的热切的公益感，再如某种对羞耻和荣耀的感觉，以及某种对嘲弄的感觉。

---

① 《论激情》。

这位天才的哲学家尽管尽心竭力地来证明，赞同的本能是建立在某种特殊的感觉能力之上的，即某种与外在感官相像的东西，但他也承认根据他的学说得出的某些结论有时会自相矛盾，而在许多人看来，这些结论或许足以驳倒他的学说。他承认[①] 若把属于任何一种感觉对象的那些特性都归于这种感觉本身，是非常荒谬的。有谁会考虑过把视觉称为黑色或白色呢？有谁考虑过把听觉称为高声或低声？又有谁考虑过把味觉称为甜的或苦的呢？并且依据他的观点，这与将我们的道德官能称为美德或罪恶，即品行上的善或恶，是一样荒诞的事情。尽管这些特性属于那些官能的对象，但并不属于官能本身。所以，倘若一个人的性格如此荒唐以至于把残暴和不义都当做最高的美德来大加赞赏，并且把公正和人道作为最粗鄙的罪恶来加以敌对的话，那么，我们的确可以把这种心灵结构视为是对个人或社会不利的，并把它本身看成是难以想象的、令人震惊的、非天性的东西。但是，若把它归结为邪恶的东西或道德上的罪恶，则是非常荒谬的。

然而，的确，我们如果看见有人怀着敬佩和赞赏的心情，为某个蛮横暴君下令去做的某桩暴力和不当的事情鼓励叫好的时候，把这种行为称做极其邪恶的行为和道德上的罪恶，我们就不会认为是那么荒谬的了。虽然我们的意思只是说这样的人，他的道德官能堕落了，对于这种可怕的行径竟然荒谬地表示赞同，而且似乎视其为一种高尚的、宽容大度的和伟大的行为。我想，如果看到这样的旁观者，有时我们会忘掉对受害者表示同情，而且对于这样可恶的一个卑鄙的家伙，我们除了感到恐怖和厌恶之

① 《关于道德情感的若干说明》，第一篇，第 237 页，以及续篇；拉斐尔：《1650—1800 年英国的道德学家》，第三版，第 364 节。

外就感觉不到其他任何东西了。甚至我们憎恶他的程度会大过对那个暴君的，或许那个暴君是受了妒忌、恐惧和愤恨等激烈情绪的驱使，所以是比较可以原谅的。然而，那个旁观者的情绪却来得毫无道理，所以显得特别可恨。我们的心灵对于这种乖张的情感是最不愿意给予原谅的，最为憎恨和最为气愤不过的了。而且我们宁愿把这样一种心灵结构看做道德败坏的最终和最可怕的阶段，而不把它仅仅视为某种奇怪或不便的东西，也不认为它在各方面都邪恶或具有道德上的罪恶。

相反，在某种程度上，正确的道德情感自然会表现为值得称颂的、道德上的善举。如果一个人在所有情况下，都极其精准地对评价对象的优缺点作出相符的指责和赞扬的话，那么他甚至似乎应该获得某种程度的道德上的认同。我们钦佩他灵敏精确的道德情感，它们指导着我们自己的判断。并且，由于它们非凡的、惊人的正确性，甚至也引起了我们的惊奇和赞叹。我们确实不能总是相信，这样一个人的行为会在任何方面都与他人的行为所作的判断的精准性完全一致。美德需要内心的习惯和决断，而且也需要情感的精准性。然而遗憾的是，在有的人那里，拥有后者极为完美的品质,有时却没有前一种品质。但是,这种心灵的倾向性，虽然有时可能并不完美，但是却与任何粗野的犯罪是相互抵触的，并且是建立完善的美德这种上层建筑的最适合的基础。另外有许多拥有良好用心的人，想认真做好他们自认为那些属于他们职责范围的事情，却因为道德情感的低俗而令人感到不快。

或许可以这样说，虽然赞同本能并非建立在任何方面均与外在感官相像的各种感觉能力之上，但是它还是可以建立在一种特殊的情感，即只适合这一特殊目的而不适用于其他目的的情感之上。赞同和不赞同，依据对不同的品质和行为的观察，可以被视为一些产生于内心的感情或情绪。而且由于愤恨而可以称其为某种相关伤害的感觉，或者感激可以称为某种相关恩惠的感觉，因此赞同和不赞同也可以很恰当地被称为是非感，或是道德感。

但是，这种叫法会面临其他一些同样不可辩驳的反对意见的指摘，尽管它不会受到前述反对意见的责难。

首先，无论某种情绪会经过什么变化，它都仍然保持着使自己表现为这样一种情绪的一般特征，并且这些一般特征往往都比它在特殊情况下经过的任何变化更为突出和引人注目。例如，愤怒是一种特殊的情绪；并且它的一般特征往往总是相对地比它在特殊情况下经历的任何变化更加显著。向男性发怒，无疑地跟对女子发怒有些不同，并且也不同于对孩子发怒。就像或许很容易被细心的人看到的那样，在这三种情况中的每一种之中，一般的愤怒情绪都会因为其对象的特殊性质而产生不同的变化。然而，这种激情的一般特征，在所有这些场合中依然处于支配地位。识别出这些特征并不需要作多么仔细的观察；相反，发现它们的变化却一定要有一种非常精准的注意力。人人都只注意到前者；却几乎都忽视了后者。因此，如果赞同和不赞同，也是区分于其他所有情绪的一种特殊情绪，就像感激和愤恨一样，那么，我们就会希望在它们两者将要经历的任何变化之中，它依然能够保留使它成为这种特殊情绪的一般特征，即清楚、明白和易于识别的特征。然而，事实上它根本不是这样的。当我们在不同的场合表示赞成或反对时，如果我们注意到了自己的真实感受，就会发现自己在某种场合的情绪往往与我们在另一种场合的情绪截然不同，并且在它们之间居然无法发现任何共同的特征。例如，我们观察柔和、优雅和仁慈的情感时所持有的认同、与我们为了显得伟大、和蔼和崇高的情感所打动而怀有的认同完全不一样。在不同情况下，我们对两者的认同，或许是完美而又纯粹的。然而，前者使我们温和，后者使我们崇高，它们在我们身上引起的情绪并无半点相似之处。但是，根据我一直在努力建立的那一体系，这肯定是事实。因为我们所认同的那个人的情绪，在那两种情况下是完全对立的，而且由于我们的认同都源于对那些对立情绪的同情，因此在某一情况下我们所感觉到的东西，与在另一情况下我们所感觉到的东西是不可能有什么相似之处的。但是，如果赞同存在于某一特殊情绪之中，这种赞同却与我们赞同的情感没有任何相似之处，而是产生于对那些情感的观察之中，就像任何其他在观察其合宜对象时的激情一样，那么这种情况就不可能发生。对于不赞同也是如此。我们对残暴行为的恐惧和对卑鄙行为的轻蔑并无任何相似之处。在我们自己的内心情感和行为与我们正在观察的那些人的内心之间，我们对于所观察到的那两种不同的罪恶的感觉，就是极其不一致的。

其次，前面已经说过，对我们天生的情感来说，不仅是被人们赞成或不赞成的各种内心的激情或感情，表现出了道德上的善或恶，而且那种合宜的和不合宜的赞同也显示出了相同的性质。因此，我不禁要问，按照这个体系，我们是如何赞成或不赞成合宜或不合宜的赞同的呢？我认为，针对这个问题，只可能给出一个合理的答案。那一定是，当我们的邻人对某一第三者的行为所表示的赞同和我们自己的赞同相符合时，我们同意他的赞同，而且在一定程度上把它视为道德上的善举；相反，当它与我们自己的情感不相符时，我们便会反对它，并且在一定程度上把它视为一种道德上的邪恶。因此，必须承认，观察者同被观察者之间，至少在这种情况下，他们情感的一致或对立，构成了道德上的赞同或不赞同。并且，如果在这种情况下它是这样的话，那我就要问了，在任何其他情况下为什么它就不是这样的呢？为什么要设想出一种新的感觉能力来说明那些情感呢？

对于把赞同本能建立在某种区别于一切其他情感的特殊情感基础上的各种说明，我将表示反对。令人感到奇怪的是，这种情感，就是肯定想使其成为人性指导原则的情感，到目前为止，就像没有以任何专门用语给它命名那样的，居然很少受到人们的注意。道德感这个词是最近才出现的，尚且还不能视为英国语言的一个构成部分。赞同这个词也只是在近几年内才被用来特指此类事物的。我们用恰当的语言来称许自己完全满意的东西，来称许一座建筑物的外形，来称许一架机器的设计，也来称许一盘肉的美味。良心这个词并不是直接用来指示我们借以表达赞成或不赞成的某种道德官能。确实，良心表明了某种这样的官能的存在，而且恰当地表达了我们对已经完成的行为同它的倾向是否相一致的意识。敬爱、痛恨、快乐、悲伤、感恩、愤怒，以及其他许多被视为这一本能主体的激情，已使它们自己达到了足够的重要性，而且用各种名称来区分它们的程度，但到目前为止，它们之中占主导地位的感情却很少受到人们的注意，因此除少数哲学家之外，没有人再认为值得花费心思给它命名，那不是令人奇怪的吗？

根据前述的体系，当我们赞成某种品质或行为时，我们感觉到的情感都源于四个方面的原因，它们在某些方面都各不相同。首先，我们同情行为者的动机；其次，我们理解从其行为中受益的那些人所表达的感激心情；再次，我们注意到他的行为符合那两种同情普遍发生作用时所凭借的一般准则；最后，当我们把这些行为视为有助于增进他人或社会幸福的某一行为体系的构成部分时，它们似乎就从此种效用中获得了一种美，一种与我们归于各种设计良好的机器中看到的很是相像的那种美。在任何一种特殊情况中，当排除了一切被认定为必然是出自这四个本能中的某一本能的行为之后，我们想知道还会剩下什么东西。而且，如果有人想确切地知道这留下的东西到底是什么的话，我就会直率地把这留下的东西归于某种道德感，或归于其他任何特殊的官能。也许有人认为，如果存在这种道德感或这样的特殊本能的话，在某些情况下我们就应该会感觉到它，感觉到它是与其他任何本能相区别和分离的，就像我们常常能感觉到快乐、伤痛、希望和恐惧，感觉到它们是纯粹的，是不添加任何其他情绪的那样。然而，我认为，这甚至都不可能被设想。我从来都没听说过有谁会举出这样的例子，在这一例子中，这种本能可以被称做竭力使自己超脱而不掺杂同情或憎恶，不掺杂感激或痛恨，不掺杂对某一行为同某一既定准则相符合或不符合的感觉，或者，最终也不掺杂对由无生命的和有生命的对象引发出来的美或秩序的感受。

Ⅱ. 另外还有一种试图从同情出发来阐述我们的道德情感起源的体系，它与我至此一直在努力建立的那一体系不尽相同。它把美德置于效用之中，并将下面这种快乐的原因归结为：旁观者从同情某些人的幸福出发，这些人是受到了某一性质的效用的影响，来审视这一效用所具有的快乐。这种同情既与我们借以理解行为者的动机的那种同情有所不同，也与我们借以赞同因其行为而获益的人们的感激的那种同情存在差别。这正是我们借以称赞某一设计良好的机器的同一原则。然而，任何一架机器都没办法成为最后提及的那两种同情的对象。在本书第四卷，我已对这种体系作出了阐述。

# 第四篇　论不同的作者据以论述道德实践准则的方法

在本书第三卷中，我曾经说过：正义准则是唯一明确和精准的道德准则；任何其他美德都是不精确的、模糊的和不确定的。前者可以比做语法规则，后者可以比做批评家们为了使写作臻于完美和优雅而规定的准则，这种准则只是使我们简单地了解了我们应该努力达到的完美状态是怎样的，而并没有为我们提供任何该如何做到这一点所需的明确无误的指导。

因为不同的道德准则具有的准确程度是如此的不同，所以努力把它们收集和整理在体系中的作者们采用了两种不同的方式行事。一种是作者自始至终都遵循由对某种美德的考虑而自然地引导他们采用的那种不明确的方式，而另一种是作者则普遍地努力采用其中只有某些或许具有确定性的规则。前者像批评家那样去写作，后者则像语法学家那样去写作。

I．对于前一种人，我们可以把古代一切道德学家都归于其中。他们以一般的方式描写所有罪恶和美德，并感到满足，而且既指出某种倾向的不足和不幸，也指出其他倾向的恰当和幸福，但是不喜欢制定许多无可指摘地适用于任何特殊情况的精确的准则。他们只是按照语言能够表达清楚的程度，首先努力确定每一种特殊的美德所依据的内心情感存在于何处；努力确定哪一种内心的感情或情绪构成了友谊、仁慈、慷慨、正义、崇高以及其他一切美德的本质，也构成了与它们相对立的各种罪恶的本质；其次，努力去确定行为的一般方法是什么；那每一种情感都可能使得我们达到的普通的行为的常态和一般倾向又是什么，去确定一个友善的人、一个慷慨的人、一个无畏的人、一个正直的人以及一个通情达理的人，在一般的场合下是怎样去做的。

要描绘每种特殊的美德借以树立内心情感的特征，虽然需要一支灵巧又准确的笔，但这仍是一桩可以相当准确地完成的工作。的确，我们不可能根据每个环境可能发生的变化，来表述每种情感经历的或应该经历的一切变化。这些变化是无穷无尽的，也不可能用语言完全表达清楚。例如，我们对老年人怀有的那种友好情感，与我们对年青人怀有的那种情感是不同的；我们对严肃的人怀有的友好情感，又与我们对具有高雅风度的人怀有的那种情感有所不同，它与我们对快乐活泼和兴高采烈的人怀有的那种情感又是不尽相同的。我们跟一个男人的友谊和一个女人给予我们的友谊是完全不同的，即便在并不掺杂任何肉欲激情的情况下也是这样。哪一个作者可以列举并且弄清楚这种情感可能经历的这些和所有其他的无穷无尽的变化呢？但是，还是可以十分精确地确定一般的友好情感和那种对它们来说是平常的亲切依恋的感情的。虽然在许多方面，来描绘这种情感的图画总是无法完整的，但是当我们遇到它时，它可能具有许多相像的地方，因而我们还是可以知道它的根源的，并且甚至能够把它同一些类似于善意、关心、尊敬、钦佩等跟它有很多相像之处的其他情感区别开来。

用一般的方式来描绘每一种美德可能促使我们采取行动的日常的方法，更为容易一些。的确，如果没有做过这样的事情，而要去描绘各种美德所借以树立的内在情感或情绪，那几乎是不可能的。如果我能够这样说的话，由于它们在心中自我表达，用语言来叙述所有不同激情变化的无形的特征，是不可能的。如果没有这些不同形态的激情所引起的表情变化，没有它们所引起的态度和举止行为的变化，没有它们所暗自表示的决心，没有它们所促成的行为，那么，除了通过描述它们所造成的结果，没有什么别的方法可以划定它们的界限并把它们相互区别开来。因此，西塞罗在《论责任》第一册中，尽力指导我们去实践四种基本美德；亚里士多德在《论理学》的实践部分，给我们明示了他想要我们借以调整自己行为的各种习性，如慷慨、崇高、宽容大度，甚至诙谐和善意的嘲弄——那位宽容的哲学家在美德的序列中应该占有一席之地的一些品质，尽管我们自然给予它们的赞同的荣光似乎不至于使它们具有如此令人尊敬的名称。

这类著作向我们提供了许多图画般令人愉悦而又栩栩如生的叙述。它们生动活泼的描述，激起了我们对美德的自然热爱，并增加了我们对邪恶的痛恨；它们公平而细致的评述，往往也帮助我们纠正和明确了我们对于行为合宜性的自然情感。它们还通过提供慎重而周到的考虑，使我们的行为比我们在没有这种指导的情况下可能做出的那些会更加正确。在探讨道德准则的时候，用这样的方式构成了被人们恰当地称为伦理学的科学，尽管它像有些人批评的那样没有很高的精确性，但仍然不失为一种具有很大功效的、令人愉快的科学。特别是，伦理学很容易受到雄辩的装饰，因此，如果可能的话，便能够以新的重要性来赋予极琐细的责任准则。其训导通过这样的渲染，对具有很大可塑性的年轻人就能产生十分崇高和恒久的影响。因为这些训导与风华正茂的年轻人天生具有的高尚之情相互一致，所以它们至少会暂时激起他们很大的决心，因而帮助确立和巩固人们易于接受的最好和最有益的习惯。无论戒律和规劝怎样去激励我们实践美德，都是借助于这种科学完成的，都是通过这种方式表达的。

Ⅱ．对于第二种道德学家，我们可以把基督教教会中期和晚期的所有雄辩家都归于其中，也可以把在本世纪和前一世纪所有那些探讨过所谓自然法学的人也都计算在内。他们并不满足于自己用这样的一般方式来描述他们可能介绍给我们的那种行为一般倾向的特征，而是竭力为我们指明所有行为的方向，规定正确而严明的准则。因为正义是人们可以恰当地为其制定正确准则的唯一美德，所以这种美德尤其受到了那两种作家的关注。但是，他们是以两种完全不同的方式来探讨的。

从事法学原则著述的那些人，只是去想权利人应认为自己有权利用暴力要求什么，每个公正的旁观者会允许他要求什么，或者他提请公诉而同意为他主持公道的法官或仲裁人，应该迫使另一方承担或履行什么。另一方面，雄辩家们考虑较多的，不是利用暴力可以去要求什么，而是义务人应认为自己必须承担什么义务。义务人之所以认为自己必须承担某些义务，一方面是出于对一般正义准则的极其虔诚而严格的尊重，另一方面是因为在内心深处害怕伤及邻人，害怕给自己的品格添加污点。法学的目的正是给法官和仲裁人的决断作出规定准则。而雄辩学的目的则是给某个善良的人的行为规定准则。通过遵守全部的法学准则，假设它们一直就是这样完善，而结果仅仅就是避免外在的惩罚。通过遵守雄辩学的那些准则，假设它们就应该这样，我们可能因为自己行为的正确和周全而值得人们高度的赞扬。

可能常常会有这样的情况：一个虔诚而认真地尊重一般正义

准则的善良之人，会想到自己有责任做很多也许是相当不义地被迫的、或者是法官或仲裁人使用暴力逼迫他做的事情。举一个普通的例子：一个强盗拦路抢劫，以伤其性命相威胁强迫一个旅行者允诺给他一笔钱。这样一种在非正义的暴力逼迫下作出的承诺，是否应该被认为是一定要去完成的事情，是一个颇有争议的问题。

如果我们把它当成一个法学问题，结论就可能是毋庸置疑的了。认定那个抢劫的盗贼有权使用暴力胁迫他人履行诺言，那也许是很荒唐的。胁迫他人作出承诺是一种该受严厉惩罚的罪恶，而胁迫他人履行诺言则是罪上加罪。那个盗贼并不能抱怨受到了什么损失，他仅仅是被那个本来可以正大光明地把他杀死的人骗了而已。如果认为法官应该强行实施这一承诺，或者认为地方官应该承认它们是受法律保护的行为，这也许是所有荒唐事件中最大的笑柄了。因此，如果我们把这个问题当成一个法学问题的话，我们就可以毫不犹豫地作出决断了。

但是，如果我们把它当成一个雄辩学的问题，就无法这样容易地得出结论了。一个善良的人，由于诚心诚意地崇敬神圣的正义准则（这种准则要求遵守一切严肃的允诺），是否不会想到自己有义务履行诺言，至少是很值得怀疑的。毋庸置疑的是，不该给予那个使他陷入这种处境的坏蛋的失望情绪以尊重，即使不履行诺言也不会给那个强盗造成什么损失，这样的话使用暴力就无法勒索到任何东西。但问题在于，在这种情况下，是否连他自己的尊严和荣誉也不予尊重，是否连他品质中那神圣不可冒犯的部分（这部分品质使他崇尚真理的法则而痛恨每一种近于背叛和欺骗的东西）也不予尊重呢？至于这一点，雄辩学家们肯定会产生极大的分歧。在一派中，我们可以把古代作家西塞罗计算在内，把现代作家普芬道夫和其注释者巴比莱克也归入其中，特别是把后来的哈奇森博士，一个在大多数情况下都不会是无所拘束的雄辩家也归于其中。这一派毫不犹豫地断定，这样的承诺是决不应该受到尊重的，并且断定如果不这样想的话就是纯粹的软弱和迷信。在另一派中，我们可以把某些教会的古代神父们算入其中[①]，也可以把某些著名的现代雄辩学家也规划在内。而这一派却有另一种观点，断定所有这类承诺都必须得到履行。

假设我们依据人类的普通情感来思考问题的话，就会发现人们会认为即使是针对这类承诺也应有所尊重。但是我们也会发现，人们无法按照任何一般准则来确定这尊重在多大程度上是毫无例外地适用于一切场合的。我们不应当选择这样的人作为自己的朋友和伙伴，即那些十分直率而又轻易地作出这种承诺的人和轻易违背诺言的人，某个答应拦路抢劫者五镑钱而没有履行诺言的绅士，会招来谴责的。但是，如果允诺的这笔钱数目庞大，就很可怀疑该怎么做才合适了。例如，如果支付这笔钱会完全损害承担诺言的人的家庭，如果这笔钱数目大到足以促成最有益的目的，那么，为了拘泥小节而把这笔钱给了这种卑鄙之人，在某种程度上似乎就犯了罪，至少是极不恰当的。如果某人为了遵守对盗贼的承诺而使自己沦为了乞丐，或慷慨得给盗贼10万英镑的话，那么，就我们的常识来评论，这个人会显得荒唐至极、过分至极。这种大方程度似乎违背了他的责任，即他对自己和对他人负有的义务，所以，基于这种尊重而被迫作出的许诺，是不可能得到人们的认可的。但是，根据某种明确的准则，来认定对此应给予多大程度的尊重，或由此应该给予的最大金额到底是多少，显然是

① 圣·奥古斯丁，拉普拉斯特。

不可能的。这需要根据那些人的品质，根据他们的情况，根据那种诺言的严肃性，甚至根据那种冲突的一切情节而变化。如果人们用那种有时可以在具有相当放荡的品质的人们身上看到的非常豪爽的态度来对待这个说出允诺的人，它似乎就比在其他一些情况下显得更为正当。总之，可以这样说，合适的恰当性要求遵守一切诺言，只要这不会影响某些其他更加崇高的责任，例如那些对公众利益负有的责任，对那些我们出于感恩、亲情或慈善而要赡养和抚养的人负有的责任。然而，就像前面提及的那样，我们没有任何明确的准则来规定哪些外在的行为是出于对这种动机的尊重，因而也就无法确定什么时候哪些美德与遵守这种诺言会相互矛盾。

但是，可以这样来说，无论什么时候，对作出这种诺言的那个人来说，即便是为了最正当的理由而违背了这种诺言，在某种程度上也总是不光彩的行为。我们可以在作出这种承诺之后，确信遵守它们是不合适的。但是，在作出这种承诺之时，仍然存在一定的错误。它至少是违反了有关高尚和荣誉的最重要又最崇高的格言。一个无畏的人应该宁死也不作出他无法毫不愚蠢地去保持，也不可能恬不知耻地去违反的那种诺言。因为这种处境总会伴着一定程度的耻辱。背信弃义和欺骗是相当危险而又可怕的罪恶，这种罪行也是人们非常容易犯的罪行，甚至在许多情况下，人们会无所顾忌地沉湎于其中，因此我们需要对它们比对几乎其他任何东西更为警惕。所以，在任何情况和处境中，羞于违反一切誓约的观念总是伴随着我们的想象。在这方面，背信行为类似于破坏女性的贞节，女性的贞节是一种由于同样原因而为我们极为注重的美德，而且我们对前者的情感并不比对后者的更为敏感。

背信弃义将不可避免地蒙受耻辱。任何情况下以及任何恳求都无法使其得到原谅，任何悲痛和悔改都无法弥补这样的耻辱。在这一方面，我们十分小心，因此在我们的观念中，即便是一次强奸也会使我们蒙受耻辱，甚至连心灵的纯洁也无法洗刷掉肉体上的玷污。如果人们曾经郑重其事地对此发过誓，甚至对于那些最微不足道的人来说，它也与违背诺言的情况一样。忠诚是一种非常必要的美德，因此我们一致认为即使是除此之外一无所有的人们也当然具备这样的品德，即使是那些我们认为可以合法地杀死和毁灭的人们也应该具有的。如果一个犯有违背忠诚美德之罪的人，为了挽救自己的生命，而强烈要求履行诺言，这是不合适的。由于他的诺言与保持其他某种应当予以尊重的责任相矛盾而遭到背弃，也是不合适的。这些情况可以减轻但不可能完全洗刷自己的耻辱。在人们的想象中，他似乎已经犯了一定的罪行，它与某种程度上的耻辱是密不可分的。他已经背弃了他曾经严肃地声称他要坚持的某种诺言，而且，即便他的品行并不是无可挽回地变化和败坏，至少有一种附加在他的品质上的嘲弄是无法消除的。我认为，没有一个人在经历过这种冒险之后还会喜欢诉说它的。

这个例子可以用来说明，就当雄辩学和法学都研究一般正义准则的义务时，它们之间的差别在于什么地方。

不过，尽管这种差异是真实和基本的，尽管这两种科学提出了截然不同的目的，但是共同的主题在它们之间产生了很多相像之处，所以声称研究法学的大部分作者，有时依据法学的原则，有时依据诡辩学的原则，他们并没有将二者加以区别，或许他们也没有意识到自己在这样和那样做的时候，并没有确定他们所考察的不同问题。

但是，雄辩家们的学说决不仅仅限于考察对一般正义准则的诚挚的尊重会向我们提出什么要求，它还涉及基督教和道德上的其他许多方面的责任。看来促使人们来研究这种科学的，主要是在野蛮和愚昧时代因为罗马天主教的迷信而引进的秘密忏悔的习俗。根据那种习俗，人们会把自己最私密的行为，甚至会把每一个将被质疑为稍许会对基督教纯洁准则产生损害的人的思想，告诉忏悔神父。那个神父会告诉他的忏悔者是否违背了自己的责任以及在哪一方面违背的，还会告诉他们在他可以能够以被侵犯的神的名义下原谅他们之前，他们会承受怎样的苦行。

意识到自己犯了错误，或是猜疑自己犯了错误，都会成为每个人心灵的负担，都是所有那些没有长期从事这种不义行为而使其去习惯并变得冷酷的人们伴有的焦虑和恐惧。正如在其他任何苦恼之中一样，处于这种苦恼之中的人们，都自然地渴望通过向自己信赖不会泄露秘密的、谨慎的人倾诉自己内心的巨大痛苦，来缓解自己在精神上感到的压力。他们因为这样的坦白而蒙受的耻辱，会因为他们确信能够引起同情、缓解焦虑而得到充分的补偿。他们会发现自己并非全然得不到尊重，并且意识到尽管自己以前的行为会遭到谴责，但是自己现在的行为至少会得到赞许，而且可能足以补偿所遭到的谴责，至少仍会得到朋友的一定程度的尊重，这些都会消除他的痛苦。在那些迷信的时代里，众多狡猾的牧师们慢慢获取了差不多每一个家庭的信赖。他们拥有那些时代所能提供的一切浅薄的学问，而他们的方式，尽管在诸多方面都是粗鄙而又杂乱无章的，但是与他们所处年代的其他生活方式相比，却是完美而有序的。因此，他们不仅被看做是所有宗教信徒的伟大领导者，而且也被看做是所有道德责任的伟大导师。

如果有什么人幸运得能与他们相亲近，则会获得好名声；如果什么人不幸受到他们的指责，就会蒙受巨大耻辱。因为被视为正确和错误的最伟大的评判者，自然地，人们都会向他们请教自己的所有疑惑。对任何人来说，神圣是让人们知道，他已经向那些献身于神的人们倾诉了自己所有这样的秘密。并且如果得不到他们的劝诫和赞许，在自己的行为中，他就不走出重要而艰难的一步。因此，对牧师而言，把它确立为一般准则，即人们应该据此信任他们，而且已经成为了上流社会所崇尚的行为。即使没有确立这样的准则，他们一般也会得到信任的，这是很容易的事情。如此一来，使他们自己有资格成为牧师，这成为基督教徒和神职人员的学业的重要部分。从那时候起，这种学习就引导着他们去收集有关所谓良心、美好和艰难境遇的例证，在这些例证中，很难断定行为的合宜性可能存于何处。他们认为，这些著作对于良心的指导者们和被指导的那些人可能是有用的。这便是雄辩学书籍的起源。

雄辩学家思考的道德义务，主要是至少能在一定程度上被限制在一般准则之内的那些道德义务，而且违反它们必然会伴随着一定程度的悔恨和对受惩罚的某种恐惧。去缓和因违反这种义务而随之产生的内心恐惧，是雄辩家撰写这类书籍的目的。然而，并不是缺乏任何一种美德都会受到这种极为严重的良心谴责。没有人会因为有可能实施但是却没有无法实施极其慷慨、友善或宽容大度的实施行动，而请求他的牧师的宽恕。被违反的准则，因为存在着这种缺陷，而通常是很不明确的，而且一般也具有此种性质，即：尽管遵守它或许会得到荣誉和报答，但是违反它似乎也不会遭到实际的指责、非难和惩罚。雄辩家们似乎把这种美德的实践视为一种多余的工作，是无法非常严格地去要求的，因此，对它们的研究是没有必要的。

因此，由牧师来制裁，而且由此被纳入雄辩家们观察界限的对道德责任的违反，主要有三种不同的类型。

第一种，也是首要的一种，是对正义准则的违反。这里的所有准则都是完全明确和确定的，如果违反了它们，那必然就会伴有应该从神和人那里得到惩罚和害怕受到惩罚的意识。

第二种，是对雄辩学准则的违反。在所有特别明显的例证中，都存在着对正义准则的实际违反，而如果人们没有做出对他人最不可原谅的伤害的话，就不会犯下这种罪恶。在不大严重的事例中，当它只是限于违反在男女交往过程中应该遵守的那些严格的礼节时，确实不应该被恰当地当成是对正义准则的违反。但是，一般来讲，他们还是违反了某种相当明确的准则，至少是当中的某一个人倾向于使违反了它们的那个人受到了耻辱，严谨的人必定也倾向于使其内心产生一定程度的羞耻和悔恨。

第三种，是对诚实准则的违反。可以这样说，违反事实并不一定也总是违背了正义，尽管在很多场合是这样的，因此往往不会遭受什么外来的惩罚。一般意义上的罪恶，即便是一种非常无耻的行径，也往往可能并没有伤害到任何人。在这种情况下，受害人或其他人都不应提出报复或赔偿的要求。但是，尽管违反事实并不总是违背正义，但它总归是违反了某一明确的准则的，必定也是倾向于使来包庇犯有这种错误的那个人感到羞愧的东西。

在年幼的孩子中，似乎存在着这样一种本能的意向，即人们告诉他们什么他们都会去相信。造物主似乎认为（至少在某些时候），孩子们应该绝对相信那些关心他们的童年，以及对他们进行最初的和不可或缺的一部分教育的人，这对保护孩子是必要的。因此，他们常常过于轻信。要想使他们在一定适当的程度上产生疑惑和猜疑，需要让他们长期去体验人类的许多虚妄的东西。毫无疑问，在成人之中轻信的程度是截然不同的。那些最聪慧和最富有经验的人往往是最不会轻信的人。然而，几乎不存在这样的人：他的轻信程度并不比应有的程度高，而且在很多情况下都不相信流言蜚语——这些流言蜚语原本就是假的，很简单的思考和注意便可以使他获知它们不可能全是真实的。人类天性的倾向就是相信。使人变得常常怀疑仅仅是为了获得智慧和经验，它们还是很难使人学会怀疑。我们当中最聪明和最审慎的人，也都常常会相信那些连他自己后来都会因为曾经深信过而感到羞耻和惊讶的传说。

在一些事情上如果我们信任某人，那么，我们所信任的那个人一定是我们的领袖和指导者，我们也以某种程度的尊重和敬意向他表示尊敬。然而，就像因为钦佩他人，我们开始期望他人也钦佩自己一样，因为受他人领导和指导，我们才懂得应该使自己也成为领袖和指导者。而且，就像我们不能总是一味地满足于受人钦佩，除非我们同时也确信自己是真的值得钦佩的一样，我们不能总是一味地满足于被人信赖，除非我们同时也意识到自己是真的值得信赖的。就像受人称颂的愿望和值得称颂的愿望，尽管很相像，但依然是有区别和分开的愿望一样，受人信赖的愿望和值得信赖的愿望，尽管也极为相似，但同样的，也是有区别和分开的愿望。

受人信赖的愿望、说服他人的愿望、领导和指导他人的愿望，在我们所有天生的愿望中，它们似乎都是最强烈的愿望。也许它是人类产生言语能力这种人类特有能力的一种本能。其他动物都不具备这样的能力，在其他任何动物中，我们也无法发现领导和指导其同类的判断和行动的愿望。领导和指导的巨大野心，就是那种想取得真正优势的愿望，看起来仅仅是人所特有的。而语言是实现这种野心的重要手段，是获取真正优势的重要手段，是领导和指挥他人做出判断和行动的重要手段。

不被人信任总是使人感到屈辱，当我们怀疑这是由于人们认为我们不值得信任，并认为我们可能在严重而又故意欺骗他人时，更是如此。告诉某人他在说谎，这是最无法原谅的当众侮辱了。然而，当任何人严重而又故意欺骗他人时，他必定会意识到自己应该受到这种羞辱，必定意识到自己不值得受人信任，也必定意识到自己丧失了获取那种信任的权利，根据这样的权利，他可以在同与他地位相当的人的交际过程中得到各种舒适、慰藉或满足。那个不幸认为没有人相信他说的是真话的人，会感觉到自己已经被人类社会所遗弃，会害怕想到自己处于这种境遇，或害怕想到在此之前会暴露自己，我也认为，他几乎难免地会因绝望而死。但是，或许不会有人以正当理由来接受这种使自己丢脸的看法。我更相信，那个极其卑劣的说谎者，因为严重而又故意地撒了一次谎，至少也要说二十次真话。而且，就像在极为审慎的人中，信任的倾向更容易克服怀疑和不信任的倾向一样，在那些最不顾及事实的人中，说真话的天然倾向，在多数情况下，会克服那种欺骗的倾向或在某一方面改变或隐瞒事实的倾向。

即便是在我们无意间偶然地欺骗了别人的时候，自己同样会感到耻辱，而且是因为自己曾经欺骗了他人而感到耻辱。尽管这样不自觉的错误并不常常代表不诚实，也并不常常代表缺少对真理的绝对热爱，但是，在某种程度上，它总是表示缺乏判断力和记忆力，表示我们过于轻信，表示一定程度的草率和急躁。它总是削弱我们说服和劝导他人的威信，也总是使我们领导和指导他人的资格受到一定程度的质疑。但是，那个偶尔因为失误而领错路的人，完全不同于那些存心欺骗我们的人。在许多情况下，前者一定会受人信任，而后者则在任何情况下都几乎不会得到信任。

真心和坦诚必然会赢得信任。我们信任那些看起来愿意信任我们的人。我们认为，我们明确地看到他想引领我们走的道路，也愿意服从他的领导和指导。相反，保留和隐瞒会导致不和。我们害怕跟随那些我们不知道他将引领我们去往何处的人。而且，交流和交际的最大乐趣源于情感和想法的一致性，源于内心的某种和谐，这些就像许多乐器要相互保持一致和合拍一样。但是除非情感和想法能够自由地交流，否则这种令人愉悦的和谐是无法达到的。因为这个原因，我们都渴望知道彼此之间是怎样互受影响的，都渴望能够看透对方的内心，都渴望看到那里真实存在的情感和感情。那个使我们沉浸于这种自然激情中的人，那个使我们深入其心灵之中的人，那个似乎向我们敞开心扉的人，好像都在表达一种比任何其他东西更使人愉悦的真挚感情。那个性情还算良好的人，如果他有勇气按照自己的感受、基于自己的感受来表达自己真实的情感，就不会使人感到不快。正是这种毫无保留的真诚，即使是那些如孩子般颠三倒四的话也会使人感到高兴。无论那些坦率的观点是多么的浅薄和不完善，我们都愿意对它们表示谅解，并且尽可能地降低我们自己的理解力，使之与他们的智能水平相一致，同时用他们似乎曾经借以考察各种问题的特殊眼光来看待这种问题。这种渴望看出别人真实情感的激情当然很强烈，因此常常堕落为一种令人讨厌的和不适宜的探听我们邻居的那些隐私——它们是他们具有极其正当的理由来保护的——好奇心。在许多情况下，这就需要审慎和一种能够控制这一激情、也能够控制人类的其他所有自然激情的强烈的适当感情，并把它降低到所有公正的旁观者都能赞许的程度。但是，如果好奇心控制在适当的范围内，而不去针对有正当理由隐瞒的事情，那么，不满足人们的这种好奇心同样也是令人感到不快的。那个对于我们所提的最简单的问题采取回避的人，那个对于我们并无恶意的询问表示不满的人，那个将自己掩护在偏僻处深藏不露的人，在他的心中好像筑起了一堵高墙。我们急切地、并无恶意地好奇地想叩开他的心扉，但却立即发现自己被极其粗暴无礼地拒绝了。

那个有所保留和隐瞒的人，尽管缺少一种和善亲切的品质，但是人们并不会不尊重或轻视他。他对我们好像感到冷漠，我们对他同样也感到冷漠。人们对他不会表示赞许和热爱，但是也很少会对他憎恨或指责。无论如何，他几乎没有什么原因悔恨自己审慎，而且他一般更倾向于夸赞自己所持的保留谨慎态度。因此，虽然他的行为或许很不正确，有时甚至是有害的，但是他几乎不会愿意在雄辩家们面前表达什么观点，或者认为自己有什么必要去请求他们宣告无罪或得到他们的赞许。

而对于那些因为错误的消息，因为疏忽，因为草率和急躁而偶然欺骗了他人的人来说，情况却并不总是这样。例如告诉了别人一条普通的假消息，尽管这一事件几乎不会造成什么后果，然而如果他是一个真心热爱真理的人，就会因为自己的粗心大意而感到羞愧，也绝对会赶在第一时间去充分地承认错误。如果这一事件造成了一定的后果，他的悔恨就会更加强烈。而且，如果因为他提供了错误的消息而造成某种不幸的或致命的后果的话，他就几乎无法原谅自己。即使他没有犯罪，他还是非常强烈地感到自己似乎已经成了古人所说的罪恶的人。同时在他力所能及的范围内会焦急和急切地作出任何补偿之举。这样的人往往会愿意在雄辩家们面前叙述情况，一般情况下，他们对他也是非常喜爱的、而且尽管他们有时也会因为他的急躁而适宜地给予指责，但是一般总是会声称他无须因为这样的错误而蒙受耻辱。

然而，那些经常向雄辩家请教的人，都是态度模糊而内心悔恨的人，是真正故意欺骗他人的人，但是他同时却自以为如实地说出了事情的真相。雄辩家用各种不同的方式对待这样的人。当他们很赞成他欺骗的动机时，有时他们会为其开脱罪责。但公平地说，一般情况下，他们总是谴责他。

所以，雄辩家著作的主题是：对正义准则的诚心诚意的尊重；我们应该怎样尊重我们邻居的生命和财产；偿还的义务；贞洁和端庄的法则，以及他们所谓的色欲罪是什么；诚实的准则，以及对誓言、承诺和各种契约的责任。

一般可以这么认为，雄辩家们的著作总是试图用明确的准则来指导那些只能以感情和情感判断的事情，但往往徒劳无功。在各种情况下，怎么能用准则来确定，微妙的正义感究竟在哪一个确切的点上开始变为无意义和软弱的良心顾虑的呢？从什么时候开始，保密和保留开始变成了一种掩饰的呢？使人愉悦的佯作无知可以发展到什么地步呢？它又究竟在哪一点上开始蜕变为令人厌恶的欺骗的呢？行为上的自由自在最大可以到何种程度而仍被视为是得体和适度的行为？从什么时候开始它变为不检点的和轻率的放荡行为的呢？关于所有这些问题，在一定情况下适用的东西，但几乎在所有其他情况下恰恰不适用，而且在任何情况下使其行为取得成功和幸运的东西都会随着最微小的情境变化而变化。因而，雄辩家的著作一般也是没有什么用处的，就像它们常常会令人感到厌倦一样。它们对于某个偶尔会向其请教，甚至对于那些认为雄辩家们所作的决断是正确的人，都几乎不会有丝毫用处。因为即使这些书中收集了许多事例，然而，因为情况是多种多样的，要想从所有这些事例中找到与自己完全一样的事例，那是太过偶然的了。一个真正希望尽其职责的人，如果他觉得自己有很多理由去向它们请教的话，他肯定就是一个极其软弱的人。而一个人若忽视了这一点的话，那些著述的写作风格就不可能引起他的注意。其中没有一本能激发我们慷慨和崇高的心灵，其中没有一本能使我们的心态平和，产生和善而仁慈的感情。相反，许多这种著作却能使我们学会背叛自己的良知，通过它们所作的那些无益的细微区分，借以来为自己推卸最起码的责任寻找无数巧妙的理由。那种毫无意义的精确——他们试图把它强加在一些不可能采用的无关论题上——几乎必然会导致他们犯那些危险的错误，同时也必然使得他们的著作变得枯燥无味，变得极其费解和玄奥，就不可能在人们心中激起道德学书籍应该激发的那些感情。

所以，道德哲学的两个有益部分是伦理学和法学，而雄辩学是该被彻底否决的。古代的道德学家们似乎也已经作出了很好的判断，他们在探讨相同的论题时，并不喜欢借助任何这种微妙的精确，而是满足于用一般的方式来展现什么是公义、节制和诚实得以产生的情感，以及通常情况下，那些美德会指点我们采取怎样的一般行为方式。

的确，某些哲学家似乎试图探讨过同雄辩学家的学说相像的东西。在西塞罗的《论责任》第三册中就有这样的内容，他也与雄辩家一样，在那里竭尽全力地用很多精巧的例证给我们提供行动的准则，而要确定在这些例证当中合宜之点到底存于何处是很困难的。这本书的很多段落也指明，其他某些哲学家曾经在他之前试图探究同样的内容。但是，他和他们似乎都不指望提供一种完整的体系，只不过是想说明在多种多样的具体情况下，他们为什么会质疑最大的行为适当性是否存在于遵循或背离在一般情况下作为责任准则的事物之中。

每种成文法体系，都可以视为试图构建自然法学体系或试图列举各条正义准则的一种很不健全的尝试。当违反正义成为了人们相互之间绝对不可原谅的事情时，地方行政官就会运用国家的权威来强制实施这种美德。如果没有这种预防措施，社会就会变成相互残杀和混乱不堪的舞台，任何人一旦意识到自己受到了侵害，就会亲自去报仇。为了防止可能因为每个人为自己伸张正义而造成的骚乱，在具有相当权威的所有政府中，地方行政长官都要保证为所有的人主持公道，并保证听取和受理相关伤害的一切控诉。在一切法制健全的国家里，不仅指定法官来处理人们之间的争论，而且还规定了一些用以调整那些法官判决的准则，并且往往试图使这些准则与自然的正义准则相一致。当然，它们并不是在任何情况下都与自然的正义准则相符合。有时所谓国家的体制，也就是政府的利益，有时是控制政府的特殊阶层的利益，会致使国家的成文法偏离了自然的正义准则。在一些国家，人们的粗暴和野蛮阻碍了自然的正义情感达到在相对文明的国家里自然会达到的那种准确程度和精准的程度。他们的法律是粗鄙、野蛮和混乱的，正如他们的生活方式那样。而在其他某些国家里，尽管人们的生活方式已经改善，并可能使得他们也承认那些精准的法律，但是他们不适宜的法院制度往往阻碍所有正式的法律体系得以建立。根据成文法所作的判决，在所有国家，都不可能在每一个案例中都完全与自然的正义感所要求的准则相一致。因此，尽管成文法体系作为对不同时代和国家人类情感的记录，值得享有极高的权威性，但是决不能视为自然的正义准则的精确体系。

人们可能认为，法学家对于不同国家法律的不足和改进所作的论证，应当会促使人们去研究与所有实际法律毫无关联的自然的正义准则。人们可能认为，这些论证会促使他们竭力构建一个可以恰当地称为自然法学的体系，或构建一种可以关联任何国家的法律，或作为任何国家法律的基础的一般准则的理论。然而，尽管法学家的论证的确促成了一些这样的东西，尽管任何人在系统论述某个国家的法律时，都会在其著作的很多方面中谈及自然的正义法则，但是，一直到很晚人们才意识到要构建相关自然正义准则的一般体系，才开始单独讨论法律哲学，而不涉及任何国家的具体法律制度。在古代的道德学家中，我们没有发现有人力图对正义准则进行很详细的阐述。西塞罗在《论责任》中，亚里士多德在《伦理学》中，似乎都跟探讨任何其他美德一样地探讨正义。在西塞罗和柏拉图的法学中，我们当然期盼能看到他们详细阐述应由每个国家的成文法推行的那些自然平等准则，但是我们却没有看到这样的论述。他们的法学不是正义的法学，而是警察的法学。格劳秀斯似乎是第一个尝试向世人展现某种这样体系的人，这种体系应该涵盖一切国家的法律，并且应该成为一切国家法律的基础。他那关于战争与和平法则的论文，尽管存在许多缺陷，但它可能是如今阐述这一论题的最全面的著作了。在另一篇论文中，我将不仅就有关正义的问题，而且就有关警察、国家税收和军备以及其他成为法律对象的各类问题，努力阐明法律和政府的一般原理，以及在不同的年代和不同的社会时期，它们经历过的种种巨大变革。因此，现在就不对法学史作进一步的阐述了。

**图书在版编目（CIP）数据**

道德情操论 ／（英）亚当·斯密（Adam Smith）著；王秀莉译．
—南京：译林出版社，2016.12
（世界汉译学术名著）
ISBN 978-7-5447-6631-9

Ⅰ．①道… Ⅱ．①亚… ②王… Ⅲ．①伦理学-思想史-英国
Ⅳ．①B82-095.61

中国版本图书馆CIP数据核字（2016）第227293号

| | |
|---|---|
| **书　　名** | 道德情操论 |
| **作　　者** | 〔英国〕亚当·斯密 |
| **译　　者** | 王秀莉 |
| **责任编辑** | 陆元昶 |
| **特约编辑** | 谭秀丽 |
| **出版发行** | 凤凰出版传媒股份有限公司<br>译林出版社 |
| **出版社地址** | 南京市湖南路1号A楼，邮编：210009 |
| **电子信箱** | yilin@yilin.com |
| **出版社网址** | http://www.yilin.com |
| **印　　刷** | 三河市中晟雅豪印务有限公司 |
| **开　　本** | 960×640毫米　1/16 |
| **印　　张** | 27 |
| **字　　数** | 300千字 |
| **版　　次** | 2016年12月第1版　2023年10月第3次印刷 |
| **书　　号** | ISBN 978-7-5447-6631-9 |
| **定　　价** | 53.00元 |

译林版图书若有印装错误可向承印厂调换